Cooking Theory

실무자를 위한 조리이론

김옥란 · 이진하

지식인

Profile

김옥란

한국관광대학교 외식경영과 교수
경기대학교 대학원 외식조리관리학 박사

이진하

백석문화대학교 외식산업학부 교수
경기대학교 관광대학원 관광학 박사

실무자를 위한 조리이론

2015년 2월 25일 초　판 1쇄 발행
2019년 2월 25일 수정판 1쇄 발행

지은이 | 김옥란 · 이진하
펴낸이 | 김종욱
펴낸곳 | 지식인
등　록 | 제301-2013-134호
주　소 | 서울시 도봉구 도봉로 180길 20 투웨니퍼스트 102동 602호
전　화 | 02)2266-8606
팩　스 | 02)2266-8607
E-mail | jisikin2013@naver.com

ISBN 978-89-98591-45-8 (93590)

값 18,000원

실무자를 위한

조리이론

Cooking
Theory

PREFACE

오늘날의 사회를 말할 때 우리는 '변화가 빠른'이라는 단어를 자주 사용합니다. 하지만 외식산업만큼 속도와 변화가 빠른 업종도 없을 듯합니다. 국내 · 외 경제상황이 계속된 불경기로 침체일로에 있었고, 그와 맞물려 사회전반에 걸쳐 거품제거 현상과 소비자들의 소득급감으로 인한 미래에 대한 불안감이 우선적으로 영향을 받는 업종이 외식산업입니다. 그럼에도 불구하고 인류의 역사와 함께 해 온 의 · 식 · 주 중에 '식(食)'은 뗄 수 없는 생명의 근원입니다. 그래서 식생활을 주도해 온 외식산업 종사자들의 역할은 무궁무진하며 발달해 갈 수밖에 없습니다.

인간의 욕구는 무한정하여 쾌적한 식사공간과 맛있는 음식을 끊임없이 요구하게 됩니다. 이러한 요구들은 조리현장에서 근무하는 실무자들의 몫이라고 할 수 있습니다. 해외관광의 급격한 증가로 인해 한국에서도 세계 여러 나라의 고유한 음식의 특색과 맛이 요구되어지고 있습니다. 따라서 각 나라 음식의 전통성과 조리의 특징 및 맛의 효과를 높이기 위한 체계적이고 합리적인 조리법을 연구하고 발달시키며 계승시킬 역할이 바로 조리 실무자입니다. 그러므로 외식시장을 선도할 유능한 조리 실무자의 배출이 필요합니다.

이러한 유능한 조리 실무자가 되기 위해서는 조리이론을 바탕으로 한 관리능력이 중요하다고 봅니다. 이에 때맞추어 조리이론을 집필하게 되었습니다. 이 책은 실무자가 현장에서 기본지식으로 사용하게 되며 관리능력을 발휘하게 해 줄 것입니다. 또한 각종 자격시험에도 다양하게 적용할 수 있도록 편리하게 되어 있습니다.

부족한 부분은 차후에도 수정 · 보완을 약속드리며, 여러 가지 어려움 속에서도 성심껏 도와주신 지식인출판사의 임직원과 편집부 여러분께 감사하다는 말씀 정중히 올립니다.

저자 일동

CONTENTS

PART 1 보건 013

Cooking Theory

PART 3 식품학 103

Cooking Theory

Cooking Theory

제1부 보건

Cooking
Theory

제1장 공중보건

1. 공중보건의 목적

'공중보건학'은 개인이 아닌 지역주민을 대상으로 개인이나 일부 전문가들에 의 한 것이 아니라 조직화된 지역사회의 공동노력으로 질병을 예방하고, 수명을 연장시키고, 신체적 · 정신적 건강과 효율을 증진시키는 것이 그 목적이라 할 수 있다.

이를 위하여 건강과 질병에 관한 올바른 지식과 태도를 습득하여 바람직한 건강관리를 할 수 있게 되면, 첫 번째는 나 개인의 건강한 생활을 영위할 수 있고, 두 번째는 가족과 지역사회의 책임 있는 리더로서 이들을 건강한 생활로 이끌어줄 수 있으며, 세 번째는 국민의 보건복지에 관한 정책의 결정자 또는 집행자로서 국민건강을 증진시킬 수 있다.

2. 건강에 대한 세계보건기구WHO의 정의

건강이란, 단순한 질병이나 허약의 부재 상태만을 의미하는 것이 아니고 육체적 · 정신적 그리고 사회적 안녕social well-being으로 모두 완전한 상태를 말한다.

세계보건기구(WHO)

- 창설 : 1948년 4월
- 우리나라 가입 : 1949년 6월(65번째 회원국)
- 본부 : 스위스 제네바
- 주요업무
  - 국제적인 보건사업의 지휘 및 조정
  - 회원국에 대한 기술지원 및 자료 공급
  - 전문가 파견에 의한 기술 자문활동
  - 질병의 치료를 위한 무상원조

3. 공중보건의 대상

공중보건사업을 적용하는 최초의 대상은 개인이 아닌 지역사회의 인간집단이며, 더 나아가서 국민 전체를 대상으로 한다.

4. 보건 수준의 평가지표

한 지역이나 국가의 보건 수준을 나타내는 가장 대표적인 지표로서 영아사망률, 조사망률, 질병이환율 등을 이용하여 평가할 수 있는데, 세계보건기구는 한 나라의 보건 수준을 표시하여 다른 나라와 표시할 수 있도록 하는 건강지표로서 평균수명, 조사망률, 비례사망지수의 이 세 가지를 들고 있다.

영아사망률

- 영아사망률 : 출생에서 1년까지의 영아의 사망을 의미하며, 한 국가의 건강수준을 나타내는 가장 대표적인 지표이다.
- 조사망률 : 보통 사망률이라고도 한다.

$$조사망률 = \frac{연간사망자수}{인구} \times 1,000$$

- 평균수명 : 평균수명(기대수명)이라고도 하며, 인간의 생명표에 나타난 생존 기대기간을 나타낸 것이다.
- 비례사망지수 : 연간 전체 사망지수에 대한 50세 이상의 구성 비율로 평균 수명이나 조사망률의 보정 지표가 된다. 비례사망지수가 낮은 것은 높은 영아사망률과 낮은 평균수명에 원인이 있는 것으로 건강수준이 낮은 것을 의미한다.
- 영아사망 원인 : 폐렴 및 기관지염, 장염 및 설사, 신생아 고유질환 및 사고
- 영아 : 생후 12개월 미만의 아기
- 신생아 : 생후 28일 미만의 아기

제2장 공중행정

1. 보건행정의 분류

- 일반보건행정
- 근로보건행정
- 학교보건행정

(1) 일반보건행정 : 보건복지부 보건국 및 환경부

- 예방보건행정
- 건강보험행정
- 모자보건행정

(2) 근로보건행정 : 고용노동부 근로기준국 산업안전과

- 우리나라 「근로기준법」 : 1일 8시간(주당 40시간)
- 연소근로자 보호
  - 15세 미만인 자는 근로자로 채용하지 못한다.
  - 15~18세 미만인 자는 보호한다.
- 근로보건행정의 목적은 직업병 예방에 있다.

직업병의 종류

원 인	질 병
고열환경	• 열중증(열경련증, 열허탈증, 열쇠약증, 울열증)
고압환경	• 잠함병
저압환경	• 고산병
조명불량	• 안구진탕증 · 근시 · 안정피로
소 음	• 직업상 난청(귀마개사용 · 방음벽 설치 · 작업방법 개선)
분 진	• 진폐증 – 규폐증(유리규산), 석면폐증, 활석폐증
공업중독(중금속)	• 연중독 · 크롬중독 · 카드뮴중독 · 망간중독 등

(3) 학교 보건행정 : 교육부 의무교육과

학교급식은 교육부에서 주관하며, 학교급식 등에 관한 사항을 규정함으로써 급식 등을 통한 학생의 심신의 건전한 발달을 도모하고, 나아가 국민식생활 개선에 기여하고자 한다.

2. 보건행정의 특징

보건행정은 일반행정에 기술행정을 가미하여 일반행정보다는 기술행정 중심이며, 지방 보건행정 조직은 조직편제상 행정자치부 산하에 속하지만 보건에 관한 사항만은 보건복지부에서 관할한다.

3. 보건소

(1) 보건소의 설치목적

보건행정을 합리적으로 조직, 운영하고 보건시책을 효율적으로 추진하여 국민보건의 향상에 이바지하기 위해서이다.

(2) 보건소의 업무

① 국민건강증진, 보건교육, 구강건강 및 영양개선사업

② 전염병의 예방 · 관리 및 진료

③ 공중위생 및 식품위생

4. 보건소의 설치목적

시 · 군 · 구별로 1개소씩 설치한다. 다만, 시장 · 군수 · 구청장이 지역주민의 보건의료를 위하여 특히 필요하다고 인정하는 경우에는 필요한 지역에 보건소를 추가로 설치, 운영할 수 있다. 또한 지방자치단체는 보건소의 업무수행을 위하여 필요하다고 인정하는 때에는 보건소의 지소(보건지소)를 설치할 수 있다.

제3장 환경보건

1. 환경보건의 정의

모든 인간의 본능적인 욕구 중에서 가장 기본적인 것이 생존과 건강을 유지하는 것이다. 이에 직접적인 영향을 끼치는 것이 환경이라 할 수 있다.

환경위생이란, 인간의 생체적 발육, 건강 및 생존에 유해한 영향을 미치거나 미칠 가능성이 있는 인간의 이화학적 환경요인 모두를 관리하는 것이다. 종래의 위생학은 의 · 식 · 주의 개선을 도모하고 건강의 유지 증진을 목적으로 개인위생을 중요하게 여겼으나, 현대에는 지역사회 전체 주민을 대상으로 지역사회 전체의 생활환경을 개선하고 도모하는 학문으로 연구되고 있다.

2. 환경보건의 목표와 내용

환경보건의 목표는 인간을 둘러싸고 있는 생활환경을 조정 · 개선하여 쾌적하고 건강한 생활을 영위할 수 있게 하는 데 있다.

생활환경

구 분	종 류
자연 환경	• 기후(기온, 기습, 기류, 일광, 기압), 공기, 물 등
인위적 환경	• 채광, 조명, 환기, 냉방, 상하수도, 오물처리, 곤충의 구제, 공해

① 감각온도(체감온도)의 3요소 및 적정온도(쾌적대)

- 기온(온도) : 18±2℃
- 기습(습도) : 40~70%(60~65%)

- 기류(공기의 흐름) : 1m/sec(불감기류 : 0.2～0.5m/sec, 온열조건 : 기온, 습도, 기류, 복사열)
  - 기온 역전현상 : 기온은 보통 상공일수록 낮으나 때로는 높아지는 경우가 있는데, 이는 추운 겨울철에 잘 일어나며 호흡기질환의 원인이 된다. 이와 같이 상부기온이 하부기온(지면온도)보다 높은 경우를 '기온 역전현상'이라 한다.(종류 : 복사성, 전선성 또는 침강성, 열섬성 등)

② 실외의 기온측정 : 지상 1.5m에서의 건구 온도를 측정

- 최고온도 : 오후 2시경
- 최저온도 : 일출 30분전

③ 불쾌지수DI : discomfort index : 날씨에 따라서 사람이 불쾌감을 느끼는 정도를 기온과 습도를 이용하여 나타내는 수치로 '불쾌지수 = 0.72(기온 + 습구온도) + 40.6'로 계산한다. 불쾌지수가 70～75인 경우에는 약 10%, 75～80인 경우에는 약 50%, 80 이상인 경우에는 대부분의 사람이 불쾌감을 느낀다.

3. 환경위생에 영향을 미치는 인자

1) 일광(日光)

일광sun light은 태양의 복사선이며 전자파electro-magnetic wave로 성립된다. 즉 태양은 전자에너지의 원천이 되며, 여러 가지 파장의 복사선을 방출한다. 파장에 따라 자외선ultraviolet ray, 가시광선visible ray, 적외선infrared ray으로 구분한다.

(1) 자외선ultraviolet ray

우리가 볼 수 없는 단파장의 광선인 자외선은 파장이 3,900Å 이하이며, 미량으로도 강력한 광화학 반응으로 화학선chemical ray이라 한다. 자외선 중 파장이 3,200～2,800Å 부분은 인체에 유익한 작용이 밝혀져 건강선이라고도 부른다.

자외선이 인체에 미치는 중요한 작용

- 피부 홍반, 색소 침착, 부종, 수포 형성, 피부박리, 피부암 발생원인 작용
- 결막염, 설염 발생
- Vitamin D의 형성 촉진하여 구루병 예방효과
- 성장 및 신진대사 촉진, 면역체 생성 촉진, 상처치유 촉진
- 2,600Å 정도의 자외선은 살균작용

(2) 가시광선visible ray

사람의 눈으로 볼 수 있는 광선으로 7,600~3,900Å 파장을 가지며 태양의 복사선 중 13% 정도를 차지한다. 특히 눈의 망막을 자극하여 명암과 색깔을 구별하게 하는 파장이다. 채광이 부족한 경우에는 시력 저하, 안정 피로, 능률 저하, 근시 등이 오고, 이 광선이 지나치면 시력장애, 시야협착, 두통, 암적응 능력 저하를 일으키게 된다.

(3) 적외선infrared ray

자외선이나 가시광선보다 더 강한 열작용을 하므로 일광이 따뜻한 것은 적외선에 의한 것이고, 7,600Å 이상의 파장을 가진 복사선이다. 또한 복사열도 적외선의 작용이다.

자외선이 인체에 미치는 중요한 작용

- 자외선의 인체에 미치는 영향
- 피부온도의 상승
- 혈관 확장, 대사 촉진, 피부 홍반
- 유해작용으로 뇌온을 상승시켜 일사병 유발

2) 공기 및 대기오염

생명체가 생명을 유지하기 위해 필요한 기본적인 환경 요소는 공기, 물, 음식물 이며, 그중에 공기는 인간에게 첫째는 산소의 공급원이 되고, 두 번째는 체열 발산의 매체가 되는 것이다. 공기는 지구를 둘러싸고 있는 대기의 하층부를 구성하는 기체로서 해발 12,000m까지의 대류권 내에서는 그 조성이 거의 일정하다.

(1) 공기오염

① 대기오염 : '대기오염'air pollution이란, 옥외의 대기 중에 오염물질이 혼입되어 그 양, 질, 농도, 지속시간이 상호 작용하여 다수의 지역 주민에게 불쾌감을 일으키거나, 보건상에 위해를 끼치며, 인류의 생활이나 식물의 생장을 방해하는 상태를 말한다.(WHO 정의)

② 군집독(실내오염) : 환기가 이루어지지 않은 밀폐된 실내에 다수인이 장시간 밀집되어 있을 경우 두통, 구토, 권태, 현기증, 구기 및 식욕저하 등의 생리적 이상을 일으키게 되는데, 이러한 현상을 '군집독(群集毒)'이라고 한다. 유해작용을 일으킬 수 있는 인자는 취기, 온도, 습도, 연소, 가스, 공기 이온, 분진 등이다. 그러므로 군집독의 예방으로 가장 중요시되는 것은 환기이다.

(2) 공기의 자정작용

① 기류에 의한 공기 자체의 희석작용

② 비나 눈에 의한 분진이나 용해성 가스의 세정작용

③ 산소, 오존 및 과산화수소 등에 의한 산화작용

④ 태양광선 중의 자외선에 의한 살균작용

⑤ 식물의 탄소 동화작용에 의한 이산화탄소와 산소의 교환작용

(3) 공기의 성분에 따른 특성

① 산소(O_2)

- 산소는 물질의 산화나 연소에 반드시 필요하며 생물체의 호흡에 의해 소비된다.
- 저산소증 : 대기 중의 산소 변동 범위는 15~27%이며 일반적으로 21%인데, 그 농도가 11% 이하가 되면 호흡곤란과 최면상태에 빠지게 되며, 7% 이하에서는 질식사 할 수도 있다.
- 산소중독 : 산소의 허용농도보다 높은 산소를 장시간 흡입하면 폐부종, 충혈, 호흡 억제, 서맥, 저혈압, 흉통, 폐출혈, 구토 등의 산소중독이 일어난다.

② 이산화탄소(CO_2)

- 비독성 가스이며, 공기 중에 0.03~0.04%가 함유되어 있다. 이산화탄소는 무색무취의 비독성 가스로 실내에 다수인이 밀집하여 장시간 있으면 이산화탄소의 증가가 있을 수 있으나, 일반 가정이나 사무실에서 이산화탄소의 과다에 의한 피해를 받는 경우는 거의 없다.
- 일반적으로 이산화탄소는 실내공기의 전반적인 오탁 정도를 잘 나타내므로 실내공기오염이나 환기의 양부를 결정하는 척도의 하나로 이용된다.

③ 일산화탄소(CO)

- 일산화탄소는 불완전 연소과정에서 주로 발생하는 무색, 무미, 무취의 가스로 이산화탄소와 달리 맹독성이 있다.
- 공기 중의 비중은 0.976으로 공기보다 가볍고 확산성과 침투성이 강하여 위험하다. 물체가 불완전 연소할 때 많이 발생하고 이산화탄소가 작열한 탄소와 접촉할 때도 발생한다.
- 일산화탄소가 흡입되어 혈액으로 들어가면 혈중 헤모글로빈Hb과 결합하여 CO-Hb carboxy hemoglobin을 형성하는데, 헤모글로빈과의 결합능력(친화성)이 산소에 비해 200~300배나 강한 것으로 알려져 있다.
- 일산화탄소 최대 농도는 나라에 따라 차이가 있다. 1시간 기준으로 400ppm, 8시간 기준으로 0.01%(100ppm)로 하고 있으나 50ppm을 취하는 것이 안전하다. 1,000ppm 이상은 극히 위험하다.

④ 질소(NO_2)

- 공기의 약 78%를 차지하고 있는 질소는 정상기압에서는 인체에 직접적인 피해를 주지 않지만 고기압 환경이나 감압 시에는 영향을 준다. 특히 3기압 이상에서는 자극작용이 있으며, 4기압 이상에서는 체내의 지방조직에 용해되어 중추신경계에 영향을 미쳐 환각, 의식소실 등이 나타난다.
- 잠함병 또는 감압병은 고기압 상태에서 중추신경계에 마취작용을 하게 되며, 정상기압으로 갑자기 복귀할 때 체액 및 지방조직에 발생되는 질소가스가 주원인

이 되어 기포를 형성하여 모세혈관에 혈전현상을 일으키게 되는 것을 말한다. 증상으로는 동통성 관절장애를 수반한다. 잠수, 잠함 작업 등을 하는 사람은 신체, 적성 검사 등을 받아 위험요소가 있는 사람은 작업을 금해야 한다.

3) 채광 및 조명

(1) 채광(자연조명)

① 주간의 태양광선에 의해 실내의 밝기를 유지하는 것을 '채광(자연조명)'이라 한다.

② 일광은 신체의 모든 세포를 자극하여 피부를 튼튼하게 하고, 각 장기의 기능을 증진시켜 식욕을 촉진하며, 정신적으로 상쾌함을 느끼게 한다. 또한 칼슘의 흡수를 도와주는 비타민D의 생성을 도와 구루병의 치료 및 예방효과가 있으며, 살균작용이 있어 실내공기나 피부의 세균을 살균시켜 전염성 질환을 예방한다.

③ 주택의 자연조명을 위한 조건

- 창의 방향 : 거실이나 창의 방향은 남향이 제일 좋으며, 동쪽 또는 서쪽으로 10도 정도 경사가 져도 무방하다.
- 창의 면적 : 방바닥 면적의 1/5~1/7(14~20%), 벽 면적의 70%가 적당하다.
- 거실의 안쪽의 길이 : 보통 거실의 안쪽의 길이는 바닥에서 창틀 상단 높이의 1.5배 이하인 것이 적당하다.
- 개각(開角)과 입사각(入射角) : 개각은 4~5도가 좋으며 개각이 클수록 밝다. 입사각은 28도 이상이 좋으며 입사각이 클수록 밝다.
- 일조시간 : 약 6시간이 좋은데, 최소한 4시간 이상은 햇빛이 비추어야 한다.

(2) 조명

조명은 액체, 가스, 고체 등을 연소시키는 방법과 전기에너지로 얻는 방법이 있는데, 전기에너지를 이용하는 것이 가장 위생적이다.

① 조명 시 유의해야 할 점

- 조명도가 충분해야 한다.

- 광색은 주광색에 가까울수록 좋고 자색, 남색, 청색, 녹색은 냉감을 주며 적색, 등색, 황색은 온감을 준다.
- 유해가스가 발생하지 않아야 한다.
- 폭발이나 발화의 위험이 없고, 광원이 너무 다량의 열을 발생하지 않아야 한다.
- 취급이 간편해야 한다.
- 조명도는 시간과 장소에 따라서 불변이고 균등해야 한다. 최고와 최저의 조명도 차이는 30% 이내여야 한다.
- 광원은 간접 조명이 좋으며, 좌상방에서 비치는 것이 좋다.
- 조리장 내는 반간접 조명으로 50~100Lux(럭스)가 적당하다.

② 조명방법

- 직접 조명 : 조명 효율이 크고 경제적이나 균일한 조도를 얻기 힘들며 강한 음영으로 불쾌감을 준다.
- 간접 조명 : 눈의 보호에 가장 좋으며, 조명도가 균일하고 온화하여 강한 음영을 만들지 않지만, 조명 효율이 낮고 비용이 많이 든다.
- 반간접 조명 : 반간접 조명의 1/2은 직접광으로, 1/2은 간접광으로 얻는 방법으로, 직접 조명과 간접 조명의 장점을 가지며, 가장 위생적인 조명방법이다.

③ 조명 불량으로 인한 피해

- 가성근시 : 조명도가 낮을 때 눈의 시력조절을 위한 안내압intraocular pressure이 항진되어 나타난다.
- 안정피로 : 조명도 부족이나 현휘가 심할 때 대상물의 식별을 위해서 과도하게 무리하면 나타난다.
- 안구진탕증 : 부적당한 조명 아래에서 안구가 좌 · 우, 상 · 하로 진탕하는 현상인데 탄광부에게서 많이 볼 수 있다.
- 전광성 안염 및 백내장 : 용접이나 고열 작업자에게서 많이 나타난다.
- 작업능률 저하 및 재해발생 등이 나타난다.

4) 환기

환기는 실내공기가 오탁되었거나 온도와 습도가 높을 때 신선한 실외공기와 교환하는 것을 말하며, 주택의 일반적인 환기방법은 자연 환기와 인공 환기가 있다.

(1) 자연 환기

실내 공기는 실내·외의 온도차, 기계의 확산력 및 외기의 풍력 등에 의해서 이루어진다. 또한 온도차에 의해서 일어나는 중력 환기가 있다. 이것은 온도차에 의해서 밀도차가 생기며, 이에 의해서 압력차이가 발생하며 일어나는 현상이다.

밖에서 실내로 들어오는 공기는 하부를 통해 유입되며 실내에서 밖으로 나가는 공기는 상부를 통해서 유출되는데, 이 중간에 압력이 제로(0, zero) 지대가 형성되는데 이것을 '중성대'라고 하며, 천장 가까이에서 형성되는 것이 환기량이 커서 환기가 잘된다.

(2) 인공 환기

거실이나 가옥 내의 환기는 자연 환기로 가능하지만, 다수인이 밀집하여 모이는 강당, 극장 및 유해물질의 발생 가능성이 높은 밀폐된 장소들은 동력을 이용한 인공적 환기가 필요하다.

인공 환기법의 종류

- 공기조정(carrier)식 환기법 : 공급되는 공기의 온도, 습도를 조정할 수 있고, 배기의 오염물을 처리하는 여과설비를 갖추고 있어 가장 이상적이다.
- 배기식 환기법 : 오염물 배기나 처리에 유효하다.
- 송풍식 환기법 : 신선한 공기를 공급하여 주고 오염물을 희석시켜 준다.
- 병용식 환기법 : 급배기를 병용할 수 있어 효과적이다.
- 옥배 환기법 : 보조적인 환기법으로 지붕이나 천장을 이용한 자연 환기에 의한 방법이다.

5) 냉·난방

쾌적한 실내온도는 의복에 의한 온도조절 범위가 10~26℃이므로, 10℃ 이하에서는 난방이 필요하며 26℃ 이상에서는 냉방이 필요하다. 쾌적한 실내온도는 지역, 개인의 체질, 습관 및 작업 종류 등에 따라서 차이가 날 수 있다.

(1) 냉방

실내온도가 26℃ 이상일 때는 냉방이 필요하며, 실내·외의 온도차는 5~7℃ 이내가 적당하다. 10℃ 이상 온도차가 나면 냉방병이 발생할 수 있다. 냉방기를 사용할 때는 항상 깨끗하게 관리·사용해야 한다.

(2) 난방

실내온도가 10℃ 이하일 때는 난방이 필요하며, 난방목표 온도는 18~22℃로 춥지 않을 정도가 좋고 환기와 습도 조절(55~75% 유지)은 필수조건이다.

난방 시 고려해야 할 사항

- 실내의 각 부분에 온도차가 없도록 한다.
- 실내 오염물의 발생이 없어야 한다.
- 화재, 폭발의 위험이 없어야 한다.
- 습도조절이 가능하도록 한다.
- 방열의 조절이 가능하도록 한다.

6) 상수도

(1) 물

물은 모든 생물이 생명현상을 유지하기 위해 필요 불가결한 것이다. 인체의 60~70%는 수분으로 되어 있는데, 성인에 있어서는 65% 중 40%가 세포 내에 있으며, 20%는 조직 내, 5%는 혈액 내에 존재하는 것으로 밝혀졌다.

인체의 수분이 10%가 소실되면 병리학적으로 경련이 일어나고 정신적으로는 불안해진다. 20%가 소실되면 사망하게 된다. 물은 신장이나 피부로 부단히 배설되기 때문에 이를 보충하기 위해서 일정량의 물이 공급되어야 한다. 보통 2~3ℓ가 필요한데, 고온이나 심한 운동을 하며 땀을 많이 흘릴 경우에는 5ℓ 이상이 필요하다.

① 물의 인체 내에서의 작용

- 체액구성 및 정상농도 유지
- 음식물의 소화, 영양소의 흡수
- 식품, 혈액, 임파액 및 노폐물 제거의 운반체
- 체온조절 등 중요한 생리작용

② 물의 종류

- 경수 : 칼슘이나 마그네슘 등 무기화합물이 많은 물이다.
- 연수 : 무기화합물이 없고 맛이 좋으며, 비누가 잘 풀린다.
- 생활용수 및 공업용수 : 상수는 요리, 세탁, 욕실용 청소, 공업용수, 소화용수, 다목적 급수 등 일상생활에 늘 필요한 것으로, 물의 사용량은 생활수준이 높을수록 많아진다.

③ 물의 오염 : 물에 병원 미생물이 함유되어 있는 상태를 오염되었다고 하고, 유해 이화학 물질이 함유되어 있는 상태를 오탁이라고 하는데, 일반적으로 두 경우 모두 '물의 오탁'이라고 한다.

- 수인성 전염병 : 물에 의해 전염되는 수인성 전염병은 주로 소화기계 전염병이 대부분으로 장티푸스, 파라티푸스, 세균성이질, 콜레라, 아메바성 이질 등이 있는데, 물에 오염된 세균들이 생존 가능한 음식물을 통해서 인체에 감염되므로 물은 전염원으로 작용하게 된다.
- 기생충 질병 : 물과 직 · 간접적으로 관련 있는 기생충은 간디스토마, 폐디스토마, 광절열두조충, 회충, 편충, 구충 등이 있다.
- 화학물질에 의한 중독 : 살충제나 제초제 등의 농약과 공업생산에 따른 유해물질 및 광산이나 토양 중에 함유되어 있는 각종 유독물질의 오염과 유기인제나 카바마이트계 농약, 페놀 등의 유기물질, 납, 수은, 카드뮴, 구리, 비소 등의 중금속 및 도금, 배수 중의 시안, 기타 방사성 물질 등이 문제가 된다. 또한 불소에 의한 반상치, 요오드 결핍이나 과다에 의한 갑상선 이상 등은 지질에 기인하여 발생한다. 특히 최근에 물의 염소소독에 의하여 발생하는 THMtrihalomethane은 발암물질

이라는 점에서 문제가 되고 있다.

- 불소의 함량 : 음용수에 불소의 함량이 과다할 때는 치아가 다갈색 또는 흑색 반점으로 되어 법랑질이 침식되는 반상치가 될 수 있고, 불소의 함량이 너무 적을 때는 우식치와 충치의 우려가 있으며, 이러한 현상은 어린이에게 많이 발생한다.
- 청색아blue baby : 질산염이 다량 함유된 물을 장기 음용할 경우 어린이가 청색증에 걸려 사망하는 수가 있다.
- 설사 : 황산마그네슘($MgSO_4$)이 다량 함유된 물(리터당 약 250mg)을 음용하면 설사를 일으킬 수 있다.

④ 먹는물(음용수)의 수질기준

- 미생물에 관한 기준
  - 일반세균(보통 한천배지에서 무리를 형성할 수 있는 생균)은 1mℓ 중 100을 넘지 아니할 것
  - 대장균gram(음성의 무아포성 간균으로 유당을 분해하여 산과 가스를 만드는 호기성 또는 통성 혐기성균을 말함)은 50mℓ에서 검출되지 아니할 것
- 건강상 유해영향 무기물질에 관한 기준
  - 납은 0.05mg/ℓ을 넘지 않을 것
  - 불소는 1.5mg/ℓ을 넘지 않을 것
  - 비소는 0.05mg/ℓ을 넘지 않을 것
  - 세레늄은 0.01mg/ℓ을 넘지 않을 것
  - 수은은 검출되지 않을 것
  - 시안은 검출되지 않을 것
  - 6가크롬은 0.05mg/ℓ을 넘지 않을 것
  - 암모니아성 질소는 0.5mg/ℓ을 넘지 않을 것
  - 질산성 질소는 10mg/ℓ을 넘지 않을 것
  - 카드뮴은 0.01mg/ℓ을 넘지 않을 것
- 건강상 유해영향 유기물질에 관한 기준
  - 페놀은 0.005mg/ℓ을 넘지 않을 것

- 총트리할로메탄은 0.1mg/ℓ을 넘지 않을 것
- 다이아지논은 0.02mg/ℓ을 넘지 않을 것
- 파라티온은 0.06mg/ℓ을 넘지 않을 것
- 말라티온은 0.25mg/ℓ을 넘지 않을 것
- 페니트로치온은 0.04mg/ℓ을 넘지 않을 것
- 카바릴은 0.07mg/ℓ을 넘지 않을 것
- 1.1.1-트리클로로에탄올은 0.1mg/ℓ을 넘지 않을 것
- 테트라클로로에틸렌은 0.01mg/ℓ을 넘지 않을 것
- 트리클로로에틸렌은 0.03mg/ℓ을 넘지 않을 것

○ 심미적 영향물질에 관한 기준

- 경도는 300mg/ℓ을 넘지 않을 것
- 과망간산칼륨 소비량은 10mg/ℓ을 넘지 않을 것
- 냄새와 맛은 소독으로 인한 냄새, 맛 이외의 냄새와 맛이 있지 않을 것
- 동은 1mg/ℓ을 넘지 않을 것
- 색도는 5도를 넘지 않을 것
- 세제(음이온 계면활성제)는 0.5mg/ℓ을 넘지 않을 것
- 수소이온농도는 pH 5.8 내지 8.5일 것
- 아연은 1mg/ℓ을 넘지 않을 것
- 염소이온은 150mg/ℓ을 넘지 않을 것
- 증발잔류물은 500mg/ℓ을 넘지 않을 것
- 철 및 망간은 각각 0.3mg/ℓ을 넘지 않을 것
- 탁도는 2도를 넘지 않을 것
- 황산이온은 200mg/ℓ을 넘지 않을 것
- 알루미늄은 0.2mg/ℓ을 넘지 않을 것

(2) 상수도

상수도란, 중앙급수에 의해 일정한 인구집단에 대해 공공적으로 보건상 양질의 물을 공급하기 위한 설비를 뜻한다. 상수도의 수원으로는 산간계곡의 호수나 계곡수

또는 강물의 복류수가 좋으며, 탁도와 경도가 낮고 세균이나 유기물이 적은 것을 사용하여야 한다.

① 수원(水源)

- 천수(비 · 눈) : 가장 순수하며 연수인 것이 특징이다. 열대지방이나 섬에서 많이 사용한다. 대기가 오염된 지역에서는 매진, 분진, 세균량이 많다.
- 지표수 : 하천수나 호수를 들 수 있는데, 오염물이 많을 수 있다.
- 지하수 : 수온이 낮고 미생물과 유기물이 적으며 탁도가 낮아 좋으나 경도가 높다. 깊을수록 좋다.
- 복류수 : 하천의 저부 또는 측부에서 취수하는 방법으로, 탁도가 낮고 수질도 양호하며 소도시의 수원으로 이용되는 경우가 많다.
- 해수 : 해수는 3%의 식염을 포함하고 있어 화학처리 하여 음용수로 사용할 수 있으나 비용이 많이 들어 장기간 항해를 위한 함상에서 이용하는 정도이다.

② 도수(導水) : 수원이 멀리 떨어져 있을 때, 물을 정수장까지 도수로를 이용하여 운송하는 것을 말한다.

③ 정수(淨水) : 정수장에서 물을 정화시키는 과정으로 정수의 단계는 침전 → 여과 → 소독의 순서대로 이루어진다. 보통은 침전, 여과를 거치는 동안 99%까지 세균이 제거되나, 소독은 반드시 실시한다.

- 침전
  - 보통 침전 : 침전지에서 유속을 느리게 하거나 정지시켜 부유물을 침전시키는 방법으로, 이 과정을 거치면 색도, 탁도, 세균 등의 감소가 일어난다. 시간이 많이 소요되어 '완속침전법'이라고도 한다.
  - 약품 침전 : 보통 침전법으로 침전되지 않은 부유물을 응집제를 주입하여 불용성 응집물인 플록floc을 형성하게 한 후 침전시키는 방법으로, '응집침전법'이라고도 한다. 응집제로는 황산알루미늄, 폴리염화알루미늄, 알루민산나트륨, 황산제1철, 황산제2철, 염화제2철, 석회 등이 많이 사용된다.

- 여과
  - 완속여과 : 물이 모래판 내를 천천히 흘러감에 따라 불순물을 모래알 사이의 작은 틈 사이에 침전되어 제거되게 하는 원리를 이용한다.
  - 급속여과 : 완속여과의 유속에 비해 빠른 속도로 여과되기 때문에 약품침전을 하여야 한다. 급속여과는 도시급수를 위해 사용되는 여과시설이다.
- 소독 : 침전이나 여과 과정을 거치는 동안 99%까지 수중 세균을 제거할 수 있으나 절대 안전하다고 볼 수 없으므로 소독이 필요하다. 원수가 깨끗한 경우에도 침전이나 여과는 생략할 수 있으나 소독은 제외할 수 없다. 물의 소독에는 열, 자외선, 화학적 방법, 이온 변화, pH 변화 등 여러 방법이 이용되는데, 상수소독에는 염소소독이 주로 많이 사용된다.
  - 염소 소독법chlorination : 우리나라 수돗물 소독에는 액화염소 또는 이산화염소를 이용하고 공동급수 시설에는 표백분을 사용한다. 수도전에 있어서의 유리잔류 염소가 항상 0.2㎎/ℓ(0.2ppm) 이상 되도록 염소 소독하고, 병원미생물에 오염되었거나 오염될 우려가 있을 때에는 유리잔류 염소가 0.4㎎/ℓ(0.4ppm) 이상이 되도록 염소 소독해야 한다.
  - 염소 소독의 특징 : 상수 소독약으로서 염소의 장점은 강한 소독력, 우수한 잔류효과, 조작 간편, 적은 비용 등을 들 수 있으나, 반대로 냄새가 독하고 T-Halomethane 같은 독성 등이 있다는 단점이 있다.
- 특수 정수법 : 수원의 종류와 목적에 따라 특수 정수법에 의한 처리가 필요한 때도 있는데, 여기에는 조류(藻類) 제거법, 경수 연화법, 철분 제거법, 망간 제거법, 불소 주입법 등이 있다.

④ 송수, 배수, 급수

- 송수 : 정수장에서 배수지까지 송수로를 통하여 끌어가는 과정을 말한다.
- 급수 또는 배수 : 배수지에서 각 가정이나 학교, 산업장까지의 송수를 말한다.

7) 하수도

(1) 하수

하수라 함은 우수(雨水)와 우리들의 생활환경에서 배출되는 오수(汚水)를 총칭하는 것이며, 가정하수, 산업폐수, 우수, 지하수 등으로 이루어지는데, 이중 보건학상 특히 주의를 요하는 것은 '가정하수'와 '산업폐수'이다.

(2) 하수도의 종류

① 합류식 : 가정용수, 천수 등 모든 하수를 운반하는 방법으로 건설비가 적게 들고 빗물에 의해 하수관이 자연 청소되며, 수리, 점검, 청소가 간단하다. 또한 하수처리가 용이하지만 하수관에 침전물이 부패되어 악취를 생성하고 환경오염 등 보건위생상의 문제가 있기 때문에 천수를 별도로 이용할 수가 없다.

② 분류식 : 천수를 별도로 운반하는 방법이다.

③ 혼합식 : 천수와 가정용수 등의 일부를 함께 운반하는 방법이다.

(3) 하수처리 과정

일반적으로 하수처리 과정은 예비처리 → 본처리 → 오니처리의 단계를 거친다.

① 예비처리 : 하수의 예비처리는 제진망이나 침사지에서 부유물과 모래를 제거하게 되는데, 본격적인 예비처리는 침전에서 보통침전이나 약품침전에 의해 이루어진다.

② 본처리 : 호기성 미생물을 이용한 호기성 분해처리와 혐기성 미생물을 이용한 혐기성 분해처리 방법이 있다. 이것은 모두 미생물을 이용해서 유기물을 분해처리하는 방법이기 때문에 생물학적 처리라고도 한다.

- 호기성 분해처리 : 호기성균이나 통성 혐기성 균은 공기 또는 물로부터 산소를 흡수하여 호기성 분해를 한다. 호기성 처리는 '생물산화법'이라고도 부르는데, 여과법, 활성오니법, 산화지법, 관개법 등이 있다.
- 혐기성 분해처리 : 무산소 상태에서 혐기성균이 증식함으로써 유기물을 분해

하는 과정을 말한다. 혐기성 처리에는 부패조와 임호프조를 이용하는 방법이 있다.

③ 오니처리 : 하수처리 과정 중 마지막 단계의 처리로서 본처리 과정에서 생기는 슬러지를 탈수, 소각하는 과정을 말하며 소화법이 진보적이다. 이외에도 육상투기, 해양투기, 소각처리, 사상건조법 등이 있다.

(4) 하수오염 측정

① 수소이온농도pH : 물의 수소이온농도란, 수중에 존재하는 수소이온량을 나타내는 지수로서, 수중에서 일어나는 모든 화학 및 생화학 변화에 대한 지배적인 인자이며, 수질분석에 있어서도 여러 가지 화학반응의 중요한 제약인자이다.

② 용존산소량DO : 하수 중에 용존된 산소량으로 오염도를 측정하는 방법으로, 용존산소량의 부족은 오염도가 높은 것을 의미하는 것으로 4~5ppm 이상이어야 한다.

③ 생화학 산소요구량BOD : 생화학적 산소요구량이란, 물속의 유기물질이 호기성 상태에서 미생물에 의해 분해되어 안정화되는데 소비하는 산소량을 말하며, 보통 20℃에서 5일간 BOD를 ㎎/ℓ(ppm)로 표기한 것이다. BOD 수치가 높다는 것은 하수오염도가 높은 것으로 20ppm 이하이어야 한다.

④ 화학적 산소요구량COD : 화학적 산소요구량이란, 물속의 피산화성 물질인 유기물질이 산화재에 의해 산화될 때에 소비되는 산소량을 ㎎/ℓ(ppm) 단위로 나타낸 것으로 '화학적 산소소비량'이라고도 한다.

⑤ 부유물질SS : 부유물질이란, 여과나 원심 분리에 의해 분리되는 0.1μ 이상의 입자를 말하며, '현탁물질'이라고도 한다.

8) 오물처리

(1) 분료처리

분료처리는 문화수준, 생활양식, 도시와 농촌 등에 따라서 다르며, 전염병 및 기생충 관리를 위하여 합리적 처리가 중요하다. 1일 1인당 분뇨의 배설량은 대변은 약

83g, 소변은 약 970g이다. 우리나라는 아직도 농경지에서 분뇨를 비료로 사용하고 있는데, 분뇨는 소화기계 전염병과 기생충 질병의 전염원이 될 뿐만 아니라, 악취와 위생해충이 발생하여 생활환경에도 영향을 주므로 합리적 처리가 이루어져야 한다.

① 분뇨와 보건

- 분변과 관계있는 질병 : 소화기계 전염병으로 장티푸스, 콜레라, 파라티푸스, 세균성이질, 유행성 간염 등이 있으며, 기생충 질환으로는 회충증, 구충증, 편충증, 동양모양선충증 등이 있다.
- 분뇨 처리시 유의사항 : 수원이나 토양에 병원체의 오염이 없도록 하여야 하며 불쾌한 냄새의 발생이 없고 처리방법이 경제적이고 간편해야 한다. 또한 도시미관을 해치지 않도록 하고 비료화로 인한 토양의 기생충 오염을 줄이기 위해 완전부숙(여름 1개월 이상, 겨울 3개월) 후에 사용하거나 분과 분리한 요 또는 분뇨처리장에서 처리한 분뇨를 사용하는 것이 바람직하다.

② 변소의 유형

- 흡취식 변소
  - 분뇨 분리식 변소 : 병원성 세균이나 기생충을 내포한 위험성이 큰 분변과 그렇지 않은 소변을 별도로 분리하여 질소성분이 많은 소변을 비료로 수시 사용할 수 있도록 하여 농어촌에 권장되었던 변소이다.
  - 메탄가스 발생식 변소 : 부패조에서 가스가 날아가지 못하도록 밀폐시켜 플라스틱관을 통하여 가스를 뽑아내어 연료로 쓸 수 있도록 한 것이다. 이 방법은 부패 가능한 유기물이 많아야 하므로 가축의 분뇨도 함께 넣는 것이 좋으며, 가스 발생은 온도가 높을수록 많이 발생하므로 추운겨울에는 보온조치가 필요하다.
  - 부패조 변소 : 지하에 설치한 분뇨탱크가 3~5조(槽)로 불완전하게 중간에 칸을 막고 분뇨를 뚫린 통로를 통하여 순차적으로 이동하여 최종조(最終槽)에 도달하기까지 약 3개월이 소요되도록 설계되어 있다.
- 수세식 변소
  - 수세식 변소 : 하수도 설비가 완비되어 하수관을 거쳐 분뇨를 하수처리장에서

안전하게 처리하여 방류하도록 되어 있는 지역에서 사용 가능한 변소이다. 가장 보건적이며, 안전하고 청결한 방법이다.

- 수조(殊槽) 변소 : 하수처리장을 갖춘 분류식 하수도가 없는 곳에서 분뇨정화조를 설치하여 이곳에서 오수를 정화하여 방류하는 시설을 갖춘 변소이다.

③ 분뇨의 종말처리 : 분뇨의 종말처리는 생활양식, 변소의 유형, 도시와 농어촌에 따라 다소 차이가 있는데, 그 방법으로 매립법, 소각법, 해양투기법, 비료화법, 하수처리법, 온열처리법, 소화처리법, 화학처리법 등이 있다.

- 소화처리법 : 분뇨는 투입조에서 일정량이 될 때까지 저류시키고, 투입조의 전처리로 고형물을 제거한 후 건조해서 소각시키는 방법이다.
- 화학처리법 : 분뇨의 소화처리법은 넓은 장소가 필요하며, 소화에 많은 기간이 필요하고, 고가의 처리시설 등이 필요하므로 화학적 처리법이 고안되었다.
- 습식산화법(소각법) : 전염병원 등에서 실시하는 처리법으로 고압(70~80기압) 하에서 고온(200~250℃)을 가하고 충분한 산소를 공급하여 소각시키는 방법이다. 병원균이 완전히 사멸되므로 위생적이며 진개 발생도 없지만, 고압에 의한 처리법이므로 세심한 주의가 필요하고 비용이 많이 든다.

(2) 진개처리

① 진개(塵芥 : 먼지와 쓰레기)의 분류

- 쓰레기 출처에 따른 분류
  - 주개garbage : 부엌에서 나오는 동 · 식물성 유기물
  - 잡개rubbish : 가연성 및 불연성 진개로 구분되며, 주개와 잡개가 혼입된 것은 '혼합 진개'라고 한다.
  - 재ash
  - 가로 진개street refuse
  - 공장 진개industrial refuse
  - 시장 진개market refuse
  - 동물 사채dead animals

- 소각 가능성에 따른 분류
  - 가연성 진개combustible refuse
  - 불연성 진개non-combustible refuse
- 진개의 품목별 분류
  - 주개(제1류) : 동물성 및 식물성 주개
  - 가연성 진개(제2류) : 종이, 나무 풀, 직물류, 고무류, 피혁류 등
  - 불연성 진개(제3류) : 금속, 도자기, 석기, 초자, 토사류 등
  - 재활용성 진개(제4류) : 병류, 종이류, 플라스틱류 등

② 진개처리

- 투기법 : 저지대투기법과 해양투기법이 있다. 투기는 가장 간단한 처리법이나 특별한 경우를 제외하고는 쓰레기의 악취, 위생해충의 발생 및 번식, 지하수 및 해양오염 등의 문제가 있어 이용되지 않는다.
- 소각법 : 도시 쓰레기의 가장 이상적인 방법이라고 볼 수 있다. 설치 소요면적이 적고 시의 중심부에도 설치할 수 있으며 운송비를 줄일 수 있다. 잔유물이 적고 매립에 적합하며 기후 및 기상에 영향을 받지 않는다. 또한 위생적으로 처리되고 폐열을 이용할 수 있다. 그러나 건설비가 많이 들고 대기오염의 우려가 있으며 소각시설 건설부지의 취득에 어려움이 있다.
- 위생적인 매립법 : 저지대에 쓰레기를 버린 후 복토를 하는 방법으로, 매립 진개는 불연성 진개나 잡개가 적당하며, 주개만 매립한다면 악취의 발생이나 쥐의 서식, 파리 등 해충의 발생이 없도록 매립되어야 한다. 처리비용이 적게 들고 처리방법이 용이하며 매립 후 토지를 이용할 수 있다는 장점이 있다. 주택을 건립할 대지로 사용할 때는 지반이 견고하지 못하므로 대략 10년쯤 경과한 다음에 사용하는 것이 바람직하다.
- 퇴비법 : 농촌이나 농촌 주변의 도시에서는 4~5개월 발효시켜서 퇴비로 이용하고 있는데, 최근 고속퇴비화 시설이 설비되어 2~3일이면 좋은 비료를 얻게 되었다. 특히 발효과정에서 60~70℃의 발열이 생겨서 병원미생물이나 기생충을 사멸시킬 수 있다. 그러나 쓰레기의 퇴비화는 화학비료에 밀려 퇴비생산이 줄어들

고 있는 추세이고, 그에 따라 토양의 산성화가 심화되고 있다.

- 재활용법 : 재활용으로 쓰레기의 양을 감소시키므로 처리비용을 절감시키고 환경 악화 등을 방지하는 장점이 있다.

9) 구충 · 구서

지구에는 약 60여만 종의 곤충과 1,100여 종의 쥐가 서식하고 있으며, 이것이 직 · 간접적으로 인간에게 피해를 주거나 병원체를 매개하며 건강을 해친다.

(1) 구충 · 구서의 일반적인 원칙

① 구제대상 동물의 발생원이나 서식처를 제거한다. 가장 근본적이며, 중요한 대책이다.

② 구충 · 구서는 발생초기에 실시한다.

③ 대상동물의 생태나 습성에 따라서 실시한다.

④ 구충 · 구서는 광범위하게 동시에 실시한다.

(2) 위생해충

① 모기 : 말라리아 – 중국얼룩날개모기, 일본뇌염 – 작은간집모기, 사상충증 – 토코숲모기, 황열 등을 유발할 수 있으며, 오염수의 장기간 정체를 방지하고 제초, 살충제 살포, 덮개시설 등으로 방지한다.

② 파리 : 장티푸스, 파라티푸스, 이질, 콜레라, 디프테리아, 식중독 등을 유발시킨다. 방충망, 덮개시설, 살충제, 끈끈이 테이프 등을 이용한 물리적 · 화학적 방법과 쓰레기와 오물의 완전처리 및 소독, 변소 개량 등을 통하여 구제 · 예방할 수 있다.

③ 바퀴 : 주로 소화기계 전염병인 이질, 콜레라, 장티푸스, 살모넬라증, 소아마비 등을 전파한다. 바퀴의 구제는 번식력이 강하므로 완전히 박멸하지 않으면 안 된다. 특히 알을 구제하기 위해서는 산란기를 고려하여 몇 차례의 구제를 반복해야 한다. 주로 독이법이 이용되는데, 붕산을 물에 30 내지 40% 정도로 용해하

여 여기에 식빵가루를 적당량 넣어서 서식처나 통로 등에 놓아둔다.

(3) 쥐

쥐는 야생포유류 중 전염병 매개뿐만 아니라 가구, 기물 파괴, 식품오염 및 식품 손실 등의 피해를 입힌다.

① 쥐가 전파시키는 전염병 : 세균성 질병(페스트, 바일병, 서교증, 살모넬라 등), 리케차성 질병(발진열 쯔쯔가무시증), 바이러스성 질병(유행성 출혈열), 기생충병(아메바성 이질) 등

② 쥐의 구제법

- 압살법 및 포서방법
- 천적 이용법 및 서식처 제거법
- 살서제 이용법 : 8% 황인, 비소화물, 불화초산소다 등을 이용한다.
- 훈증법 : 아황산가스, 일산화탄소, 청산 등을 이용한다.

(4) 위생해충 및 쥐의 피해

① 병원체의 운반으로 인한 인체의 피부교차 및 질병을 전파한다.

② 흡혈, 영양분의 탈취, 체내 기생 등으로 인한 질병을 유발한다.

③ 사회적 · 정신적 · 경제적 손실을 준다.

10) 공해

공해란, 특정 또는 비특정 다수의 원인에 의하여 일반 공중 또는 다수의 인간에게 건강, 생명, 안전, 재산 등에 위해를 끼치거나, 공중이 가지는 공동의 권리를 방해하는 현상을 말한다.

공해요인으로서는 대기오염, 수질오염, 소음, 진동, 악취, 토양오염, 방사선오염 등 다양하며, 현대 공해의 특성은 다양화, 광역화, 누적화 및 다발화 현상을 나타내고 있다.

(1) 대기오염

① 대기오염원 : 공장의 배기가스, 자동차의 배기가스, 가정의 굴뚝 매연, 공사장의 분진 등이 있다.

② 대기오염 물질 : 아황산가스(유황산화물), 일산화탄소, 진소산화물, 옥시던트(광화학 스모그 형성) 분진, 자동차 배기가스와 여러 가지 입자상 · 가스상 물질이 있다.

③ 대기오염에 의한 피해 : 인체에 대한 영향(호흡기계 질병 유발), 식물의 고사(유황산화물), 물질의 변질과 부식, 자연환경의 악화, 경제적 손실이 있다.

④ 대기오염 대책 : 공장측(입지 대책, 연료 배출 대책), 공공기관측(도시계획의 합리화, 대기오염 실태파악과 방지 계몽, 지도, 법적 규제와 방지, 기술의 개발)

(2) 수질오염

① 수질오염원 : 농업, 공업, 광업, 도시 하수 등이 오염원이 된다.

② 수질오염 물질 : 카드뮴, 유기수은, 시안, 농약, PCB

③ 수질오염에 의한 피해 : 공업용수로 쓸 수 없으며, 농작물의 고사, 어류의 사멸, 상수원의 오염, 악취로 인한 불쾌감 등의 영향을 미친다.

④ 수질오염 대책 : 계획적 정비, 법적 규제, 자가 폐수처리장의 설치, 실태 파악과 오염방지 계몽, 처리기술개발 등의 대책이 필요하다.

(3) 소음

소음이란, 불쾌한 음, 듣기 싫은 음, 일상생활을 방해하는 음, 생리적 기능에 변화를 주는 음, 청력을 방해하는 음 등을 말한다. 일반적으로 소음이란 원하지 않는 불유쾌한 소리를 뜻하며, 인간생활에 유쾌한 작용을 하는 음으로 기계, 기구, 시설, 기타 물체의 사용으로 인해 발생되는 강한 소리를 의미하기도 한다. 그러므로 경쾌한 음악이라 해도 듣는 사람에 따라 소음이 될 수 있다.

① 소음 측정단위

데시벨dB : 음의 강도(음압) 수준을 나타내는 단위로, 음파의 방향에 수직한 단위면적을 단위시간에 통과하는 음의 에너지량을 의미한다.

② 소음의 허용기준과 환경기준

허용기준은 개인에 따라 감수성의 차가 있어 다르지만 1일 8시간 기준 90dB(A)을 넘어서는 안 되는 것으로 되어 있다. 그리고 어떠한 경우에도 115dB(A)을 넘는 환경에 접해서는 안 된다.

③ 소음에 의한 장해 및 피해

- 불쾌감, 수면장애
- 생리적 장애(교감신경에 작용하면 흥분, 불안, 두통 및 위장기능 저하)
- 맥박수 증가, 호흡곤란 및 신진대사 항진
- 체중증가 및 발육장애, 청력장애
- 회화방해 및 작업능률 저하

④ 소음방지 대책

- 발생원에 대한 대책 : 공장 소음에 대해서는 발생음이 적은 기계 사용, 심야작업과 이른 아침작업 억제, 소음기 부착, 배출 허용기준 설정 등이 필요하고, 건설소음의 경우 특정 공사의 사전신고, 규제지역 설정, 규제기준 설정, 폭약사용 규제, 무음해머 사용, 방음시설 등이 필요하다. 교통소음은 자동차에 소음기 부착, 속도 제한, 경적 제한, 신규 및 사용과정 차량의 규제, 규제지역 지정 등이 필요하다.
- 소음확산 방지대책 : 담당 설치, 차음벽과 흡음재 사용, 공업단지로의 이전, 지형을 이용한 공장 배치, 영세공장의 방음공장 구역 내로 일괄격리 등의 조치가 필요하다.
- 기타 대책 : 소음 피해자 관리대책, 도시계획의 정비, 소음방지에 대한 지도 및 교육, 법적 규제 등이 필요하다.

(4) 진동

진동이란, 어떤 물체가 외부의 힘에 의하여 평형상태에 있는 위치에서 전 · 후, 좌 · 우 또는 상 · 하로 흔들리는 것을 말한다.

① 진동에 의한 건강장해

- 전신장애 : 동요감, 압박감, 동통감, 공포감 및 오한을 느끼고, 시력, 청력장애, 신장, 심장, 폐, 뇌, 장 기타 복부장기의 기계적 손상(위장장애)을 일으킨다. 또한 불쾌감, 요천부의 동통, 운동지각, 자세 반사, 여자의 경우는 월경장애 등이 나타난다.
- 국소장애 : 손가락의 말초혈관 운동의 장애로 혈액순환이 저하되는 손가락이 창백해지며 동통을 일으키는 레이노현상raynaud's phenomenon과 심한 진동을 받으면 뼈, 관절, 신경, 근육 등의 뼈 및 관절장애가 나타난다.

② 진동대책

- 전신진동 대책 : 원인제거, 전파경로 차단, 완충장치, 작업시간 단축, 보건교육 등이 필요하며, 적성배치에 고려해야 할 질환인 내장하수증, 다발성 신경염, 자궁탈을 검사해야 한다.
- 국소진동 대책 : 공구개선, 완충장치, 보온대책(14℃ 이하), 작업시간 단축(1일 2시간 이하, 1주 5일 근무, 월 40시간 이하), 보건교육 등이 필요하며, 적성배치에 고려해야 할 질환인 다발성 신경염, 류마티스성 질환, 레이토씨병 등을 검사해야 한다.

제4장 **질병과 전염병**

1. 전염병의 발생요인

전염병이 집단 발생하여 유행의 원인이 되는 데는 다음 3요소가 있다. 따라서 '병원체, 환경, 인간'을 질병(전염병) 발생의 3대요소라고 한다.

① 병원체 : 질적 · 양적으로 질병을 일으킬 수 있도록 충분할 것(직접적 원인)
② 환경 : 병원체에 감염될 수 있는 환경조건이 구비될 것
③ 숙주 : 병원체에 대한 면역성이 없고, 간수성이 있을 것

2. 전염병의 생성과정

질병의 전염 혹은 감염이란, 어떤 종류의 생물체(주로 미생물체)에 의하여 다른 생물체가 침범당하는 것을 말한다. 전염병의 생성과정을 세분하면 다음과 같은 6개 과정이 연쇄적으로 작용하여 일어나는 것을 알 수 있다.

① 병원체 : 세균, 바이러스, 리케차, 클라미디아, 기생충, 진균
② 병원소 : 사람, 동물, 토양
③ 병원소로부터 병원체의 탈출 : 호흡기 계통으로 탈출(대화, 기침, 재채기 등), 소화기 계통으로 탈출(분변 등), 비뇨생식기 계통으로 탈출(소변, 성기 분비물 등), 개방 병소로 직접 탈출(농양, 피부병의 상처 부위), 기계적 탈출(흡혈성 곤충, 주사기 등) 등
④ 전파 : 직접 전파(직접접촉 전염, 비말), 간접 전파(비활성 전파 - 식품, 물, 개달물; 활성 전파 - 절지동물, 중간숙주), 공기 전파(먼지, 비말핵)

⑤ 새로운 숙주로의 침입 : 호흡기계 전염병(호흡기계 침입), 소화기계 전염병(경구적 침입), 기계적 침입(매개곤충, 주사기 등), 경피 침입(점막, 상처부위 등)
⑥ 숙주의 감수성 : 숙주의 병원체에 대한 저항력이 감염이나 발병에 크게 작용한다. 저항력이 낮으면 감수성이 높으므로 감염이 된다.

이상의 6가지 요소는 질병 생성의 연쇄고리를 이루고 있으며, 전염병 생성과정의 불가결의 요소이다. 이 중에서 한 가지라도 결여된다면 전염병은 생성되지 않는다. 따라서 전염병을 예방하거나 관리하기 위해서는 이 연쇄고리가 이루어지지 않도록 한다.

3. 질병의 원인별 분류

1) 양친에게서 전염되거나 유전되는 질병

① 전염병 : 매독, 두창, 풍진
② 비감염성 질환 : 혈우병, 동풍, 고혈압, 당뇨병, 알레르기, 정신발육 지연, 시력 및 청력장애 등

2) 병원성 미생물로 감염되는 질병

각종 전염병이 이에 속한다.
① 세균성 식중독
② 급성 전염병
③ 만성 전염병
④ 기생충병

3) 식사의 부적합으로 일어나는 질병

① 과식이나 과다 지방식은 비만증, 관상동맥, 심장질환, 고혈압, 당뇨병, 골관절염을 유발한다.

② 식염의 과다 섭취와 자극성 식품은 고혈압에 관계가 있다.
③ 백미를 상식으로 하는 민족에게는 위암과 원발성 간암의 발생이 많다.
④ 뜨거운 음식을 섭취하는 사람에게는 식도암, 후두암 및 위암의 발생률이 높다.
⑤ 특수영양소, 즉 비타민이나 무기질이 부족한 식사를 계속한다면 각기병, 구루병, 펠라그라증, 빈혈, 갑산선종, 충치 등이 야기된다.

4) 공해로부터 일어나는 병

① 미나미타병 : 수은으로 오염된 어류의 계속 섭취
② 이타이이타이병 : 카드뮴으로 오염된 쌀의 계속 섭취
③ 가네미유증 : 미강유 제조 시 PCB가 누출되어 기름에 혼입되어 발생한다.
④ 만성기관지염 및 기관지천식 혹은 폐기종 : 아황산가스(SO_2)에 의한 대기오염
⑤ 폐암 : 자동차 배기가스 중의 탄화수소에서 생성된 3,4-벤조피렌
⑥ 만성폐섬유화 및 폐수종 : 이산화질소(NO_2)의 장기간 흡입

4. 병원체에 대한 면역력 증강

면역은 특정 감염균에 대하여 개인이 방어할 수 있는 능력을 말하며, 크게 선천적으로 면역이 형성되는 선천면역과 후천적으로 형성되는 후천면역으로 나뉜다.

1) 선천면역 : 종속면역, 인종면역, 개인차 특이성

① 능동면역
- 자연능동면역 : 질병감염 후 획득된 면역
- 인공능동면역 : 예방접종으로 획득된 면역

② 후천면역 : 수동면역
- 자연수동면역 : 모체로부터 얻는 면역
- 인공수동면역 : 혈청제제 접종으로 획득되는 면역

- 자연능동면역 질병 : 두창, 홍역, 유행성이하선염, 백일해, 성홍열, 발진티푸스, 장티푸스, 페스트, 황열, 콜레라
- 인공능동면역 질병 : 두창, 탄저, 광견병, 결핵, 황열, 폴리오, 장티푸스, 백일해, 일본뇌염, 파상풍, 콜레라, 파라티푸스

2) 면역과 질병

① 영구면역이 잘되는 질병 : 홍역, 수두, 풍진, 유행성 이하선염, 백일해, 폴리오, 황열, 천연두

② 약한 면역만 형성되는 질병 : 인플루엔자, 디프테리아

③ 면역이 형성되지 않는 질병 : 매독, 이질, 말라리아

5. 전염병의 분류

1) 병원체에 따른 전염병의 분류

① 바이러스 : 일본뇌염, 홍역, 인플루엔자, 폴리오, 전염성 간염, 트라코마, 전염성 설사병, 풍진, 공수병(관견병), 유행성 이하선염, 후천성 면역결핍증AIDS

② 리케차 : 발진티푸스, 발진열, 쯔쯔가무시증(양충병)

③ 세균 : 콜레라, 이질, 파라티푸스, 성홍열, 디프테리아, 백일해, 페스트, 유행성 뇌척수막염, 장티푸스, 파상풍, 결핵, 폐렴, 한센병(구 나병), 수막구균성 수막염

④ 스피로헤타 : 바일병(와일씨병), 매독, 서교증, 재귀열

⑤ 원충 : 말라리아, 아메바성이질, 아프리카 수면병(트리파노조마)

2) 예방접종을 하는 전염병의 분류

① 정기 예방접종 : 디프테리아, 폴리오, 백일해, 홍역, 파상풍, 결핵, B형 간염, 유행성 이하선염, 풍진 및 보건복지부장관이 필요하다고 인정하여 지정하는 전염병

② 임시 예방접종 : 일본 뇌염, 장티푸스, 인플루엔자, 신증후군 출혈열(유행성 출혈

열) 등, 보건복지부장관의 명령이 있거나 시장 · 군수 · 구청장이 필요하다고 인정하는 경우 시행한다.

3) 잠복기(감염되고 나서 발병되기까지의 기간)가 있는 전염병의 분류

① 잠복기 1주일 이내 : 페스트(2~4일), 유행성 간염((1~6일), 이질(2~7일), 콜레라(1~5일, 평균 3일 때로는 수시간), 디프테리아(2~7일), 뇌염(48시간~수일), 인플루엔자(1~3일), 황열(3~5일, 때로는 6일)

② 잠복기 1~2주일 : 성홍열(2~7일, 보통 3~4일), 파라티푸스(4~10일, 평균 1주일), 발진티푸스(5~20일, 보통 12일), 홍역(8~10일), 백일해(보통 7일, 14일 이내), 폴리오(소아마비, 3~10일, 보통 10일), 장티푸스(7~30일, 평균 2주일), 수두(14~31일), 유행성 이하선염(12~26일), 풍진(14~21일)

③ 잠복기간이 특히 긴 것 : 한센병(3~4년), 결핵(부정)

4) 전염병의 감염경로

① 직접접촉 전염 : 매독, 임질, 피부병, 풍진

② 간접접촉 전염
- 비말 감염 : 디프테리아, 인플루엔자 성홍열, 백일해
- 결핵진에 감염 : 결핵, 디프테리아, 천연두

③ 개달물 전염 : 결핵, 트라코마, 천연두

④ 수인성 전염 : 이질, 콜레라, 파라티푸스, 장티푸스, 폴리오

⑤ 음식물 전염 : 이질, 콜레라, 폴리오, 장티푸스(식중독), 파라티푸스, 유행성 간염

⑥ 위생해충에 의한 전염
- 모기 : 말라리아 · 일본뇌염 · 황열 · (말레이)사상충증 · 뎅기열
- 이 : 발진티푸스 · 재귀열
- 벼룩 : 페스트 · 발진열 · 재귀열
- 빈대 : 재귀열
- 바퀴 : 이질 · 콜레라 · 장티푸스 · 폴리오

- 파리 : 장티푸스 · 파라티푸스 · 이질 · 콜레라 · 결핵 · 디프테리아
- 진드기 : 쯔쯔가무시증 · 옴 · 재귀열 · 신증후군 출혈열

⑦ 토양 전염 : 파상풍

- 비말 감염 : 환자 · 보균자의 기침, 재채기, 대화할 때 튀어나오는 비말에 병원균이 함유되어 감염
- 진애 감염 : 병원체가 붙어 있는 먼지를 흡입하여 감염

⑧ 경태반 전염 : 매독, 풍진, 두창

5) 인체 침입구에 따른 전염병의 분류

① 호흡기계 침입 : 디프테리아, 백일해, 결핵, 폐렴, 수막구균성 수막염, 인플루엔자, 홍역, 수두, 풍진, 유행성 이하선염, 성홍열

② 소화기계 침입 : 장티푸스, 콜레라, 파라티푸스, 이질(세균성, 아메바성), 폴리오, 유행성 간염

③ 경피 침입

- 병원체의 피부접촉에 의해 그 자신의 힘으로 숙주의 체내에 침입 : 바일병, 십이지장충
- 상처를 통한 감염 : 파상풍, 매독, 한센병 등
- 동물에 쏘이거나 물려서 병원체 침입 : 모기, 이, 벼룩, 진드기, 쥐, 개(공수병) 등 매개 전염병

6) 우리나라의 법정 전염병의 종류

우리나라 전염병 예방법에 정해진 법정 전염병은 다음과 같다.

① 제1군 : 콜레라, 페스트, 장티푸스, 파라티푸스, 세균성이질, 장출혈성 대장균 감염증(O157)

② 제2군 : 디프테리아, 백일해 파상풍, 홍역, 유행성 이하선염, 풍진, 폴리오, B형 간염, 일본뇌염

③ 제3군 : 말라리아, 결핵, 한센병(구 나병), 성병, 성홍열, 수막구균성 수막염, 레지

오넬라증, 비브리오패혈증, 발진티푸스, 발진열, 쯔쯔가무시증, 렙토스피라증, 브루셀라증, 탄저, 공수병, 신증후군성 출혈열(유행성 출혈열), 인플루엔자, 후천성 면역결핍증AIDS

④ 제4군 : 황열, 뎅기열, 마버그열, 에볼라열, 라싸열, 리슈마니아증, 바베시아증, 아프리카수면병, 크립토스포리디움증, 주혈흡충증, 요우스, 핀타, 급성출혈열, 급성호흡기증상, 급성설사증상, 급성황달증상 또는 급성신경증상을 나타내는 신종전염병증후군

⑤ 지정전염병 : 제1군~제4군 전염병 외에 유행 여부의 조사를 위해 감시활동이 필요한 전염병

7) 우리나라의 검역 전염병의 종류

우리나라 검역법에 정해진 검역 전염병은 3종으로, 그 종류와 검역기간은 다음과 같다.

① 콜레라 : 120시간

② 페스트 : 144시간

③ 황열 : 144시간

6. 전염병의 관리대책

1) 전파예방

① 외래 전염병 예방대책 : 국내 침입을 막기 위해 검역이 필요하다. 검역법에 정해진 검역 전염병에 대해서 외국에서 들어오는 여객과 승무원에 대해 감시, 검사를 한다.

② 국내 상재 전염병 예방대책

- 병원소의 제거
- 전염력의 감소
- 병원소의 격리
- 환경위생관리
- 전염원 대책

• 순환변화(단기변화) : 3~4년 주기(홍역 2년, 백일해 2~4년, 유행성뇌염 3~4년)
• 추세변화(장기변화) : 10~15년 주기(장티푸스, 디프테리아)

2) 면역증강

감수성이 있는 사람에 대하여 일반 저항력 증진을 위한 영양관리, 운동, 충분한 수면 등의 관리와 예방접종을 실시하여 면역력을 증강시키고, 면역 혈청이나 감마글로브린의 접종 등이 필요하기도 하다.

3) 예방조치가 되지 못한 환자의 처치

여러 가지 관리를 하더라도 예방조치가 되지 못하는 경우가 생긴다. 이를 위하여 진단시설의 제도화, 치료를 위한 의료시설의 확충, 무의료 지역의 제거 등의 국가적 · 사회적 차원의 전염병 관리가 필요하며, 계속적인 보건교육이 필요하다.

7. 전염병의 전파예방 대책

① 전염원의 근본적 대책
② 전염경로의 차단
③ 감수성 보유자의 관리 등도 중요하다.

1) 전염원(감염원) 대책

(1) 전염원의 조기발견

① 환자의 신고 : 전염병예방법 등에 의한 법정 전염병 환자 등을 진단하였거나 시체를 검안한 의사 또는 한의사는 보건소장에게 신고한다.
② 병원체 보유자의 검색 : 임상적인 증상은 없으나 전염병 병원체를 보유하고 있는 사람을 말한다. 특히 식품을 다루는 업무에 종사하고 있는 사람 등에 중점적

으로 실시한다.

③ 역학조사 : 발생규모 파악 및 감염원 추적 등의 활동, 전염병 예방접종 부작용 사례가 발생한 경우 그 원인을 규명하기 위한 활동

(2) 전염원에 대한 처치

① 환자격리 조치 : 병원체의 확산방지를 위한 환자나 보균자의 격리나 완전치료가 필요하다.

② 업무종사제한 집회금지 : 식품업 등의 종사자는 취업을 금지시키고, 학교에서는 출석 금지, 학급폐쇄, 휴교 등을 한다.

③ 교통차단과 건강격리 : 콜레라, 발진티푸스, 페스트의 경우 교통을 차단하거나 접촉자를 격리하여 잠복기간 중 엄중 감시한다.

④ 병원체 보유동물 대책 : 가정에서는 물론 지역적으로 구제 박멸하여 감염원을 제거하도록 한다.

⑤ 환자, 보균자의 배설물 및 오염물건의 소독

⑥ 외래 전염병 : 검역을 철저히 하여 국내침입을 사전에 방지한다.

2) 전염경로(감염경로) 대책

① 전염원과의 접촉기회 억제 : 학교 · 학급의 폐쇄, 교통차단 등을 실시한다.

② 소독 · 살균의 철저 : 직접 접촉에는 화학적 · 기계적인 예방조치, 감염원의 배설물, 오염물건 등의 소독, 손의 수세, 소독 등의 실시가 필요하다.

③ 공기의 위생적 유지 : 환기, 여과 또는 발진 방지, 살균 등을 실시한다.

④ 상수도의 위생관리 : 잔류 염소량을 제대로 유지하는 등 엄중한 관리를 한다.

⑤ 식품의 오염방지 : 식품의 보존, 조리에 유의하고, 시설 설비의 개선, 취급자의 위생관리와 위생교육에 노력한다. 해충의 구제도 중요하다.

3) 감수성 대책

① 저항력의 증진 : 평소에 영양부족, 수면부족, 피로 등에 의한 체력 저하를 방지

하고 체력을 증진시켜 저항력의 유지 증진에 노력한다.

② 예방접종(인공면역)

8. 인축공동전염병

전염병 가운데 사람과 사람 이외의 동물 사이에서 동일한 병원체에 이해서 발생하는 질병이나 감염상태를 '인축공동전염병'이라 한다. 그 종류는 다음과 같다.

① 결핵 : 소

② 탄저, 비저 : 양, 소, 말

③ 살모넬라증, 돈단독, 선모충, Q열 (돼지)

④ 공수병(광견병) : 개

⑤ 페스트 : 쥐

⑥ 야토병 : 다람쥐, 쥐, 토끼

⑦ 브루셀라 : 소, 양, 돼지

제5장 기생충과 예방

1. 기생충의 개념

일시적으로 혹은 지속적으로 생체에 기생하며 그 숙주(host) 생체에서 영양을 섭취하여 생활하고 이는 동물류를 '기생충'이라고 한다.

2. 선충류에 의한 감염과 예방법

1) 회충증ascaris lumbricoides

(1) 감염경로

사람의 기생충류 중 세계적으로 가장 흔한 것으로, 감염경로는 주로 채소를 통해 경구 감염된다. 체외로 나온 수정란이 감염능력을 갖춘 자충기란이 된 다음, 사람의 입에 들어가 소장 상부에서 탈각하여 자충이 되고, 장관 이외의 장기를 이행한 다음 소장에 돌아와서 발육하여 약 70일만에 성충이 된다.

(2) 예방법

① 청정채소를 보급하거나 채소를 충란이 완전 제거되도록 철저히 씻는다.
② 분변의 완전처리를 하거나 채소재배에 인분을 사용하지 말아야 한다.
③ 평소 집단구충에 힘써서 충란의 배출을 막아야 한다.
④ 철저한 개인위생과 곤충구제에 힘쓴다.

2) 구충증ancylostoma duodenale(십이지장충)

(1) 감염경로

충란이 분변과 함께 외부로 나와 부화 · 탈피하여 피낭자충이 된 다음, 채소와 함께 입을 통해 인체에 들어가기도 하고, 혹은 자충이 노출된 피부를 뚫고 인체 내에 침입하기도 한다. 주로 십이지장에 기생한다.

(2) 예방법

① 청정채소를 보급하고, 채소의 세척을 철저히 해야 한다.

② 채소재배에 인분사용을 금지하고 인분의 위생적인 처리를 하여야 한다.

③ 오염지역에서의 피부노출을 삼가하고, 맨발로 다니지 말아야 한다.

3) 요충증theadworm

(1) 감염경로

보통 소장 하부에 기생하는 백색의 아주 작은 선충이며, 산란 장소가 직장속인 경우도 있으나, 대개는 항문 근처이어서 성충이 항문 근처를 기어다니므로 가려워서 불쾌감을 주며, 이때 손으로 긁으면 충란이 손을 통해 입으로 감염된다.

(2) 예방법

① 회충의 예방법과 같이 할 것

② 항상 손을 깨끗이 씻고 손톱을 짧게 깎을 것

③ 속옷이나 항문 근처를 청결하게 할 것

- 동양모양선충 : 한국, 일본, 중국 등에서 발생하고, 감염유충은 저항력이 강하고 채소에서 경구감염, 경피감염된다. 내염성이 강하다.
- 경피감염기생충 : 십이지장충(구충), 말라리아원충
- 요충 : 집단감염, 항문소양증

3. 기생충의 중간숙주

1) 중간숙주

기생충이 음식물을 통해 인체에 감염되는 경로는 동물성 식품과 일반식품 등이 있다. 이때 기생충이 경유하는 여러 동물을 '중간숙주'라 하고 사람을 '종말숙주'라 한다. 그러나 사람이 중간숙주적인 구실을 하는 경우도 있다.

중간숙주별 기생충의 분류

- 중간숙주가 없는 것 : 회충, 구충, 편충, 요충
- 중간숙주가 하나인 것 : 무구조충, 유구조충, 선모충
- 중간숙주가 둘인 것 : 간흡충, 폐흡충, 광절열두조충
- 사람이 중간숙주 역할을 하는 것 : 말라리아

4. 흡충류의 중간숙주

① 간흡충(간디스토마) → (제1)왜우렁이 → (제2)붕어, 잉어

② 폐흡충(폐디스토마) → (제1)다슬기 → (제2)게, 가재

- Anisakis증
  - 제1중간숙주 : 갑각류
  - 제2중간숙주 : 오징어, 가다랭이, 대구, 청어, 명태, 고등어
- Mansoni 열두조충 : 닭, 뱀, 개구리 등
- 선모충 : 돼지고기, 개, 고양이 등 포유동물

5. 조충(촌충)류의 중간숙주

① 광절열두조충(긴촌충) → (제1)물벼룩 → (제2)연어, 송어

② 무구조충(민촌충) - 소

③ 유구조충(갈고리촌충) - 돼지

④ 원충류 : 이질아메바 - 장관기생, 뇌, 폐, 간 등에 기생

- 지알디아 : 장내기생
- 질리코모나스 : 질강, 요도기생
- 말라리아 : 간, 혈류기생

6. 예방법

① 위와 같은 중간숙주를 날로 먹지 말 것

② 조리기구에 의해 감염되지 않도록 할 것

제6장 인구와 보건

1. 인구문제

인구의 증감은 출생과 사망의 차이에 의한 '자연증가'와, 유입과 유출의 차이에 의한 '사회증가'로 결정된다. 하나의 국가나 지역사회의 인구 증감은 자연증가와 사회증가의 합을 의미하지만, 세계의 인구 증감은 출생과 사망에 의해서 결정되는데, 국민의 경제성 · 산업화 · 국민의 보건수준 등 사회적인 영향을 많이 받게 된다.

2. 인구구성

	형 별	특 징
자연적 증 감	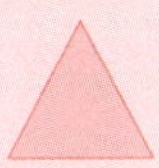 피라미드형(인구증가형)	인구가 증가할 잠재력을 많이 가지고 있는 형으로, 출생률은 높고 사망률은 낮은 형이다. 14세 이하 인구가 65세 이상 인구의 2배 이상일 경우로서 비생산층 인구끼리 비교한다.
	 종형(인구정체형)	인구 정지형으로, 출생률과 사망률이 다 낮고, 14세 이하가 65세 이상 인구의 2배 정도일 경우이다.
	 항아리형(인구감소형)	평균수명이 높은 선진국가에서나 볼 수 있는 형으로, 인구감퇴형이다. 출생률이 사망률보다 더 낮아 14세 이하가 65세 이상의 2배 이하일 경우이다.
사회적 증 감	별형(인구유입형) 도시형	생산연령 인구가 많이 유입되는 도시지역의 형으로, 생산층 인구가 전체 인구의 1/2 이상인 경우로서, 생산층 인구가 증가되는 형이다.
	기타형(인구유출형) 농촌형	별형과는 반대로, 생산층 인구가 다수 유출되는 농촌에서 볼 수 있는 형이다. 생산층 인구가 전체 인구의 1/2 미만인 경우로서 생산층 인구가 감소하는 형이다.

제7장 **소독과 살균**

병원 미생물을 죽이거나 또는 반드시 죽이지는 못하더라도 그 병원성을 약화시켜서 감염력을 없애는 조작을 '소독'이라 하고, 병원 미생물뿐 아니라 모든 미생물을 사멸시키는 것을 '살균' 또는 '멸균'이라 한다. 또 미생물의 증식을 억제하여 부패의 진행을 억제시키는 것을 '방부'라고 한다. 이러한 조작에 의하여 전염병을 예방하고 세균성 식중독이나 식품의 부패를 방지할 수 있다.

소독과 살균은 '물리적 방법'과 '화학적 방법'으로 크게 구분한다.

1. 물리적 소독법

1) 무가열 처리법

(1) 자외선 멸균법

자외선의 살균력은 파장의 범위가 2,500~2,800Å(옴스트롬) 정도일 때, 가장 강하다. 무균실, 수술실 등에서 공기, 기구, 용기 등의 소독에 사용되며, 결핵균, 디프테리아균은 2~3시간이면 살균효과가 나타난다.

(2) 방사선 멸균법

방사선을 방출하는 코발트 60(^{60}CO) 등의 물질을 이용하여 강한 투과력으로 용기, 플라스틱제품, 포장상품 등을 단시간 내에 살균한다.

(3) 세균 여과법

시약, 주사제 및 음료수나 액체식품 등을 세균 여과기로 걸러 균을 제거시키는 방법인데, 소형 바이러스 등은 제거되지 않는 결점이 있다.

2) 건열 멸균법(가열 살균법)

① 화염 멸균법 : 도자기류, 유리봉, 금속류 등의 불에 타지 않는 물건을 소독하는데 이용되는 방법으로, 알코올램프, 분젠, 천연가스 등의 불꽃에 넣어 20초 이상 가열한다.

② 건열 멸균법 : 건열 멸균기dry oven에 넣고 보통 170℃에서 1~2시간 가열하는 방법으로, 유리기구, 주사바늘, 자기류 등의 소독에 이용한다.

3) 습열 멸균법

① 고압증기 멸균법 : 고압증기 멸균기(오토클레이브)를 이용하여 121℃(압력 15파운드)에서 20분간 살균하는데, 미생물 및 아포형성균 멸균에 가장 좋은 방법으로 연구실에서 많이 사용하고 있다. 초자기구, 의류, 약액 및 통조림 등의 살균에 이용된다.

② 유통증기 멸균법 : 100℃의 유통증기에서 30~60분간 가열하는 방법으로 식기, 도자기류 소독에 이용한다. 그러나 아포를 형성하는 균(내열성균)을 죽일 수 없기 때문에 간헐멸균을 한다. 100℃의 유통증기를 24시간마다 25~30분간 통과시키는 것을 3일에 걸쳐 세 번을 한다.

③ 자비 소독법(열탕소독) : 끓는물(100℃)에서 15~20분간 가열하는 방법으로, 식기, 도자기류, 주사기, 행주 등의 소독에 이용된다. 손쉬운 방법이기는 하지만 아포형성균을 죽일 수 없기 때문에 완전멸균은 기대할 수 없다. 석탄산 5%나 크레졸 3%를 첨가하면 효과가 더 좋다.

④ 저온 소독법(LTLT법) : 우유, 알코올, 유제품 등의 살균에 이용되며, 우유는 61~65℃에서 30분간 소독한다.

⑤ 고온단시간 소독법(HTST법) : 우유의 경우 70~75℃에서 15~20초간 가열하는 방법이다.

⑥ 초고온순간 살균법(UHT법) : 영양손실을 줄이고 거의 완전멸균을 기대할 수 있는 방법으로, 우유는 130~140℃에서 2초간 처리한다.

2. 화학적 소독법

화학적 소독법(소독약)을 이용하여 균을 죽이는 방법이다.

1) 소독약의 구비조건

① 살균력이 강할 것
② 안전성이 있을 것
③ 금속에 부식성이 없을 것
④ 표백성이 없을 것
⑤ 용해성이 높을 것
⑥ 냄새가 없을 것
⑦ 사용하기 간편하고 값이 쌀 것
⑧ 침투력이 강할 것
⑨ 인축에 대한 독성이 없을 것

2) 종류 및 용도

① 염소, 차아염소산나트륨 : 수돗물, 과일, 야채, 식기 등의 소독에 사용
- 수돗물 소독 시 잔류염소 : 0.2ppm
- 과일, 야채, 식기 소독 시 농도 : 50～100ppm

② 표백분(클로르칼크, 클로르석회) : 우물, 수영장 소독 및 야채, 식기 소독에 사용
③ 역성비누(양성비누) : 과일, 야채, 식기, 손 소독에 사용
- 원액 : 10% 용액
- 희석 : 200～400배
- 실제사용 농도 : 과일, 야채, 식기 소독 0.01～0.1%, 손 소독 10%
- 사용할 때의 주의사항 : 유기물(단백질)이 있으면 살균력이 떨어지므로 세제로 일단 씻어낸 후에 사용하고, 보통 비누와 함께 사용하면 살균효과가 떨어지므로 섞어서 쓰지 않도록 주의한다.

④ 석탄산(3%) : 변소(분뇨), 하수도, 진개 등의 오물 소독에 사용하며, 온도상승에 따라 살균력도 비례하여 증가한다.

- 장점 : 살균력이 안정(유기물에도 살균력이 약화되지 않음)
- 단점
  - 냄새가 독하다.
  - 독성이 강하다.
  - 피부점막에 강한 자극성을 준다.
  - 금속 부식성이 있다.

$$\text{석탄산 계수} = \frac{\text{(다른)소독약의 희석배수}}{\text{석탄산의 희석배수}}$$ (살균력 비교 시 사용)

⑤ 크레졸 비누액(3%) : 변소(분뇨), 하수도, 진개 등의 오물 소독, 손 소독에 사용하며, 피부자극은 비교적 약하지만 소독력은 석탄산보다 강하고 냄새도 강하다.

⑥ 과산화수소(3%) : 자극성이 적어서 피부, 상처 소독에 적합하며, 특히 입 안의 상처 소독에 사용할 수 있다.

⑦ 포름알데히드(기체) : 병원, 도서관, 거실 등의 소독에 사용하고 있다.

⑧ 포르말린 : 포름알데히드를 물에 녹여서 35~37.5%의 수용액으로 만드는 것이다. 변소(분뇨), 하수도, 진개 등의 오물 소독에 이용할 수 있다.

⑨ 생석회 : 변소(분뇨), 하수도, 진개 등의 오물 소독에 가장 우선적으로 사용할 수 있다.

⑩ 승홍수(0.1%) : 비금속기구 소독에 이용한다. 온도상승에 따라 살균력도 비례하여 증가한다.

⑪ 중성세제 : 식기세척 시 중성세제의 농도는 0.1~0.2%

⑫ 에틸알코올(70%) : 금속기구, 초자기구, 손 소독 등에 사용한다.

⑬ 에틸렌옥사이드(기체) : 식품 및 의약품 소독에 사용한다.

제8장 산업보건

1. 산업보건의 중요성

산업혁명(1760~1714) 이후, 산업장에 종사하는 근로자의 대다수가 20세 이전에 사망하였는데 그 원인이 '직업병'으로 알려졌다. 이에 산업장의 노동인력을 확보하여 생산성을 높이기 위함과, 근로자의 인권을 옹호하기 위해 산업보건의 중요성이 대두되었다.

2. 산업보건의 목표

산업보건의 목표는 다음과 같다.(WHO, ILO의 합동위원회)

① 근로자의 신체적 · 정신적 · 사회적으로 건전하며 산업장의 작업조건에 의하여 건강을 해치는 일이 없도록 예방함
② 취업으로 인해 유해인자에 폭로되지 않도록 보호함
③ 신체적 · 심리적으로 적성에 맞는 일을 함으로써 작업능률을 발휘할 수 있게 함
④ 노동의 재생산성을 확보할 수 있게 함

3. 직업병

직업병은 특정 직업에 종사하는 사람에게 그 작업환경에 영향을 받아 특정의 질환이 나타나는 것을 말한다.

1) 직업병의 두 가지 발생원인

① 불량한 작업환경 조건 : 온도, 습조, 환기, 광선, 소음, 기압, 유해가스, 분진, 중기 등

② 부적당한 근로조건 : 근로강도, 밀도, 직업자세, 작업속도, 근로시간, 휴식의 배분 등

2) 직업병의 종류

① 열중증(이상고온) : 열경련, 열허탈증, 열사병, 열쇠약증 등
② 이상저온 : 동상, 동창 등
③ 고압상태 : 잠함병
④ 저압상태 : 고산병, 항공병
⑤ 불량조명 : 근시, 안구진탕증
⑥ 소음 : 난청, 정신적 스트레스
⑦ 분진 : 규폐증, 석면폐증, 활석폐증
⑧ 공업중독 : 아연중독, 수은중독, 크롬중독, 카드뮴중독, 일산화탄소중독, 아황산가스중독 등

3) 직업병의 예방대책

① 환경 관리대책 : 작업환경을 쾌적하게 관리하여 안전하고 건강한 작업환경을 만든다.
② 작업조건 대책 : 작업조건을 근로자에게 적정하게 시정 개선한다.
③ 근로자 관리대책 : 채용 시 신체검사 및 정기 건강검진을 실시하며 유해업무 시 보호구 사용을 권장한다.

4) 연소근로자의 보호

① 15세 미만인 자 : 근로자로 고용할 수 없다.
② 여자와 18세 미만인 자 : 사회도덕상 또는 보건상 유해업종이나 위험한 현장에 고용을 규제한다.
③ 15~18세까지 : 보호연령으로 작업시간 및 작업환경을 제한하고 있다.

Cooking Theory

제2부 **식품위생**

Cooking
Theory

제1장 식품위생개론

1. 식품위생의 정의

1) WHO(세계보건기구)의 식품위생에 대한 정의(의의)

'식품위생'이란, 식품 원료의 재배 · 생산 · 제조로부터 유통과정을 거쳐 최종적으로 사람에게 섭취되기까지의 모든 단계에 걸친 식품의 안전성 · 보존성 · 악화 방지를 위해 취해지는 모든 수단을 말한다. 즉 식품위생이라 함은 식품, 식품첨가물, 기구 또는 용기와 포장을 대상으로 하는 음식에 관한 위생을 말한다(「식품위생법」 1장2조8항).

2) 식품위생의 목적

건강을 해치고 질병을 유발시키는 부패 · 변패된 식품과 유해미생물, 유해화학물질 등을 함유하는 유해식품을 배제하여 양질의 식품을 통한 건강증진과 식품의 안전을 지키는데 목적이 있다.

① 식품으로 인한 위생상의 위해 방지
② 식품영양의 질적 향상 도모
③ 국민보건의 증진에 이바지

2. 식품위생 행정기구

식품위생법

- 제정 : 1962년 1월 20일
- 목적 : 식품으로 인한 위생상의 위해를 방지하고 식품위생의 질적 향상과 국민보건의 증진

1) 중앙기구

보건복지부의 위생국에서 식품위생에 관한 업무의 총괄 · 기획 · 조사 등을 주관하며, 지방의 위생행정기구를 지휘 · 감독하고 있다. 다만, 농축산물과 수산물의 품질이나 경제상의 부문은 농림축산식품부의 소관이고, 주류의 품질과 경제상의 부문은 기획재정부의 소관으로 되어 있다. 또 중앙의 식품위생 행정을 보조하는 검사기관으로는 국립보건원이 있다.

2) 지방기구

특별시 · 광역시 · 도마다 보건사회국에서 식품위생 행정을 담당하고 있으며, 그 관하의 군청이나 구청에는 위생과에서 식품위생감시원을 배치하고 말단의 위생행정 업무를 담당하고 있다. 군이나 구에 설치된 보건소에서는 관할 영업소 종사자에 대한 건강진단과 위생강습 등을 비롯하여 식중독의 역학적 조사 등을 담당하고 있다. 또한 식품의 위생검사는 시 · 도의 보건환경연구소에서 담당하고 있다.

식품위생법 제1장2조1항

'식품'이란, 모든 음식물(의약으로 섭취하는 것은 제외한다)을 말한다.

제2장 식품과 미생물

1. 식품과 미생물

'미생물'이란, 육안으로는 볼 수 없고 현미경으로만 식별할 수 있는 정도로 작은 생물군을 말하며, 이는 식품과 밀접한 관계가 있다.

① 식품의 부패를 일으키는 것
② 식품의 발효를 일으키는 것
③ 식품과 함께 입으로 들어와 질병을 일으키는 것
④ 식품을 오염시켜 중독을 일으키는 것

등이 있으며, 이는 토양, 물, 대기, 동·식물 속에 서식하다가 식품의 제조, 가공, 조리, 포장과정에서 오염된다.

미생물은 사람에게 병을 일으키는 병원성 미생물과 식품의 부패나 변패의 원인이 되는 유해한 것과, 발효·양조 등 유익하게 이용되는 미생물인 비병원성 미생물로 구분된다.

2. 미생물의 종류

미생물은 ① 진균류, ② 세균, ③ 리케차, ④ 바이러스, ⑤ 스피로헤타 등으로 분류되며 그 생태는 다음과 같다.

1) 진균류 : 곰팡이 · 효모

진균류(眞菌類) 중에서 균사체를 발육기관으로 하는 곰팡이를 '사상균'이라 한다.

누룩 · 메주 등은 곰팡이를 이용하는 이로운 것이고, 식품을 변질시키는 것과 독소를 만들어 인체에 해를 주는 것도 있다(곰팡이 : 포자 번식, 효모 : 출아법). 효모는 구형, 타원형, 난형 등이 있고 무성생식법으로 번식을 하며 비운동성이다. 발효식품과 제빵 등에 이용되며 사람에게 병을 일으키는 것은 드물다.

2) 세균

형태는 구균 · 간균 · 나선균의 세 가지가 있고, 협막 · 아포 · 편모 등을 가지는 것이 있다. 2분법으로 증식하며, 세균성 식중독 · 경구 전염병과 부패를 일으키는 부패세균 등이 이에 속한다.

① 구균 : 단구균 · 쌍구균 · 연쇄구균 · 포도상구균(화농균, 폐렴구균)
② 간균(막대형) : 단간균 · 쌍간균 · 연쇄간균 등(살모넬라균, 이질균, 결핵균)
③ 나선균 : 콤마상 나선균 · 일반 나선균(콜레라균, 장염비브리오균)

3) 리케차

세균과 바이러스의 중간에 속하는 것으로, 원형 · 타원형 등의 모양으로 한다. 2분법으로 증식하며 운동성이 없고, 살아 있는 세포 속에서만 증식한다. 매우 작아 보통 현미경으로는 볼 수 없다. 발진열 · 발진티푸스의 병원체가 여기에 속한다.

4) 바이러스

여과성 병원체라고 하는 극히 작으며 전자현미경으로나 모양을 볼 수 있는 것으로, 천연두 · 인플루엔자 · 일본뇌염 · 광견병 · 소아마비 등이 이 병원체이다.

5) 스피로헤타

연약한 나선형을 하고 있고 항상 운동하고 있다. 매독균 · 재귀열 · 서교증 · 바일(와일씨) 등의 병원체가 바로 이것이다.

세균류

- 바실루스(bacillus)속
- 슈도모나스(pseudomonas)속
- 비브리오(vibrio)속
- 미크로코쿠스(micrococcus)속
- 세라티아(serratia)속
- 프로테우스(proteus)속
- 에스체리치아(escherichia)속
- 락토바실루스(lactobacillus)속
- 크로스트리디움(clostridium)속 등이 있다.

곰팡이

- 뮤코아(mucor)속
- 리조푸스(rizopus)속
- 아스퍼질루스(aspergillus)속
- 페니실리움(pnlicillium)속 등이 있다.

효모

- 삭카로미세스(saccharomyces)속
- 지고삭카로미세스(zygosaccharomyces)속
- 피키아(pichia)속
- 한센눌라(hansenuls)속
- 토룰라(torula)속
- 칸디나(candida)속
- 로도토눌라(rhodotorula)속 등이 있다.

6) 원충류

단세포 하급동물로서 말라리아원충, 이질아메바 등이 있다.

3. 미생물 생육에 필요한 조건

미생물은 그 주위 환경이 적합해야 생육할 수 있으며, 생육에 필요한 환경요인으로는 영양소 · 수분 · 온도 · pH · 산소 등을 들 수 있다. 따라서 각 미생물에 대해서 가장 적합한 환경요인을 파악하고 있으면, 그 미생물의 생육을 인위적으로 제어할 수도 있다. 그러나 미생물 중에는 이러한 환경조건이 그 생육에 적합하지 않으면 아포를 형성하였다가 환경조건이 좋아지면 다시 생육하는 것이 있는데, 아포는 열이나 약품에 대하여 저항성이 매우 강하며 100℃로 끓여도 파괴되지 않는다.

1) 영양소

미생물의 발육 · 증진에는 탄소원 · 질소원 · 무기염류 · 생육소(발육소) 등의 영양

소가 필요하며 필요한 양이 충분히 공급되어야 한다.

2) 수분

미생물의 몸체를 구성하고 생리기능을 조절하는 성분이 되므로, 발육 · 증식에는 적당량의 수분이 필요하다. 건조상태에서는 휴면상태에 들어가 장기간 생명을 유지하는 경우도 있으나 발육 · 증식은 할 수 없다. 각 미생물이 발육 · 증식하는데 필요로 하는 수분의 양은 종류에 따라 다르나 보통 40% 이상 있어야 하고, 그 이하가 되면 상당히 저해를 받는다.

생육 시 수분 필요량 순서 : 세균 > 효모 > 곰팡이

3) 온도

균의 종류에 따라서 각각 일정한 발육 가능 최저온도 · 최적온도 · 최고온도가 있으며, 일반적으로 0℃ 이하와 80℃ 이상에서는 발육하지 못하고 고온에서보다 저온에서 저항력이 강하다. 미생물은 발육온도에 따라 세 종류로 분류한다.

① 저온균 : 발육 가능온도가 0~25℃이고, 최적온도가 15~20℃인 균으로, 저온에 보존하는 식품에 부패를 일으키는 세균이 이에 속한다.
② 중온균 : 발육 가능온도가 15~55℃이고, 최적온도가 25~37℃인 균으로, 병원균을 비롯한 대부분의 세균이 이에 속한다.
③ 고온균 : 발육 가능온도가 40~70℃이고, 최적온도가 50~60℃인 균으로 온천수 등에 살고 있는 세균이 이에 속한다.

4) pH(수소이온 농도)

미생물은 발육 · 증식하기에 적합한 pH가 있는데, 일반적으로 곰팡이와 효모는 최

적 pH가 4.0~6.0, 최저 pH가 2.5~3.0으로 산성 쪽에서 잘 자라고, 세균은 최적 pH가 6.5~7.5, 최고 pH가 8.0~8.5, 최저 pH가 4.5~5.0으로 보통 중성 내지 약알칼리성에서 잘 자라는 경향이 있다.

5) 산소

일반적으로 고등동물이 호흡하기 위해서는 산소가 필요하지만, 미생물은 에너지를 얻기 위해서 산소를 필요로 하는 것도 있고, 산소가 있으면 오히려 저해를 받는 것도 있다. 산소를 요구하는 균을 '호기성균'이라 하고, 산소를 필요로 하지 않는 균을 '혐기성균'이라 한다. 곰팡이 · 효모 · 식초산균 등은 호기성균에 속하고, 낙산균은 혐기성균에 속한다.

한편 미생물 중에는 산소가 있거나 없거나 상관없이 어느 편에서도 발육하는 것이 있는데, 이러한 것을 '통성혐기성균'이라 하며, 젖산균 중에는 호기성 조건이나 혐기성 조건에서 다 같이 생육하는 것이 있다. 또 혐기성균 중에서 산소를 절대적으로 기피하는 균을 '편성혐기성균'이라 한다.

- 대장균 검사의 목적 : 음식물, 물의 병원성 미생물 오염여부 판정
- 생균수 검사의 목적 : 식품의 신선도(초기부패) 판정
  - 정상 : 식품 1g당 일반세균 10^5
  - 초기부패 : 식품 1g당 일반세균 10^8
  - 완전부패 : 식품 1g당 일반세균 15×10^8 이상

제3장 식중독

1. 식중독의 정의

'식중독'이란, 유독·유해한 물질이 음식물과 함께 입을 통해 섭취되어 생리적인 이상을 일으키는 것을 말하며, 원인에 따라 세균성 식중독·화학적 식중독·자연독 식중독·곰팡이 식중독 등이 있으며, 이 중 가장 자주 발생하는 식중독은 세균성 식중독으로서 주로 6~9월에 집중적으로 발생한다.

2. 식중독의 분류

구 분		원인 물질
세균성 식중독 (병원성 세균)	감염형	살모넬라균 · 장염비브리오균 · (클로스트리듐)웰치균 · 병원성 대장균
	독소형	(황색)포도상구균 · 크로스트리듐 · 보툴리스균(보툴리스균)
화학적 식중독		금속 · 농약 · 유해첨가물 · 메탄올 · 기타
자연독 식중독	동물성	복어 · 섭조개 · 대합 · 모시조개 · 굴 · 바지락
	식물성	독버섯 · 감자 · 독미나리 · 청매
곰팡이 식중독(미코톡신에 의한 중독)		아플라톡신 중독 · 맥각 중독 · 황변미 중독
부패중독		부패세균(비병원성 세균)
알레르기성 식중독		

1) 세균성 식중독

(1) 감염형 식중독

① 살모넬라 식중독

살모넬라균에 의한 식중독으로 쥐·파리·바퀴 등에 의하여 식품에 오염된다. 사람이 균을 가지고 있을 때(보균자) 식품을 오염시킬 수 있고, 닭고기나 달걀 등에 균이 처음부터 존재하는 경우(닭이 살모넬라균에 감염된 경우)도 있으며, 병에 걸린 동물의 분변이 식품에 오염되는 수도 있다. 이러한 균이 식품 속에서 증식했을 때 단번에 많은 균을 섭취하면 식중독에 걸린다.

- 잠복기 : 비교적 길어서 평균 18시간(6~24시간)이다.
- 증상 : 심한 위장 증상이 특징인데, 급격한 발열(38~40℃) · 전율 · 구토 · 두통 · 복통(하복통) · 설사(수양변이 많고 점액이나 혈변도 있는데, 1일 2~10회)가 주된 증상이다. 보통 2~3일이면 회복되는데, 심한 경우에는 사망하기도 한다. 2차 감염을 일으키는 경우도 있다.
- 원인식 : 육류 및 그 가공품, 어패류 및 그 가공품, 채소 샐러드, 우유 및 유제품, 조육 및 알 등이다.
- 예방대책 : 일반적인 세균성 식중독의 예방법과 같은데, 특히 쥐나 곤충 및 조류에 의한 오염을 막아야 하지만 쥐를 잡기 위해 고양이를 조리장 등에 출입시키는 것은 좋지 않으며, 기타 다른 동물도 조리장에서 기르지 않도록 해야 한다.

살모넬라균은 열에 약하여 60℃에서 30분 정도 가열하면 사멸되므로 식품을 가열한 후 섭취하면 안전하다.

② 장염비브리오 식중독

장염비브리오는 해안지방에 가까운 바닷물 등에 사는 균으로서 근해에서 자비는 어패류에 부착한다. 병원성 호염균이라고도 하는데, 3~4%의 식염 농도에서 잘 발육하는 그람 음성 무포자간균이다. 최적 발육온도는 27~37℃이고, 염분이 없는 환경이나 5~6℃의 낮은 온도에서는 발육하지 않는다.

- 잠복기 : 보통 13~18시간인데, 빠르면 5~8시간 내에도 증상이 나타난다.
- 증상 : 위장의 통증과 설사가 주된 증상인데, 구토 · 메스꺼움 · 설사(혈변이므로 이질로 오인하기 쉬우며, 1일 10~20회) · 발열(37.5~38.5℃) 등이 나타나며 2~3일이면 회복된다.

- 원인식 : 연안 해역에서 잡은 어패류를 생것으로 먹을 때 발생하기 쉽다. 다른 식품이 해산물에서 2차적으로 오염될 수도 있다.
- 예방대책 : 어패류 오염을 막는 것이 필요하나 매우 힘들다. 어획한 후 저온(5℃ 이하)에서 보존하고, 기온이 높고 습기가 많은 때에 연안의 어패류를 생식하지 않도록 하며, 가열(60℃에서 5분 가열하면 죽는다)해서 섭취한다. 또한 조리할 때 잘 씻고, 2차 오염을 막기 위해 어패류에 닿는 칼 · 도마 · 식기 · 용기 등의 소독을 철저히 한다.

③ 병원성 대장균 식중독

대장균은 사람이나 동물의 장관 내에 살고 있는 균인데 물이나 흙 속에 존재한다. 식품위생상 대장균이 문제가 되는 것은 식품이나 물이 분변에 오염되었는지의 여부를 알 수 있는 지표로 쓰이기 때문이다. 대장균이 있다는 것은 분변에 오염된 것이라고 볼 수 있고, 분변 속에 있는 다른 병원 미생물도 존재할 가능성이 있다는 뜻이다. 대장균에는 여러 가지의 종류가 있는데, 병원성 대장균은 식품과 함께 입을 통해 체내에 들어오면 장염을 일으키며, 특히 젖먹이 어린이에 대해 병원성이 강하다. 많은 양의 균을 한 번에 섭취하면 어른도 급성장염을 일으킨다.

- 잠복기 : 10~24시간
- 증상 : 설사(수양변을 1일 4~5회 본다. 심한 경우는 혈액도 섞인다) · 복통 · 두통 · 발열 등이 나타나는데, 보통 3~5일이면 회복된다.
- 원인식 : 우유가 주된 원인이고 채소 · 샐러드, 가정에서 만든 마요네즈 등도 조심해야 한다.
- 예방대책 : 동물의 배설물이 오염원의 주범이므로 분변 오염이 되지 않도록 주의한다.

④ (클로스트리듐)웰치균 식중독

웰치균은 편성혐기성이고, 아포를 형성하며 열에 강한 균으로 조리 중에 잘 죽지 않는다. A · B · C · D · E · F의 6형(型)이 있는데 A형이 식중독의 원인균이다.

- 잠복기 : 8~22시간(평균 12시간)
- 증상 : 심한 설사(수양성 또는 점혈이 존재하는데, 1일 수회)와 복통이 있고 배가 부른 감이 있다. 설사로 인하여 탈수증상이 나타나고 보통 1~2일이면 회복된다.
- 원인식 : 육류를 사용한 조리식품이 식중독을 일으키는 원인이다.
- 예방 : 분변의 오염을 막고 저장에 주의한다. 조리를 하여 식품을 급히 냉각시킨 다음 저온(10℃ 이하)에서 보존하거나 60℃ 이상으로 보존한다. 저온에서 보존하였다가 다시 가열하는 것은 좋지 않다.

(2) 독소형 식중독

① 포도상구균에 의한 식중독

포도상구균에 의한 식중독은 이 균이 식품 중에 번식할 때 형성하는 엔테로톡신 enterotoxin : 장독소에 의하여 독성을 일으키는 전형적 독소형 식중독이다. 식사하고 3시간쯤 뒤에 발병한다. 메스꺼움 · 구토 · 설사 · 복통 등의 증상이 나타난다. 엔테로톡신은 열에 강하여 끓여도 파괴되지 않으며, 균이 사멸되어도 독소가 남는 경우가 많다. 원인식품은 우유 크림 · 버터 · 치즈 등이고, 우리나라에서는 주로 떡 · 도시락 · 김밥 등이 원인이 된다.

② 보툴리누스균에 의한 식중독

보툴리누스botulinus균은 편성 혐기성의 포자 형성균이며, A · B · C · D · E · F · G의 7형으로 분류된다. 식중독의 원인이 되는 것은 A · B · E 세 가지이다. 이 균에 의한 식중독은 뉴로톡식 독소neurotoxin : 신경 독소에 의해 일어나는 대표적인 독소형 중독이다. 80℃에서 15분 정도 가열하면 파괴되어 독성을 잃으므로 충분히 가열하여 먹으면 중독을 막을 수 있다. 잠복기간은 12~36시간이고, 특유한 증상은 눈의 시력 저하 · 동공 확대 등 신경마비 증상이며 발열은 없다. 원인식품은 햄 · 소시지 · 통조림 등이다.

(3) 기타 식중독

① 장구균에 의한 식중독

- 장구균(腸球菌)은 분변에 있는 균으로, 외계에서 증식이 어려워 자연계의 물이나

토양 등에 분포할 가능성이 희박하기 때문에 특수한 식품의 위생지표균으로 쓰이며, 분변 오염지표가 되기도 한다. 또한 가열이나 냉동 · 염장 등에서 대장균보다 저항성이 크기 때문에 조악한 원료의 사용이나 조잡한 제조 환경에서 생산된 제품을 검사할 때에 유효한 수단이 된다. 식중독의 원인이 되는 것은 스트렙토코쿠스 페칼리스streptococcus faecalis로, 최적온도 10~45℃, 소금농도 65%, 최적 pH 9.6에서 잘 발육하며 내열성이 있다.

- 원인식품으로 소고기 크로켓 · 소시지 · 햄 · 치즈 · 분유 · 크림 · 두부 등이 있으며, 잠복기는 1~36시간으로 평균 5~10시간 정도이다.
- 포도상구균 식중독증상과 유사한 소화기계 증상이 나타나는데, 설사 · 복통 · 메스꺼움 · 구토 등이 일어나며, 간혹 발열도 하지만 증상이 가벼워 1, 2일이면 완치된다.

② 바실루스 세레우스bacillus cereus 식중독

- 토양세균의 일종인 바실루스속의 세레우스균은 자연계에 널리 분포하고 있는 주요 부패세균이지만, 확실하게 감염형이나 독소형으로 단정지을 수는 없다. 원인균은 그람 양성 간균으로 내열성의 아포를 형성하는 주모성(周毛性) 편모로 저장성을 갖는데, 최적의 발육온도는 28~35℃이다.
- 바실루스 세레우스 식중독은 증상에 따라 설사형과 구토형으로 나뉜다. 설사형 식중독의 원인식품으로 바닐라 소스, 육류 및 채소 수프, 푸딩 등을 들 수 있다. 구토형 식중독의 원인식품으로는 쌀밥이나 볶음밥 등의 탄수화물식품을 들 수 있다. 설사형의 잠복기는 8~16시간으로 평균 12시간이며, 주요 증상으로 강한 복통과 수양성 설사 등을 들 수 있는데, 구토와 구역질은 극히 적은 편이다. 반면 구토형의 잠복기는 1~5시간으로 평균 3시간이며, 주요 증상은 메스꺼움과 구토 등으로 포도상구균 식중독증상과 유사하다.
- 세레우스균은 끓이는 정도의 가열로도 아포를 사멸시킬 수 있다. 그러므로 예방대책으로는 식품원료가 조리 환경에서 2차 오염되지 않도록 주의하고, 냉장 혹은 냉동 보존하여 증식을 억제시켜야 한다. 가열 조리된 식품에도 균이 잔존할 수 있으므로 주의한다. 가열 조리 후 즉시 섭취하는 등 세균성 식중독의 예방

원칙도 함께 지켜야 하며, 10℃ 이하로 냉각시켜 저온 보존하는 것도 잊지 말아야 한다.

③ 알레르기성 식중독(부패성 식중독)

- 단백질의 부패 생성물인 유해 아민amine, 특히 히스타민histamine이 주원인이 되어 발생하는 식중독으로, 알레르기allergy성 증상을 나타내며, 부패성 식중독이라고도 한다.
- 프로테우서 모르가니proteus morganii라는 원인균이 단백질의 부패나 분해시킬 때 다량의 히스타민을 축적시켜 일어나는 식중독으로, 주로 표피가 청색이고 붉은 살 생선인 꽁치 · 정어리 · 전갱이 · 고등어 · 가다랑이 등의 원인식품이 있다.
- 짧은 잠복기(식후 30~60분)를 거쳐 입 주위와 귓불에 열이 나고 붉어지며 전신에 두드러기 등이 생기고 구토 · 설사 · 두통 · 발열 등의 중독증상이 나타난다. 알레르기성 중독증상은 식이성 알레르기 증상과 비슷하나, 증상이 심하지 않아 1일 내에 회복될 수 있으며, 사망하는 경우는 거의 없다.
- 예방대책으로는 붉은 살 생선과 그 가공품은 가능한 한 신선한 것을 구입하도록 해야 하며, 중독 시에는 항 히스티딘제의 복용으로 치료할 수 있다.

④ 바이러스성 식중독

- 과거에는 바이러스 감염에 의한 식중독은 취급하지 않았으나, 1997년부터 바이러스성 식중독으로 취급되기 시작하였다.
- 주요원인 바이러스로는 노로바이러스norovirus 그룹이며, 주요 증상은 메스꺼움 · 구토 · 설사 · 위경련 등이며, 때때로 미열 · 오환 · 두통 · 근육통과 피로감을 동반한다.
- 잠복기는 24~48시간 정도이며, 주원인식품은 채소, 전처리 된 샐러드, 생어패류, 분변으로 오염된 물 등으로 되어 있으나 아직까지는 감염경로로의 추정이 불확실하다.
- 예방대책으로는 식품의 기본적인 안전수칙을 엄수하고 특히 분변오염 예방 및 조리 시 개인위생 관리를 철저히 해야 한다.

2) 화학적 물질에 의한 중독증

(1) 기구 · 용기 · 포장재 등에 기인하는 유해 · 유독 물질

① 금속제 기구 · 용기

- 구리(Cu) : 채소의 착색에 사용된 황산구리와 조리기구가 부식되어 생성된 녹청 등이 일으키는 식중독으로, 식기와 물통에 납 재료를 사용할 때나 농약의 잔류 등으로 오염된다. 구토 · 설사 · 위통 등과 간세포의 괴사, 간의 색소 침착, 호흡 곤란 등의 증상이 일어난다.
- 아연(Zn) : 유산음료 등의 산성용액에 용기나 도금에 사용된 아연이 용출되어 중독된 것으로, 점막에 대해 부식작용을 한다. 구토 · 설사 · 복통 등의 증상이 나타난다.
- 카드뮴(Cd) : 카드뮴은 식기 도금 등에 이용되는데, 산성식품 중에 용출되어 중독되며 구토 · 설사 · 복통 등의 증상이 나타난다. 이타이이타이병에서는 대퇴통 · 요통 · 보행 곤란 · 골절 등의 만성독성을 볼 수 있으며, 남성 환자가 적은 반면, 임산부 등에 많다.
- 안티몬(Sb) : 범랑 · 도자기 · 고무관의 착색제와 어린이용 완구품의 착색제로 사용되어 오염되는데, 도금이 벗겨진 용기를 산성식품에 사용하면 용출되어 중독되기 쉽다. 구토 · 경련 등과 설사 등의 소화기계 증상을 나타내며, 심하면 쇠약 허탈하여 사망하기도 한다.
- 납(Pb) : 땜납 · 상수도 파이프 등에 이용되며, 축적성이 커서 미량이라도 계속 섭취하면 만성 중독을 일으킨다. 납중독이 진행되면 얼굴이 창백해지고 이와 잇몸 사이가 검은 띠 모양으로 착색되는데, 말초신경염 등 신경계 장애와 함께 신장 · 소화 기관에 영향을 주게 된다. 이 밖에도 구역질 · 구토 · 인사불성 · 사지마비 등의 증상이 나타난다.
- 주석(Sn) : 통조림의 용기재료로부터 용출되는 경우가 많은데, 채소와 과즙 통조림처럼 산성의 경우에 특히 용출량이 많다. 허용기준은 150ppm이고, 산성 통조림은 200ppm이다. 구토 · 설사 · 복통 · 권태감 등의 증상이 나타난다.
- 수은(Hg) : 수은은 일본에서 발생했던 미나마타병minamata disease, 즉 수은중독의

원인물질로, 미나마타만 부근 공장에서 배출된 수은이 어패류를 통해 사람에게 이행되어 축적된 중독의 예이다. 식품에 강한 살균 · 살충 작용을 하여 부정하게 사용된 경우, 수은제재인 농약이 젖소 사료에 오염되어 우유로 이행되었다가 인체로 오염되기도 한다. 만성중독은 미나미타병으로, 지각이상 · 언어장애 · 보행곤란 등의 증상이 나타낸다.

- 비소(As) : 밀가루나 합성 장류의 중화제인 무수탄산소다로 오인되어 지산석회를 사용하는 경우 도기와 법랑의 회화 안료, 비소 농약의 잔류 등으로 오염된다. 증상으로는 식도 수축 · 연하 곤란 · 설사 등을 거쳐 1~24시간만에 사망하는 급성중독과, 식욕 부진 · 체중 감소 · 피부 발진 · 피부의 색소 침착 · 구내염 · 탈모 · 백치상으로 사망하는 만성중독이 있다.

② 유리제품

유리는 규산을 주성분으로 탄산나트륨 · 탄산칼륨 등의 염기성분 및 산화납 · 산화아연을 혼합하여 1,000~1,500℃의 고온에서 용융하여 만들어진 것이다. 유리제품은 대체로 독성이 적은 편이지만, 원료 성분인 유리 알칼리가 몸과 접촉하게 되면 표면에 유출되는 경우도 있으며, 규산 · 붕산 · 바륨 · 납 등이 용출될 위험성에도 노출되어 있다.

③ 도자기 · 옹기 · 법랑제품

도자기는 표면에서 납이나 붕산이 용출될 경우가 있고, 착색하기 위해 배합한 안료에서는 납 · 크롬 · 카드뮴 · 안티몬 · 바륨 등의 유해성 중금속이 용출될 위험성에 노출되어 있다. 옹기류는 제조과정에서 무연 유약 대신 광명단(Pb_3O_4)을 사용하거나 600~700℃의 저온 소성할 경우에 납을 용출시킨다. 법랑제품은 저용융상약(低熔融上藥)으로 붕산이나 산화납(PbO)을 사용하여, 유해성금속 산화물을 안료로 배합하므로 각종 중금속이 용출될 위험성을 갖고 있다.

④ 종이 · 가공지

종이는 목재 펄프를 주원료 표백제 · 사이징제 · 점성물질 · 조절제simicides · 진료 · 착색제 등의 첨가물을 가하여 제조한 것이다. 종이 제품은 제조 중에 PCBpolychrorinated biphenyl 등의 유해 환경오염 물질이 혼입되거나, 용수 순환 중에 유해한 슬림 컨트롤slime control 제를 첨가하는 경우도 있다. 또한 파라핀지용 왁스에서 발암성인 다환계 탄화수소가 함유될 위험성에도 노출되어 있다. 특히 종이에 파라핀을 도포한 가공지 등이 음료수 및 주류의 컵, 식품의 포장지로서 사용되고 있다. 독일에서는 파라핀 함량을 0.1ppm 이하로 규제하고 있다.

⑤ 셀로판

비스코스로부터 필림상으로 성형한 재생섬유소의 일종으로, 용해용 펄프를 약 18% 수산화나트륨 용액으로 처리하여 알칼리 셀룰로오스 프레이크로 한 후, 감압 하에 이황화탄소를 반응시킨 수산화나트륨에 용해시킨 것이다. 일종의 투명 포장지로 무미 · 무취 · 무해하며 주로 식품 포장 등에 이용된다. 착색된 셀로판은 유해 착색료의 함유 여부에 주의를 기울여야 한다.

⑥ 합성수지

합성수지는 가소성을 갖는 유기 고분자 화합물을 주성분으로 하는 합성 물질이며, 크게 열경화성 수지와 열가소성 수지로 분류된다. 합성수지 자체는 대체로 안정적이고 유해하지는 않으나, 페놀 수지 · 요소 수지 등의 열경화성 수지에서는 페놀 · 포름알데히드가 용출되는 경우도 있다. 반면에, 열가소성 수지에서는 단량체 · 가소제 · 안정제 · 착색제 등이 식품으로 이행되기 때문에 위생상 문제를 일으키기도 한다.

(2) 농약에 의한 식중독

① 유기인제 : 파라티온parathion · 말라티온malathion · 다이아지논 · 테프TEPP 등의 농약이 있는데, 신경독을 일으킨다. 중독증상은 신경증상 · 혈압상승 · 근력감퇴 · 정신경련 등이다. 예방은 살포할 때, 흡입하지 않도록 주의하고, 과채류의 산성액을 세척하며, 수확하기 15일 이내에 살포를 금지한다.

② 유기염소제 : DDT · BHC 등의 농약이 있으며, 신경독을 일으킨다. 중독증상은 복통 · 설사 · 구토 · 두통 · 시력감퇴 · 전신권태 등이고 예방은 유기인제와 같다.

③ 비소화물 : 산성비산납 · 비산칼슘 등의 농약이 있다. 중독증상은 목구멍과 식도의 수축, 위통 · 구토 · 설사 · 혈변 · 소변량 감소 · 갈증 등이 나타난다. 예방은 유기인제와 같다.

(3) 불량 첨가물에 의한 식중독

독성이 강하여 사용금지 된 첨가물은 다음과 같다.

① 유해성 감미료

예전에는 설탕 대용으로 여러 종류의 감미료가 사용되었는데, 설탕보다 몇 배 높은 감미도를 갖고 있어 중독사고 등이 많이 발생했다. 인공감미료 사용이 대부분 금지되었지만, 허가된 것이 아니라도 설탕 대용의 감미료는 영양가가 전혀 없으며 사용량에 따라 유해한 것이 많으므로 주의한다.

- 에틸렌글리콜ethylene glycol : 무색 · 무취의 점조성(粘稠性) 액체로, 원래는 엔진냉각용수의 부동액으로 사용되었다. 에틸렌글리콜에 감미와 알코올 맛을 주어 감주와 팥앙금의 감미료로 사용하기도 한다. 체내에서 산화되면 옥살산oxalic acid이 되며, 이것의 염류가 뇌나 신장에 석출되어 신경장애 등의 중독증상을 나타낸다.
- 둘신dulcin : 융점이 175℃인 백색 결정으로, 감미도는 설탕의 약 250배 정도이다. 우리나라에서 당원으로 사용된 적이 있으나, 1966년 11월 이후 사용이 금지되었다. 냉수에 잘 녹지 않고 열탕에 잘 녹으며, 먹은 후에는 혀에 특유의 불쾌한 맛을 남긴다. 둘신은 간에 종양을 일으키거나 적혈구의 생산을 억제하기도 한다.
- 시클라메이트cyclamate : 대표적인 것으로, 나트륨염과 칼슘염을 들 수 있다. 설탕보다 약 40~50배의 감미도를 갖고 있으며, 열에 안정하고 청량한 느낌을 준다. 시클라메이트는 설탕과 유사한 단맛이면서도 거의 무독하다는 점 때문에 가장 많이 사용되어 온 인공감미료 중 하나이다. 그러나 최근 발암성분이 밝혀져 사용이 금지되었다.
- 메타니트로아닐린metanitroaniline : 일명 살인당 또는 원폭당이라고도 불리는데, 설탕보다 약 200배 정도의 감미도를 갖고 있다. 위통 · 식욕부진 · 권태 등의 중독

증상이 나타나고 혼수상태가 지속되면 사망에까지 이른다.

- 페릴라르틴perillartine : 자소유(紫蘇油) 중의 페릴알데히드perilladehyde로부터 제조되며, 융점이 102℃ 안 백색 주상결정(柱狀結晶)이다. 자극성이 강하고 설탕의 약 2,000배의 단맛을 가지고 있다. 동물실험 결과 신장을 자극하여 염증을 일으키는 것으로 밝혀져 사용이 금지되었다.

② 유해성 착색제

식품을 보기 좋게 할 목적으로 여러 가지 색소를 식품에 첨가하는데, 그 중 타르tar 색소가 많이 사용된다. 원래 의료품의 염색이 목적이었던 타르 색소는 제조 도중에 불순물이 함유될 가능성이 많고 대부분 인체에 유해하다. 허가된 인공색소의 경우 사용량에 따라 유해성이 나타나는데, 순도가 낮은 것은 유해물질이 함유될 가능성이 많으므로 사용에 주의해야 한다. 허가되지 않은 착색료는 값이 싸고 색이 선명하여 사용하기가 간단하므로 부정 · 불량식품 등에 사용될 위험이 있다.

- 아우라민auramine : 염기성 황색 색소로 과자 · 팥앙금 · 단무지 · 카레분 · 종이 · 완구 등에 사용되는 유해 착색료이다. 다량을 섭취했을 때에는 두통 · 구토 · 흑자색 반점 · 방광암 · 심계항진 · 맥박 감소 · 의식불명 등의 증상이 나타난다.
- 로다민rhodamine B : 복숭아빛의 염기성 유해 색소로 과자나 생선묵 · 토마토케첩 등에 사용된다. 식용하면 전신에 착색되며, 색소뇨를 일으킨다.
- 파라니트로아닐린paranitroaniline : 융점이 146℃의 황색 결정으로 무미 · 무취이며, 물에 잘 녹지 않는다. 또한 니트로기와 아미노기를 가진 방향족 화합물이 나타내는 혈액독이나 신경독을 갖고 있는 착색제이다. 주로 과자류에 사용되며 두통 · 맥박감퇴 · 황색뇨 배설 등이 중독증상이 나타난다.
- 실크 스칼릿silk scarlet : 직물 염색에 사용되는 주황색 수용성 색소를 식품에 사용한 유해색소이다. 구토 · 복통 · 두통 · 마비 등의 중독증상이 나타난다.

③ 유해성 표백제

색깔이 좋지 않은 식품원료나 식품을 표백하여 제품의 색을 좋게 하기 위해 사용하는 것이 '표백제'이다. 산화작용을 이용한 과산화수소(H2O2)와 환원작용을 이용한 아황산 계통의 표백제가 식품첨가물로 지정되어 있으나, 착색된 식품을 표백하기 위해 유해 표백제를 사용하는 경우에는 식중독을 일으키게 된다.

- 롱갈릿ronfalite : 주로 염색할 때 발색제로 사용되던 약품으로, 한때, 식품가공에서 표백제로 사용되기도 하였다. 롱갈릿의 표백작용은 아황산에 의한 환원작용 때문으로 상당량의 포름알데히드formdehyde가 식품 중에 잔류하게 된다. 아황산이 산화되어 황산염으로 변화하는데 비해, 포름알데히드는 오랫동안 식품 중에 잔류하기 때문에 식품 위생상 문제가 된다. 물엿 · 연근 등 식품의 표백에 사용되었으나, 우리나라에서는 1967년 롱갈릿 중독사건 이후에 사용이 금지되었다.
- 니트로겐 트리클로라이드nitrogen trichloride(NCl_2) : 자극성이 있는 휘발성의 황색 액체로 밀가루의 표백과 숙성 등에 사용되었다가 히스테리 등의 중독증상이 나타나 사용이 금지된 바 있다.
- 형광 표백제 : 가공식품, 특히 압맥 · 국수 · 생선묵 등의 표백에 사용되는 형광 염료이며, 우윳병의 종이마개로 사용된 적이 있다. 독성이 강해 지금은 사용금지된 상태이다.

④ 유해성 보존료

식품 보존이나 살균의 목적으로 사용할 가능성이 있는 첨가물을 의미한다. 허가된 보존료는 독성이 비교적 약하지만 완전히 무해한 것은 아니므로 사용기준을 엄수해야 한다. 예전에는 방부효과가 뛰어나며 경제성 등의 이유를 들어 허가되지 않은 보존료로 붕산 · 포름알데히드 · 플루오르화물(불소화합물) 등이 사용되기도 했다.

- 붕산(H_3BO_3) : 인편상(鱗片狀)의 결정으로 수증기에 의해 휘산되지만 식품에 대한 방부효과는 약한 편이다. 체내 축적성이 있고, 세포 원형질의 팽화와 대사장애 · 소화 효소작용을 억제하여 식욕감퇴와 소화불량 등을 일으킨다. 또한 영양소의 동화를 방해하여 지방의 분해를 촉진시켜 체중감소와 장기출혈을 초래한다. 다량을 섭취했을 때에는 2~3시간 안에 구토와 설사 · 허탈 · 혼수상태에 빠져 3~5일

내로 사망하게 된다. 과거에는 식품의 방부나 광택을 내기 위해 햄 · 어묵 · 전병 · 마가린 등에 사용했으나 방부효과를 줄 정도로 첨가하면 독성이 커지기 때문에 사용이 금지되었다.

- 포름알데히드(HCHO) : 물에 녹기 쉬운 무색의 기체로, 포름알데히드의 묽은 용액이 단백질 변성작용을 갖고 있기 때문에 살균 및 방부작용을 한다. 주류 · 장류 · 시럽 · 육제품에 사용되기도 하며, 독성이 강한 편이다. 알칼리화제로 핵산의 $-NH_2$, -OH기와 결합하여 단백질을 불활성화시키고 소화작용을 저해하며, 두통 · 위경련, 식도나 위의 괴사, 순환장애 · 현기증 등의 증상을 초래한다.
- 플루오르화물(불화물) : 불화수소(HF)와 불화나트륨(NaF) 등은 강한 방부력 때문에 주로 공업용 풀의 방부제로 이용된다. 과거에는 육류 · 우유 · 알코올음료 등에 첨가되기도 했지만, 독성이 강해 식품 방부제로 사용하는 것이 금지되었다. 구토와 복통, 장과 방광의 점막 침해 등의 급성 중독증상과 반상치(斑狀齒) 현상, 골격의 성장을 방해하는 만성 중독증상이 나타나기도 한다.
- 승홍($HgCl_2$) : 강력한 살균작용으로 인해 의약품으로도 쓰이는 승홍은 강력한 방부력 때문에 주류 등에 부정 사용되기도 했다. 독물에 속하며 독성이 대단히 강해서 사람에 대한 경구 치사량은 평균 0.5g에 이른다. 사람의 피부와 접촉하게 되면 피부 알레르기를 일으키고 세포의 대사기능을 억제하며, 사구체 및 세뇨관에 변성을 일으킨다. 구토 · 복통 · 요독증 등의 급성 중독증상과 신장 장애 · 구내염 등의 만성 중독증상이 나타난다.

⑤ 증량제

양을 증가시킬 목적으로 곡분 · 설탕 · 어분 향신료 등에 영양 가치가 없는 광물성 물질 – 산성백토 · 벤조나이트bentonite · 탄산칼륨 · 탄산마그네슘 · 알루미늄 · 실리케이트aluminium silicate · 규조토 등을 첨가하기도 한다. 증량제에는 광물질이 혼합되어 있기 때문에 과량섭취 시 소화불량 · 설사 · 구토 · 복통 등의 위장염 증상이 나타난다.

⑥ 기타

기타 화학성 식중독의 원인물질로는 메탄올methanol을 들 수 있다. 메탄올은 알코올

발효 시 펙틴으로부터 생성되는 것으로, 과일주 및 정제가 불충분한 메탄올이나 증류주에 미량 함유되어 있다. 메탄올은 체외로의 배설이 늦기 때문에 체내에서 산화되어 독성이 강한 포름산formic acid을 생성하여 산독증acidosis과 시신경 장애를 일으킨다. 중독증상이 가벼울 때에는 두통 · 현기증 · 구토 · 설사 등과 시신경의 염증을 초래하고 실명의 원인이 되기도 하며, 심할 경우에는 마비상태에 이르러 호흡 중추장애를 초래하여 호흡마비로 사망하게 된다. 중독량은 개인에 따라 다르지만 대체로 5~10mℓ 정도이며, 30~100mℓ가 되면 중독을 일으키고 사망하게 된다.

3) 자연독에 의한 식중독

(1) 동물성 식중독

① 복어 중독 : 독성물질은 테트로도톡신tetrodotoxin이라 불리는 맹독성(치사량 2mg) 독소이며, 복어의 난소 · 간 · 내장 · 피부 등의 순으로 다량 함유되어 있다. 식후 30분~5시간만에 발병하며, 증상은 구토 · 근육마비 · 촉각 · 미각둔화 · 호흡곤란 · 의식불명 등이며, 사망률은 50~60%이다.

② 조개류 중독 : 섭조개(검은조개) · 대합 등에 있는 삭시톡신saxitoxin이 원인물질이며, 유독 플랑크톤을 섭취한 조개류에서 검출된다. 식후 30분~3시간만에 발병하며, 증상은 신체마비 · 호흡곤란 등이다. 사망률은 10% 정도이다. 모시조개 · 굴 · 바지락 등의 베네루핀venerupin에 의한 중독은 구토 · 복통 · 변비 등의 증상을 나타내며, 사망률은 44~50%이다.

(2) 식물성 자연독

① 독버섯 중독 : 독성물질은 무스카린muscarine · 무수카리딘muscaridine · 팔린phalline · 아마니타톡신amanitatoxin · 필리오린pilzhyorin · 자극성 유지류 등이녀, 중독증상에 따라 다음과 같이 4군으로 나눈다.

- 위장형 중독 : 무당버섯 · 큰붉은젖버섯 · 화경버섯 등에 의하여 구토 · 설사 · 복통 · 등의 위장장애를 일으킨다.
- 콜레라형 중독 : 일광대버섯 · 독우산버섯 · 마귀곰보버섯 등에 의하여 허탈 · 경

련 · 헛소리 · 혼수상태 등을 일으킨다.

- 신경계 장애형 중독: 파리버섯 · 광대버섯 · 미치광이버섯 등에 의하여 중추 신경장애 · 광증 · 침 흘리기 · 땀내기 · 근육경련 · 혼수상태 등을 일으킨다.
- 혈액형 중독: 콜레라형 위장 장애가 계속되다가 용혈작용을 나타내어 황달 · 혈색소뇨 등을 일으킨다.

② 감자 중독: 우리가 먹는 감자에는 싹이 트고 부분 및 녹색부분에 솔라닌solanine 이라는 독소가 많이 들어있는데, 이 부분을 먹으면 2~12시간 후에 구토 · 설사 · 복통 · 두통 등이 나타나고, 발열(38~39℃), 팔과 다리가 저린감을 느끼며, 혀가 굳어져서 언어장애를 일으킨다. 예방으로는 싹트는 곳과 녹색부분을 제거해야 하고 저장할 때 싹이 트지 않게 서늘한 곳에 보존하며, 햇볕을 쪼이면 푸르게 되므로 그늘에 보관해야 한다.

③ 기타 유독물질: 유독식물 가운데는 독미나리cicutoxin · 청매amygdalin · 면실유gossypul 등이 있다.

4) 곰팡이 식중독(미코톡신에 의한 중독)

(1) 아플라톡신 중독

아스페르길루스 플라부스aspergillus flavus라는 곰팡이가 재래식 된장 · 곶감 등에 침입하여 아플라톡신aflatoxin 독소를 생성하여 인체에 간장독을 일으킨다.

(2) 맥각 중독

맥각균이 보리 · 밀 · 호밀 등에 기생하여 에르고톡신ergotoxin · 에르고타민ergotamine 등의 독소를 생성하여 맥각병을 발생시키고 인체에는 간장독을 일으킨다.

(3) 황변미 중독

푸른곰팡이(페니실륨속)기 저장미에 번식하여 시트리닌citrinin · 시트리오비리딘 · 아일랜디톡신islanditoxin 등의 독소를 생성하여 인체에 신장독 · 신경독 · 간장독 등을 일으킨다.

제4장 식품위생대책

1. 식중독 발생시의 대책

1) 발생시의 대책

식중독 환자를 진단한 의사는 지체 없이 보건소장이나 지소장에게 보고하도록 하고 있으며, 신고를 받은 보건소장이나 지소장은 지체 없이 진상을 조사하여 필요한 조치를 하고, 그 결과를 시·도지사를 경유하여 보건복지부장관에게 보고하게 되어 있다.

2) 예방대책

(1) 세균성 식중독의 예방

세균성 식중독의 예방은 다음과 같은 3대 원칙에 따른다.

① 식중독균의 오염방지 : 시설을 항상 깨끗이 하고 식품은 위생적으로 취급하며, 쥐나 파리 등 곤충의 침입을 막고, 이들을 구제하며, 식품 취급자는 건강에 주의하여 건강진단을 받도록 한다.
② 오염된 균의 증식 억제 : 일단 조리한 식품은 즉시 섭취하고 보존할 경우에는 냉장고 등 찬 곳에 두어야 한다.
③ 식품 중의 균이나 독소의 파괴 : 조리할 때 가열을 충분히 하며, 조리기구나 식기·도마 등의 세척과 소독을 철저히 하고 섭취 직전에 가열을 한다.

(2) 화학적 식중독의 예방

불량기구 및 용기의 사용금지, 기구 및 용기의 청결, 농약의 위생적 보관, 농약의 사용방법 준수, 사용금지 된 첨가물의 무사용 등을 행한다.

(3) 자연독에 의한 식중독 예방

유독한 동·식물의 감별을 주의해야 하고, 자연독을 함유한 동·식물의 조리 때 유독부분의 제거에 주의한다.

2. 식품의 오염대책

산업장의 폐수·농약·방사성 물질 등에 의해서 환경이 오염됨에 따라 음료수를 비롯하여 농작물·축산물·수산물 등이 오염되고, 먹이연쇄에 의하여 유독물질이 농축되고, 사람이 이러한 식품재료로 만든 식품을 섭취함으로써 건강장애를 일으킬 기회가 늘어나고 있다.

공장 폐수에 기인한 피해로서 수은화합물 등에 의한 미나미타병과 카드뮴에 의한 이타이이타이병 등이 그러한 예에 속하며, 오염을 방지하기 위한 대책으로서는 폐수처리 시설, 수확 전 일정기간 동안 농약의 사용금지, 방사성 물질 격리, 연성세제 사용 등에 의해 식품이 오염되지 않도록 하고, 오염된 식품은 오염원인 조사로 확대방지, 오염된 식품의 폐기 등을 실시한다.

3. 식품의 감별법

식품의 감별은 올바른 식품 지식을 바탕으로 하여 불량식품이나 유해식품을 가려내어 식중독이나 경제적인 손실 등을 미연에 방지하는 데 그 목적이 있다.

'식품감별법'은 관능검사법과 이화학적 방법으로 크게 나눌 수 있는데, 현재 우리들이 취하고 있는 식품의 수가 많아서 같은 기준에 의해 일률적으로 판단을 내릴 수 없을 뿐 아니라. 일상의 감별에서 전문적 지식·설비를 사용하기도 곤란하므로 보통은 관능검사에 의존하는 수가 많다.

관능검사는 외관·색깔·냄새·맛 등을 정상적인 것과 비교하여 감별하는 것인데,

개인차가 있고 같은 사람이라도 건강상태에 따라 차이가 나므로 유의하여야 한다.

주요 식품에 대한 감별법은 다음과 같다.

1) 농산식품과 그 가공법

(1) 쌀

① 잘 건조되어야 한다. 건조가 나쁘면 저장할 수 없고, 씻으면 부서지기 쉬우며 맛도 나쁘다.

② 광택이 강하고 투명도가 높아야 한다.

③ 형태는 타원형으로 굵고 입자가 정리되어 있는 것이 좋다.

④ 냄새가 나는 것은 좋지 않다.

⑤ 쌀 중에 잡물질이 들어 있는 것은 좋지 않다.

(2) 밀가루

① 가루의 결정이 미세한 것이 좋다.

② 손가락으로 만졌을 때, 끈끈한 전분이 함유되어 있는 것이다.

③ 색이 희고 밀기울이 섞이지 않은 것이 좋다.

④ 가루가 뭉쳐지거나 벌레가 붙어 있는 것이 좋지 않다.

⑤ 잘 건조되고 냄새가 없는 것이 좋다.

(3) 야채 · 과실류

① 상처가 없는 것이 좋다.

② 형태가 갖추어진 것이 좋다.

③ 색이 고운 것이 좋다.

④ 건조시키지 않는 것이 좋다.

2) 수산식품과 그 가공품

(1) 어류

① 껍질의 색이 선명한 광택이 있으며, 비늘이 고르고 밀착되어 있어야 한다.

② 고기가 연하고 탄력성이 있어야 한다.

③ 눈이 투명하고 튀어나온 듯 긴장되어 있고 싱싱하며, 아가미가 선홍색이고 생선 특유의 냄새가 나야 한다.

(2) 어육연제품

① 신선한 재료로 제조되어 절단면의 결이 고르게 되어 있는 것이 좋다.

② 표면에 점액이 있거나 이취가 있고, 입에 넣었을 때 침이 끈적이는 느낌을 주는 것은 오래된 제품이다.

③ 한가운데를 잘라서 자른 부분을 바깥쪽에서 눌러 보아, 중심부와 바깥쪽과의 색깔 · 조직 · 탄력이 다른 제품은 골고루 가열되지 않고 살균이 제대로 안 된 것이므로 빨리 부패하고 중독의 원인이 되기 쉽다.

3) 축산식품과 그 가공품

(1) 육류

① 신선한 것은 육류 특유의 색깔을 가지고 있으며 투명한 느낌이 들고, 습기가 있다.

② 오래된 것은 암갈색으로 점차 말라가고 탄력이 없다.

③ 썩기 시작하면 녹색으로 변하면서 점액이 나오고, 나쁜 암모니아 냄새가 난다.

④ 병에 걸려 죽은 소와 돼지의 고기는 피를 많이 함유하여 냄새가 나며 회색 · 황녹색 · 황갈색을 나타낸다.

⑤ 고기를 얇게 잘라서 투명하게 비쳤을 때, 반점이 있는 것은 기생충이 있는 경우가 많다.

(2) 육류 가공품

① 제조 연월일에 주의하고 될 수 있는 한 제조일이 오래 되지 않은 것을 선택한다.
② 물기가 있거나 끈끈한 것, 곰팡이가 슨 것, 이상한 냄새가 있는 것은 좋지 않다.

(3) 달걀

① 표면이 꺼칠꺼칠하며 두껍고 강한 것이 품질이 좋으며, 매끄럽고 광택이 있는 것은 오래된 것이다.
② 빛을 비추었을 때 난백부가 밝게 보이는 것은 신선하고, 흐린 것은 오래된 것이다.
③ 흔들었을 때 소리가 나면, 기실이 커진 것이며 오래된 것이다.
④ 6%의 식염수에 넣어 떠오르면, 오래된 달걀이다.
⑤ 알을 깨뜨렸을 때, 노른자가 그대로 있고 흰자가 퍼지지 않는 것이 신선하다.
⑥ 혀를 대어보아서 둥근 부분은 따뜻하고 뾰족하게 된 부분은 찬 것이 좋다.

(4) 우유

① 용기나 뚜껑이 위생적으로 처리되어 있고 제조일자가 오래되지 않은 것이 좋다.
② 이물 · 침전물 · 변색, 점주성이 있는 것, 신맛 · 쓴맛 등이 나는 제품은 좋지 않다.
③ 물컵에 우유를 한 방울씩 떨어뜨렸을 때, 구름같이 퍼지면서 강하하는 것이 좋다.
④ 냄비에 우유를 부어 직화로 서서히 가열할 때, 응고하는 것은 발효하여 산도가 높아진 것이므로 먹지 않는 것이 좋다. 유아에게 먹이면 설사를 한다.
⑤ 비중을 측정하여 1.028 이하인 것은 물을 섞은 의심이 있는 우유이다.
⑥ 우유를 병째로 놓아두었을 때, 위쪽에 흰색의 크림층이 생기는 것은 저온에서 살균한 것이거나 살균하지 않은 우유이고, 생기지 않은 것은 탈지유이거나 고온 살균한 우유이다.

(5) 버터

① 외관이 균일하지 않거나 곰팡이가 슬었거나 반점이나 무늬가 있는 것은 좋지 않다.

② 입 속에 넣었을 때 방향이 있고 이미나 자극미가 없는 것이 신선한 것이고, 특히 패유취가 나는 것은 오래된 것이다.

③ 버터를 50~60℃ 정도로 가온하면 좋은 것은 위쪽에 기름층, 아래쪽에 비지방성 물질층으로 분리되고, 나쁜 것은 기름층이 혼탁되어 있다. 더 강하게 가열하면 좋은 것은 쉽게 꺼지지 않는 거품이 생기지만, 나쁜 것이거나 마가린은 거품이 일지 않고 톡톡 소리를 내고 튄다.

(6) 치즈

① 특유의 풍미를 가지고 있으며 곰팡이가 슬지 않고 건조하지 않는 것이 좋다.

② 입에 넣으면 부드러운 느낌으로 자연히 녹고 이물이 남지 않는 것이 좋은 제품이다.

(7) 통조림

① 외관이 정상이고, 녹슬었거나 외상에 의하여 변형되었거나 움푹 들어갔거나 팽창되었거나 하지 않으며, 내용 액즙이 스며나오지 않은 것이 좋은 것이다.

② 라벨에 있는 내용 · 제조자 명 · 소재지 · 제조 연월일 · 무게 · 첨가물의 유무 등을 확인한다. 통조림을 열었을 때, 내용물이 표시가 되어 있는 대로 잘 구성되어 있고, 색 · 맛 · 향기에 이상이 없으며, 관의 안쪽 면이 흑색으로 변색되었거나 부식 또는 녹슬지 않은 것이 좋다.

4) 기타

(1) 유지류

① 각각 특유의 색깔과 향미를 지니고 있고 변색되었거나 착색되어 있지 않아야 한다.

② 액체인 것은 투명하고 점도가 낮은 것이 좋으며, 참기름과 같이 특수한 것을 제외하고는 무색 · 무취인 것이 좋다.

(2) 간장

① 전체적으로 붉은기를 띠고 있으며, 투명하고 광택이 있는 것이 좋다.

② 적당한 점성이 있는 것이 좋으며, 흑청색을 띤 것은 좋지 않다.

③ 특유의 향이 있으며, 한두 방울 혀 위에 떨어뜨렸을 때 맛이 좋고 단맛이 조금 나며, 풍미가 좋은 것이 좋은 간장이다.

④ 이취나 자극적인 매운맛 · 신맛 · 쓴맛이 있는 것은 좋지 않은 것이다.

4. 식품 취급자의 유의점

① 항상 건강에 주의하고, 폭음 · 폭식을 조심하여, 열이 나거나 설사를 하거나 몸의 상태가 정상이 아닌 때에는 즉시 의사의 진단을 받고 그 지시에 따르도록 한다.

② 정기 건강진단을 받고 월 2회 정도 정기 검변을 하여 신체의 안전을 확보한다.

③ 작업장은 항상 청결하게 유지하고, 전용의 깨끗한 작업복 · 모자 · 앞치마 · 신발 등을 준비하여 작업 중에는 꼭 착용하도록 한다. 또한 작업 복장을 한 채로 작업장 밖으로 나가지 않도록 하고, 특히 화장실에는 절대로 가지 말아야 한다.

④ 식품을 나누어 담거나 배식할 때에는 마스코를 착용하고 직접 손을 대는 대신 수저나 다른 적당한 기구를 사용한다.

⑤ 항상 머리칼을 청결히 하고 손톱을 짧게 깎고 손을 깨끗이 하여야 한다.

⑥ 작업 도중에 손 또는 식품을 취급하는 기구 등으로 머리 · 코 · 입 · 귀 등을 긁거나 건드리지 않아야 한다. 부득이하게 건드렸을 경우에는 바로 씻고 소독한다.

⑦ 작업장 내에서 옷을 갈아입거나 담배를 피우지 않도록 하고 반드시 전용 탈의실이나 휴게실을 이용한다. 식기나 조리기구 등은 항상 깨끗하게 위생적으로 유지하고 사용하지 않을 때에는 오염되지 않도록 잘 보관한다.

⑧ 식기나 조리기구 등은 항상 깨끗하게 위생적으로 유지하고 사용하지 않을 때에는 오염되지 않도록 잘 보관한다.

⑨ 반드시 전용 화장실을 사용하고 용변 후에는 정성 들여 손을 씻고 소독을 한다.

⑩ 식품재료는 신선한 것을 사용하고, 청결하고 오염되지 않도록 보관에 유의한다.

⑪ 작업장의 구충 · 구서에 힘써서 쥐나 바퀴 등에 의한 오염을 방지하도록 한다.

제5장 식품첨가물

1. 식품첨가물의 정의

'식품첨가물'이란, 식품의 제조·가공이나 보존을 할 때에 필요에 의해서 식품에 첨가 또는 혼합하거나 침윤하거나 그 밖의 방법으로 식품에 사용되는 물질로, 크게 천연첨가물과 화학적 합성품으로 구분할 수 있다.

- 천연첨가물 : 후추·생강·소금·효모·치자 색소 등
- 화학적 합성품 : 사카린·타르 색소·글루탐산나트륨(화학조미료) 등

식품첨가물의 대부분을 차지하는 화학적 합성품은 천연첨가물과 달리 생리적 작용이 강해서 인체에 유해한 작용을 끼칠 염려가 있는 것이 많으므로, 보건복지부장관이 지정한 것 외에는 사용할 수 없게 되어 있다.

식품첨가물의 용도를 사용목적에 따라 분류하면 다음과 같다.

2. 식품첨가물의 분류와 용도

1) 보존성을 높이는 것

(1) 보존료(방부제)

① 보존료의 구비조건

- 변질 미생물에 대한 증식억제 효과가 클 것
- 미량으로도 효과가 클 것
- 독성이 없거나 극히 적을 것

- 무미 · 무취이고 자극성이 없을 것
- 공기 · 빛 · 열에 안정하고 pH에 의한 영향을 받지 않을 것
- 사용하기 간편하고 값이 쌀 것

② 보존료의 종류

- 디히드로초산(염) : 치즈 · 버터 · 마가린(0.5g/kg 이하)
- 소르브산(염) : 육제품(2g/kg 이하) · 절임식품(1g/kg 이하) · 케첩
- 안식향산(염) : 청량음료수(0.6g/ℓ 이하) · 간장(0.6g/ℓ 이하) · 식초
- 프로피온산(염) : 빵 · 생과자(2.5g/kg 이하)

(2) 살균료

① 식품의 부패원인균 또는 전염병 등의 병원균을 사멸시키기 위하여 사용되는 첨가물로 이 균들에 대한 살균력이 강해야 하며, 그 외의 구비조건은 보존료와 같다.

② 종류

- 차아염소산나트륨(표백작용도 있음)
- 표백분(표백작용도 있음), 고도표백분(표백작용도 있음)
- 에틸렌옥시드

(3) 산화방지제(항산화제)

① 식품의 산화에 의한 변질현상을 방지하기 위하여 사용되는 첨가물이다.

② 종류 : BHA, BHT, 에리소프브산염, 몰식자산프로필

2) 관능을 만족시키는 것

(1) 지미료(정미료)

① 식품에 지미(旨味 : 맛난 맛)를 부여하기 위하여 사용되는 첨가물이다.

② 종류 : 글루탐산나트륨, 이노신산(염), 호박산(염)

(2) 감미료

① 식품에 감미(甘味 : 단맛)를 부여하기 위하여 사용하는 첨가물이다.

② 종류

- 사카린(염)
  - 사용 가능 : 건빵 · 생과자 · 청량 음료수
  - 사용 불가 : 식빵 · 이유식 · 백설탕 · 포도당 · 물엿 · 벌꿀 · 알사탕류
- D-소르비톨
- 글리실리친산나트륨 : 간장 · 된장에만 사용
- 아스파탐
- 스테비오시드

(3) 산미료

① 식품에 산미(酸味 : 신맛)를 부여하기 위하여 사용되는 첨가물이다.

② 종류 : 구연산 · 젖산 · 초산 · 주석산

(4) 착색제

① 식품의 가공공정에서 상실되는 색을 복원하거나 외관을 보기 좋게 하기 위하여 착색하는데 사용되는 첨가물이다. 식품첨가물로 지정된 착색료는 크게 타르계 색소와 비타르계 색소로 대결된다.

② 종류

- 타르(tar)색소 : 식용색소 녹색, 황색, 적색 1 · 2 · 3…
- β-카로틴 : 치즈 · 버터 · 마가린
- 황산품 : 과채류 · 저장품
- 구리클로로필린나트륨 : 과채류 · 저장품

(5) 발색제(색소 고정제)

① 자기 자신은 무색이어서 스스로 색을 나타내지 못하지만, 식품 중의 색소성분

과 반응하여 그 색을 고정(보존)하거나 나타내게(발색) 하는데 사용되는 첨가물이다.

② 종류

- 육류 발색제 : (아)질산나트륨
- 과채류 발색제 : 황산제일철 · 황산제이철 · 염화제일철 · 염화제이철

(6) 착향료

① 식품 자체 내의 냄새를 없애거나 변화시키고 강화하기 위하여 사용되는 첨가물이다.

② 종류 : 멘톨 · 바닐린 · 벤질 알코올 · 계피 · 알데히드

(7) 표백제

① 식품 본래의 색을 없애거나 퇴색을 방지하기 위하여 흰 것을 더 희게 하기 위하여 사용되는 첨가물이다.

② 종류 : 과산화수소 · (아)황산염

3) 물질유지 또는 품질개량에 사용되는 것

(1) 소맥분 개량제

① 제분된 밀가루의 표백 및 숙성기간을 단축시키고, 제빵 효과 저해 물질을 파괴시키며, 살균 등을 하기 위하여 사용하는 첨가물이다. 표백작용을 하지만 표백 외의 작용도 가지므로, 표백제라 하지 않고 소맥분 개량제라 한다.

② 종류 : 과산화벤조일 · 브롬화칼륨 · 과항산암모늄 · 이산화염소

(2) 품질 개량제(결착제)

① 식품의 결착력 증대, 변색 및 변질 방지, 맛의 조성, 풍미 향상, 조직의 개량 등을 위하여 사용하는 첨가물을 총칭하여 일컫는 말이다.

② 종류 : 복합인산염

(3) 유화제(계면활성제)

① 서로 혼합이 잘 되지 않는 두 종류의 액체를 유화시키기 위하여 사용하는 첨가물이다. 유화제는 적절한 배합에 의하여 친수성과 친유성을 알맞게 조합하면 상승효과가 있다.

② 종류 : 대두인지질 및 지방산에스테르 · 폴리솔베이트계 4종

(4) 호료

① 식품의 점착성을 증가시켜 입 안에서의 촉감을 부드럽게 해주는 첨가물이다.

② 종류 : 카세인(천연) 외 화학적 합성품 다수

(5) 피막제

① 채취한 과채류의 선도를 장시간 유지할 수 있게 표면에 피막을 만들어 호흡작용을 적당히 제한하고, 수분의 증발을 방지하기 위하여 사용되는 첨가물이다.

② 종류 : 초산비닐수지 · 몰호린지방산염

4) 식품의 제조가공 과정에서 필요한 것

(1) 식품제조용 첨가제

① 식품의 제조가공 공정 때 여러 가지 목적상 필요에 의해서 사용되는 첨가물이다.

② 종류 : 황산 · 수산화나트륨(복숭아 · 밀감 통조림 제조시 박피제)

(2) 소포제

① 식품제조 공정 중에 많은 거품이 발생하여 지장을 줄 때 거품을 없애기 위하여 사용되는 첨가물이다.

② 종류 : 규소 수지(실리콘수지)

(3) 팽창제

① 빵이나 카스텔라 등을 부풀게 하여 적당한 형체를 갖추게 하기 위하여 사용되

는 첨가물이다.

② 종류 : 효모(천연) · 명반 · 탄산수소나트륨 · 탄산수소암모늄 · 탄산암모늄

5) 영양 강화에 사용되는 것

① 강화제 : 식품의 영양 강화를 목적으로 사용되는 첨가물이다.

② 종류 : 비타민, 무기질, 아미노산

3. 기타

(1) 이형제

① 빵을 제조할 때 형태를 손상시키지 않고 빵틀로부터 분리해 내기 위해 사용한다.

② 종류 : 유동 파라핀

(2) 껌 기초제

① 껌에 적당한 점성과 탄력성을 갖게 하여 그 풍미를 유지하는데 중요한 구실을 하는 첨가물이다.

② 종류

- 초산비닐수지(피막제로도 사용)
- 에스테르껌
- 폴리부텐
- 폴리이소부텐

(3) 추출제

① 유지함유 원료를 용제에 녹여서 추출하는 첨가물이다.

② 종류 : n-핵산

Cooking Theory

제3부 **식품학**

Cooking Theory

제1장 **식품과 영양**

사람은 생명을 유지하고 건강한 생활현상을 유지하기 위해서는 외부로부터 필요한 물질을 섭취하여 조직을 구성하고 이를 분해하여 소모된 물질을 보충하여야 하는데, 그러기 위해서는 음식물을 섭취하지 않으면 안 된다.

이와 같이 생물체가 필요한 물질을 외부로부터 섭취해서 생리현상을 유지하는 모든 현상을 '영양'nutrition이라 하며, 이 영양을 유지하기 위하여 외부로부터 받아들이는 물질을 '영양소'nutrient라 한다.

사람에게 필요한 영양소의 종류는 탄수화물carbohydrate, 지질liped, 단백질protein, 무기질mineral, 비타민vitamin 등 5종으로 나누며, 이를 5대 영양소라 한다.

식품food material이란, 사람에게 필요한 영양소를 한 가지 또는 그 이상 함유하고, 유해한 물질을 함유하지 않은 천연물 또는 가공품을 말한다. 또한 「식품위생법」에서 식품은 "식품이라 함은 모든 음식물을 말한다. 다만, 의약으로 섭취하는 것을 제외한다."라고 정의되어 있다. 따라서 식품은 사람이 섭취하는 것이므로 다음의 조건을 구비하여야 한다.

(1) 영양적 가치

한 가지 식품으로서 완전한 영양을 유지하기란 불가능하므로, 여러 가지 식품을 배합할 필요가 있다. 따라서 각 식품의 영양가를 먼저 알 필요가 있고, 이에 근거하여 비로소 배합이 이루어지는 것이다. 각 식품의 영양가를 전체적으로 한마디로 표현하는 방법은 아직 없고, 열량을 그 중에서 가장 공통적인 것이지만 그 외에는 각 영양소의 함량을 열거할 뿐이다.

(2) 위생적인 문제

식품이 유해물을 함유해서는 안 된다는 것은 물론이지만, 무해물이라 하더라도 생리 및 영양상 불필요한 물질을 섭취할 필요는 없다.

(3) 기호적 가치

식품의 색깔, 냄새, 맛, 형태 등을 기분 좋게 만들면 식욕을 증진시키고 소화액의 분비를 자극하여 영양 가치를 향상시킬 뿐만 아니라 심리적 영향도 크다. 식품의 특수성분은 이와 관련된 것이다.

(4) 경제적 문제

인간은 사회생활을 영위하고 있으므로 생활필수품으로서의 식품도 그의 경제적 가치도 중요하다.

제2장 식품의 분류

식품은 형태나 성질 등에 따라서 일반적으로 식물성 식품, 동물성 식품, 광물성 식품의 세 가지로 나눌 수 있다. 여기서 중요한 것은 식물성 식품과 동물성 식품이며, 광물성 식품은 무기염류인 식염을 들 수 있다. 또한 생산 양식에 따라서 농산, 축산, 수산식품 등으로 크게 나눌 수 있으나, 일반적으로 영양적인 면을 고려하여 다음과 같이 나눌 수 있다.

1. 식물성 식품

(1) 곡류(穀類)

탄수화물과 무기질(인, 칼륨 등)은 많이 함유되어 있지만 수분과 단백질의 함량이 적기 때문에 오랫동안 저장할 수 있어 경제적이다. 곡류의 종류에는 쌀, 보리, 밀, 귀리, 조, 수수, 옥수수, 호밀, 메밀, 피 등이 있다.

(2) 두류(豆類)

성숙한 두류로서 건조한 것은 곡류처럼 저장성이 있으나 미숙한 두류는 수분이 많아 저장성이 없다. 우리나라에서는 단백질과 지방의 주요 공급원 식품으로, 비타민B를 함유하고 있고 무기질은 다른 곡류와 비슷하여 칼륨, 인의 함량은 많으나 칼슘은 적다. 두류의 종류에는 콩, 팥, 녹두, 완두, 강낭콩, 땅콩 등이 있다.

(3) 감자류

탄수화물이 많고 곡류나 두류에 비해 수분의 함량이 많으며, 장기간 저장이 곤란하다. 주성분은 녹말질 식품이며, 곡류와는 달리 알칼리성 식품에 속한다. 칼슘, 칼륨, 비타민 함량이 많고, 감자의 비타민은 열에 안전하다. 감자류의 종류에는 감자,

고구마, 토란, 곤약 등이 있다.

(4) 근채류(根菜類)

뿌리에 해당하는 부분을 먹는 채소로, 감자와 고구마를 제외한 채소로 전분이 많은 특징이 있다. 근채류의 종류에는 무, 당근, 연근, 우엉 등이 있다.

(5) 경엽채류(莖葉菜類)

섬유질이 많아 변비예방 효과가 있고, 특수한 향기가 있어 식욕을 증진시킨다. 특히 비타민C가 많고, 칼륨과 칼슘이 많으며, 알칼리성 식품으로 체액을 중성으로 유지시킨다. 부패하기 쉬우므로 저장이 곤란하고 열량원이 되지 못한다. 경엽채류의 종류에는 시금치, 양배추, 배추, 상추, 죽순, 샐러리, 아스파라거스, 미나리, 쑥갓, 깻잎, 쑥, 양파 등이 있다.

(6) 과채류(果菜類)

열매를 식용하는 채소를 말하며, 토마토 및 참외류에는 펙틴pectine과 헤미셀룰로스hemicellulose가 함유되어 있다. 과채류의 종류에는 수박, 참외, 토마토, 호박, 오이, 가지 등이 있다.

(7) 과실류(果實類)

과육의 형성에 따라 일반적으로 장과류, 인과류, 핵과류, 견과류 등으로 분류한다. 사과산, 주석산, 구연산 등의 유기산이 많아 상쾌한 막을 내며 칼륨, 인, 철, 칼슘 등이 풍부하고 비타민C가 많이 들어 있다. 과실류의 종류에는 장과류(포도 · 파인애플, 무화과 · 바나나 · 딸기 등), 인과류(배 · 사과 · 감 · 밀감 등), 핵과류(매실 · 복수아 · 앵두 · 대추 · 자두 등), 견과류(밤 · 은행 · 호두 등)가 있다.

(8) 버섯류

다른 식물에 기생하여 생육하며, 특유한 향미가 있어 식욕을 증진시킨다. 칼륨, 비타민B, 프로비타민D 등이 많이 함유되어 있고, 섬유소가 많아 소화가 잘 안 되는 특징이 있다. 변질되기 쉬우므로 건조시키거나 염장해야 한다. 버섯류의 종류에는 송이, 표고, 양송이, 싸리, 느타리 등이 있다.

(9) 해조류(海藻類)

색깔에 따라 녹조류, 갈조류, 홍조류 등으로 나누며, 식품으로서의 가치는 정장작용과 무기질, 비타민을 공급해 주는 데 있다. 요오드가 많아 갑상선 장애를 치료할 수도 있다. 해조류의 종류에는 녹조류(파래, 청각, 모자반 등), 갈조류(미역, 다시마, 톳 등), 홍조류(김, 우뭇가사리 등)가 있다.

2. 동물성 식품

(1) 육류

단백질이 주성분으로 고형물의 80%를 이루고 있으며, 식용 동물의 근육인 횡문근을 의미한다. 당질은 주로 글리코겐으로 생육 중 대략 0.5~1.0% 이하가 함유되어 있으며, 지방은 단백질과 거의 같은 양이 함유되어 있고, 비타민A, B_1, B_2, C, D, E를 함유하고 있다. 무기질은 1%도 함유되어 있지 않다. 육류의 종류에는 소고기, 닭고기, 돼지고기, 양고기, 칠면조 등이 있다.

(2) 어패류

어육은 결합조직과 육기질 함량이 수조육에 비해 적게 들어 있고, 엘라스틴은 콜라겐보다 많이 들어 있는 편이다. 어패류의 종류에는 해수어, 담수어, 극피동물, 연체동물, 갑각류 등이 있다.

(3) 알류

단일식품으로는 영양가가 매우 우수한 식품인 동시에 각종 영양소를 골고루 함유하고 있다. 알류의 종류에는 달걀, 오리알, 칠면조알, 메추리알 등이 있다.

(4) 우유

단일식품 중 가장 완전에 가까운 식품으로, 영양소의 균형이 우수하고 특히 양질의 단백질과 지질, 칼슘의 공급원이다. 구리, 철 등의 무기질을 제외한 대부분의 영양소를 함유하고 있고 소화·흡수율도 좋다. 일반적으로 우유는 85~89%의 수분과 2.7~4.4%의 단백질, 2.8~5.2%의 지질, 4.0~4.9%의 당질, 0.5~1.1%의 무기질을 함유한다. 신선한 우유의 pH는 대략 6.6이며, 시간이 경과하면 젖산균이 젖산을 형성해 우유 내의 산도가 높아지므로 pH는 낮아진다. 유가공품은 직접 음용우유로 이용하는 외에 분유, 치즈, 버터, 요구르트, 아이스크림 등으로 가공된다.

3. 유지식품

1) 식물성 유지

(1) 식물성 유(油)

상온에서 액체 상태인 것으로 불포화지방산인 건성유와 반건성유, 그리고 포화지방산인 불건성유로 나뉜다. 식물성 유의 종류에는 건성유(아마인, 호두, 잣 등의 기름), 반건성유(콩, 유채, 목화씨 등의 기름), 불건성유(땅콩, 동백, 올리브 등의 기름)가 있다.

(2) 식물성 지(脂)

상온에서 고체인 상태의 기름을 말한다. 식물성 지(脂)의 종류에는 야자, 카카오, 팜 등의 기름이 있다.

2) 동물성 유지

(1) 육산(陸產) 동물성 유지

육산 동물성 유지의 종류에는 유지방, 소기름, 돼지기름 등이 있다.

(2) 수산(水產) 동물성 유지

수산 동물성 유지의 종류에는 어유, 간유, 고래기름 등이 있다.

3) 가공 유지

경화유는 액상 기름에 수소를 첨가한 기름이다(마가린, 쇼트닝).

4. 기타식품

(1) 기호식품

영양소는 거의 함유되어 있지 않지만 색깔, 냄새, 맛 등이 있어 식욕을 돋워주는 식품을 의미한다. 기호식품의 종류에는 주정음료(양조류 · 증류주프혼성주 · 합성주 등), 기호음료(차 · 커피 · 청량음료 등)가 있다.

(2) 강화식품

손실된 영양소를 식품에 첨가시켜 새롭게 만들거나 원래 없던 성분을 보충해 영양가를 높인 식품을 의미한다. 강화식품의 종류에는 강화미, 강화밀, 강화된장, 간장, 마가린 등이 있다.

(3) 즉석식품

시간과 수고가 들지 않고 간단하게 조리하여 바로 먹을 수 있는 저장식품을 의미한다. 즉석식품의 종류에는 통조림, 병조림, 냉동식품, 건조야채와 인스턴트식품(라면 · 수프 · 인스턴트 차) 등이 있다.

(4) 조미료

음식의 맛을 고르게 맞추는데 쓰이는 조미료는 천연, 인공감미료와 화학조미료, 장류 소스 등으로 나뉜다. 조미료의 종류에는 천연조미료(설탕 · 당밀 · 벌꿀 등), 인공감미료(물엿 · 맥아당 · 감주 등), 화학조미료(글루탐산나트륨 · 핵산 조미료 등), 장류(간장 · 고추장 · 청국장 · 된장 등), 소스(우스타소스 · 마요네즈 · 굴소스 등)가 있다.

제3장 식품의 구성성분

식품의 화학적 성분을 상세히 나누면 그 종류도 매우 많으나 단백질, 지방, 탄수화물, 비타민, 무기질을 내용으로 하는 일반성분proximate components과 색깔, 냄새, 맛, 효소, 독성성분 등을 내용으로 하는 특수성분minor components으로 크게 나눌 수 있다. 식품의 일반성분은 주로 식품의 영양적 가치를 결정하여 주는데 반하여, 특수성분은 주로 식품의 기호적 가치를 결정하여 준다.

1. 식품의 일반성분 구성

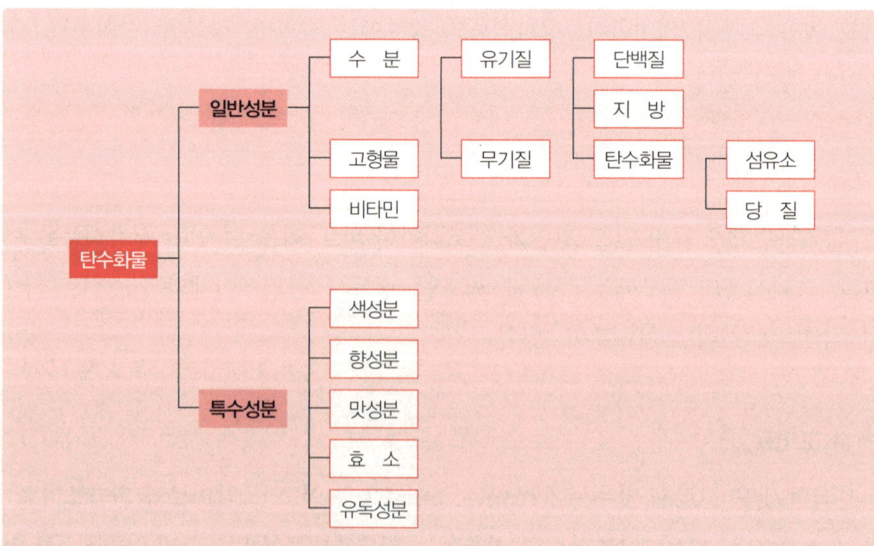

일반적으로 식품성분은 수분과 그 밖의 고형물solid로 크게 나눌 수 있으며, 고형물은 유기물과 무기물로 나눌 수 있다.

2. 식품 중에 함유된 영양소 및 수분의 체내역할

① 몸의 활동에 필요한 에너지를 공급(열량소) : 탄수화물 중 전분 및 각종 당질, 지방, 단백질의 일부

② 몸의 발육을 위하여 몸의 조직을 만드는 성분을 공급(구성소) : 단백질, 무기질(주로 칼슘과 인), 물, 일부의 지방과 탄수화물

③ 체내의 각 기관이 순조롭게 활동하고 섭취된 것이 몸에 유효하게 사용되기 위한 보조적인 작용(조절소) : 무기질, 비타민류, 물, 일부의 아미노산과 지방산

④ 이외에 물은 인간 체중의 약 23%를 차지하고, 체내에서 영양소의 운반, 소화, 흡수를 돕는 역할을 한다. 또한 기타 체내에서 불필요한 것을 체외로 배출하고, 춥고 더움에 따라서 체온의 조절이나 체액의 조절 등 중요한 역할을 한다.

칼로리(열량)

- 식품 중 3대 열량소인 당질 · 지방 · 단백질이 칼로리의 급원이 되며, 이들이 체내에서 연소되어 열을 발생하여 체온을 유지한다.
- 칼로리(calory)는 열량을 재는 단위로서, 1칼로리는 1ℓ의 물을 1℃ 높이는 데 필요한 열량을 말한다.
- 식품이 가지고 있는 열량은 단백질과 당질이 1g에 대해 각각 4㎉, 지방이 9㎉를 발생한다.

제4장 수분

1. 식품 속의 수분

① 수분은 생명체 내에서 생화학 반응, 물질운반, 삼투현상 등의 생리적 기능에 관여하는 동시에 생명유지에 필수적인 요소이다. 식품 중의 수분은 그 식품의 물리적 · 화학적 성질뿐만 아니라 조리, 가공, 저장 시 성분들의 변화에 중요한 영향을 미친다.

② 식품 속의 수분함량은 일반적으로 105~110℃에서 건조할 때의 감량으로 구하는 상압 가열건조법에 의해 측정한다.

③ 식품 중의 수분은 식품을 이루는 동 · 식물체 내에서 탄수화물, 지방, 단백질 등의 유기물과 결합하여 그 일부분을 형성하거나 염류, 당류, 수용성 단백질 등의 용매로 작용한다.

④ 식품 속에서 수분은 토마토, 주스 등의 자유수와 결합수, 분유 등의 고형분의 표면에 흡착된 엷은 층, 설탕 결정 등의 화학 결합수 등의 형태로 존재하고, 크게 '자유수free water'와 '결합수bound water'로 구분된다.

⑤ 자유수는 식품 중에 유리상태로 존재하기 때문에 유기물로부터 간단하게 분리할 수 있다. 식품분석 결과에서 표시하는 퍼센트(%) 수분함량은 자유수의 함량을 의미하는 것으로, 식품을 0℃ 이하로 동결하면 얼음이 되고 건조시키면 쉽게 증발되는 미생물이 이용할 수 있는 수분이 된다.

⑥ 결합수는 식품 중 성분과의 결합력 때문에 자유수처럼 0℃에서 얼거나 100℃에서 끓지 않는데, 압착해도 쉽게 분리되지 않으며 당류나 염류에 대한 용매로서의 작용이 없어 미생물의 번식에도 이용되지 못한다. 일반적으로 우리가 사용하는 식품의 수분함량 개념에는 결합수가 포함되지 않는다.

2. 수분활성도Aw

① 수분이 많은 식품은 곰팡이가 생기거나 부패하기 쉬운데, 같은 양의 수분을 포함한 식품이라 해도 흡습성인 것이 있는 반면 건조성인 것도 있다. 그러므로 식품의 수분에 대한 평가는 그 양보다는 식품의 특성에 주목할 필요가 있다.

② 식품 중의 수분함량은 대기 중의 상대습도에 영향을 받으므로 식품은 평형을 이룰 때까지 흡습하거나 건조한 상태가 된다. 식품의 수분함량은 식품의 보존성과 미생물의 생육과 밀접한 관계를 갖고 있기 때문에 %로 나타내기보다 대기 중의 상대 습도까지 고려한 수분활성도로 표시하는 경우가 일반적이다.

③ 수분활성도water activity, Aw란, 식품을 밀폐용기에 넣고 수분이 출입하지 못하도록 한 상태에서 식품의 수분이 용기 내의 상대 습도와 평형상태를 유지하게 될 때의 수분의 수증기압을 평형 상대 습도 또는 수분활성도라 한다. 즉 수분활성도란 어떤 임의의 온도에서 그 식품의 수증기압 P에 대한 그 온도에 있어서의 순수한 물의 최대 수증기압 P_0의 비율로 정의된다.

$$\text{Aw(수분활성도)} = \frac{\text{P(식품의 수증기압)}}{P_0\text{(순수한 물의 최대 수증기압)}}$$

④ 순수한 물의 수분활성도는 1.0이고 식품에는 수분 외에 탄수화물, 단백질 등의 가용성 영양소들이 포함되어 있기 때문에 수분활성도는 1.0보다 적은 값이 된다. 수분이 많은 채소와 과일류는 0.98~0.99, 육류나 생선은 0.98, 수분이 적은 곡류나 콩류는 0.60~0.64, 그리고 건조식품은 0.2 이하가 된다.

⑤ 식품을 보존하기 위해서 건조하거나 식염, 설탕 등을 가하여 수분활성도를 적게 하는 것은 미생물의 번식을 억제시켜 식품의 변패를 방지하는 수단이 된다. 수분활성도가 건조과일이나 잼처럼 0.65~0.85이고, 수분함량이 20~40%인 식품을 중간 수분식품이라 한다. 건조되거나 동결 건조된 식품은 수분활성도가 0.2 이하이며, 수분함량은 15% 이하로 이 식품이 건조식품에 해당된다.

⑥ 미생물의 성장은 식품의 수분활성도와 직접적인 관계가 있는데, 수분 활성이 큰 식품일수록 미생물이 번식하기 쉽고 저장성도 좋지 않다. 부패성 미생물의

수분활성도는 세균이 0.90~0.99이고 효모고 0.88, 곰팡이가 0.80 정도인데, 이보다 수분활성도가 높으면 부패되기 쉬운 식품이다.

제5장 탄수화물

탄수화물carbohydrate은 식물의 광합성에 의한 최초의 산물로 식물의 저장물질이나 뼈대를 이루는 성분으로 다량 존재한다. 주로 식품 속에서 전분과 당류 형태로 존재하는 탄수화물은 동물체의 에너지원으로 쓰인다.

1. 분류

탄수화물은 가수분해에 의해 생성되는 당 분자수에 따라 단당류, 소당류, 다당류로 분류되는데, 분자구조 내에 알데히드기(-CHO)를 갖는 알도오스aldose와 케톤기(= CO)를 갖는 케토오스ketose가 있다.

1) 단당류

(1) 단당류의 성질

① 용해성 : 분자 내에 수산기가 많이 존재하므로 물에 잘 용해되지만 알코올에는 물보다 용해되기 어렵고 에테르에는 용해되지 않는다.

② 결정성 : 무색이나 백색의 결정을 형성한다.

③ 단맛 : 일반적으로 단맛을 띈 당이 많으나 당의 종류에 따라 다르다.

④ 환원성 : 설탕 등의 일부 소당류를 제외한 당은 일반적으로 자신은 산화되고 다른 화합물은 환원시키는 환원성을 갖는다.

⑤ 발효성 : 몇몇 당을 제외하고는 효모에 의해 발효되며 알코올과 이산화탄소를 생성한다.

⑥ 캐러멜화 : 당류를 170~190℃로 가열하면 탈수, 중합 등의 반응이 일어나 갈색의 물질을 생성하는데, 이 반응을 캐러멜화caramelization라고 한다. 이때 생성된

캐러멜은 특유한 풍미와 색깔을 띠어 식품 가공, 조리 시 착색제로 쓰인다. 그 대표적인 예가 약식과 간장이다.

(2) 단당류의 종류

① 5탄당pentose : 식물체에 유리상태로 존재하는 일은 거의 없고, 다당류의 형태로 식물의 줄기, 잎, 세포막 등에 존재한다.

- 크실로오스xylose : 다당류 크실란xylan의 구성단위로 식물 세포벽의 구성 물질을 이룬다. 볏짚, 목재 등에 존재하며 목당(木糖)이라고도 한다.
- 아라비노오스arabinose : 식물껌gum, 헤미셀룰로오스hemicellulose, 펙틴pectin, 배당체에 결합 상태로 존재하고, 점질성이 강하여 접착제로 이용된다. 아라비아껌 등에 존재한다.
- 리보오스ribose : 주로 동물 핵산의 구성 성분을 이루는데, 단당류의 형태로 RNA, DNA 등의 유전자와 비타민B_{12} 등 생리적으로 중요한 물질의 구성성분으로 존재한다.

② 6탄당hexose

- 포도당glucose; grape suga) : 자연계에 널리 분포하며 포도 등의 과일 및 식물 열매, 즙액 등에 존재하는데, 특히 포도에 많이 존재하므로 그레이프 슈가라고도 한다. 혈액 중에는 0.1% 가량의 혈당량이 들어 있어 영양상으로나 생리상으로 가장 중요한 당이라 할 수 있다.
- 과당fructose; fruit sugar : 과일, 벌꿀, 꽃 등에 유리상태로 존재하며, 포도당과 결합하여 자당을 이룬다. 당류 중 단맛이 가장 강하고 용해도가 커서 결정화되지 않으며, 흡습성이 있다. 체내에서 쉽게 포도당으로 변하여 흡수되는데, 상온에서는 감미도가 강해지고 고온에서는 약해진다.
- 갈락토오스galactose : 유리상태로는 거의 존재하지 않고, 포도당과 결합하여 이당류인 유당의 구성 성분으로 포유동물의 유즙에 존재하며, 해조류나 두류에 다당류의 형태로 존재한다. 포도당보다 단맛이 덜하고 물에는 잘 녹지 않는데, 동물 체내에서는 지질과 결합한 당 지질로 뇌와 신경조직의 성분이 되므로 특히 유아에게 필요한 성분이다.

- 만노오스mannose : 처음에는 단맛이 나나 끝에는 쓴맛이 나는 성분으로, 밀감류의 과피, 당밀, 발아 종자 등에 유리상태로 소량 존재하지만 대개는 포도당과 결합하여 다당류의 형태를 이룬다. 주로 곤약, 감자, 백합 뿌리 등에 존재하며, 생체 내에서는 오브알부민, 락토알부민 등의 단백질 구성성분이 된다.

2) 소당류(이당류)

(1) 소당류의 성질

① 단당류 2~7개가 결합된 것으로 소당류의 대표적인 것은 이당류인데, 산, 효소 등에 가수분해 되면 단당류가 되며, 그 일반식은 $C_{12}H_{22}O_{11}$이다.

② 설탕, 맥아당, 유당 등이 이당류에 속하는데, 설탕은 환원력이 없으나 맥아당과 유당은 환원력이 있다.

③ 라피노오스raffinose는 포도당, 과당, 갈락토오스가 결합된 3당류에 속하는데, 사탕무, 종자 등에 함유되어 있다.

④ 2분자의 갈락토오스와 포도당, 과당으로 구성된 스타키오스stachyose와 과당 4분자로 구성된 스코로도오스scorodose는 4당류에 속하는데, 전자는 주로 두류에 후자는 주로 마늘에 함유되어 있다.

(2) 소당류의 종류

① 설탕자당, 서당; sucrose

'자당' 혹은 '서당'이라고 불리어지며, 과일이나 채소류에 많이 함유되어 있는데, 특히 사탕수수와 사탕무 등에 대략 12~17% 함유되어 있는 단맛이 강한 표준 감미료이다.

설탕은 환원력이 없는 비환원성 당으로, 가수분해 되면 포도당과 과당을 생성하고 환원성이 커진다. 또한 설탕은 묽은 산이나 효소invertase, sucrase, saccharase에 의해 가수분해 되어 같은 양의 포도당과 과당을 생성하는데, 선광도가 설탕의 우선성에서 좌선성으로 변화된다. 이것을 전화inversion라 하고, 이때 만들어진 감미료를 전화당invert suga 이라 한다. 전화당은 설탕보다 단맛이 강하며, 강한 환원력을 갖는다. 설탕은 140℃ 전·후에서 녹기 시작하여 170~190℃에서 캐러멜화 되어 갈색 색소를 생성하며, 자극적인 냄새와 쓴맛을 갖는다.

설탕은 소화·흡수가 빠르고 피로회복에 효과가 크지만 많이 섭취하면 일시적 당노가 되기 쉽고, 불완전 연소 때문에 칼슘이 다량 소모되어 뼈나 이가 약해지거나 혈액이 산성을 띠어 산중독증acidosis을 일으키게 된다.

② 맥아당maltose

전분이 아밀라제에 의해 가수분해 되는 중간 생성물로, 2분자의 포도당이 결합된 이당류이며, 환원력을 갖고 있다. 맥아당은 엿기름이나 발아 중의 곡류에 많이 함유되어 있고 물엿의 주성분이기도 한데, 수용성이 커서 결정을 얻기 힘들며 감미도는 설탕의 1/3 정도이다.

③ 젖당lactose

락타아제에 의해 포도당과 갈락토오스로 가수분해 되는 젖당은 포유동물의 수유기간 중 유선에서 만들어져 분비되는 유즙 속에 2~8% 가량이 함유되어 있다. 뇌나 신경조직의 성장에 중요한 역할을 하여 유아의 영양에 매우 유익한 당이다. 이 밖에도 칼슘과 인의 흡수를 돕고 유산균의 발육에 적합하여 살균작용과 정장작용에도 도움을 준다.

3) 다당류

(1) 다당류의 성질

① 다당류는 여러 개의 단당류와 당 유도체가 탈수와 축합작용을 일으켜 생성된 화합물이다.

② 물에 잘 녹지 않으며, 녹으면 콜로이드colloid 상태가 된다.

③ 산이나 효소로 가수분해 되면 단당류가 된다.

④ 다당류는 복합 다당류로 나누어지는데, 자연계에 널리 분포되어 있어 많이 이용된다.

⑤ 전분과 이눌린inulin 등은 식물의 저장 물질을 이루고, 섬유소와 펜토산pentosan 등은 식물의 구성물질을 이루고, 글리코겐 등은 동물의 저장물질을 이룬다.

(2) 다당류의 종류

① 전분녹말 : starch

우리가 섭취하는 당질의 대부분은 전분이며, 냉수에는 녹지 않으나 열탕에 의해 팽윤, 용해되어 풀처럼 된다. 식물계의 저장 탄수화물로 대부분이 열량 섭취원이 되며 단맛은 거의 없다. 전분은 포도당으로부터 만들어진 다당류로 식물의 뿌리, 줄기, 잎 등에 존재하며, 곡류의 25~80%를 차지한다. 전분은 아밀로오스와 아밀로펙틴의 혼합물로, 보통의 전분립은 2 : 8의 비율이며, 찹쌀과 찰옥수수의 전분은 아밀로펙틴으로만 존재한다.

- 아밀로오스amylose : 포도당이 직쇄상으로 α-1,4 결합만으로 연결된 분자로, 전체로는 포도당 6분자마다 1회씩 감으면서 이어져 나선상의 분자 형태를 이룬다. 아밀로오스는 나선구조 속에 요오드와 복합체를 만들어 청색을 띤다.
- 아밀로펙틴amylopectin : 포도당 α-1,4 결합에 부분적으로 다른 아밀로오스 사슬이 α-1,6 결합의 가지가 붙어 전체로는 망상(網狀)분자 형태를 이룬다. 적갈색을 띠고, 전체 전분입자로는 요오드와의 반응에서 청자색을 띤다.
- 글리코겐glycogen : 식물의 전분처럼 동물의 간과 근육에 저장되어 있는 물질로 동물 전분이라고도 한다. 생체 내에 섭취된 여분의 당질을 글리코겐으로 저장되었다가 경우에 따라 전환되어 쓰인다. 일반적으로 간장에 6~8%, 근육에 0.5~0.8% 정도 들어 있고 조개, 굴, 오징어, 효모 등에도 다량 함유되어 있다.
- 섬유소cellulose : 식물체의 중요한 골격 물질 및 식물의 세포막을 이루는 주성분으로, 포도당이 β-1,4 결합을 한 직쇄상 구조이며, 소화가 불가능하여 영양적 가치는 없으나 장의 운동을 자극하여 변통을 돕고 장내에서 비타민B군의 합성을 촉진한다.

④ 이눌린inulin

과당의 다당류 형태로, 사람의 소화기관에는 분해효소가 없으나 위액 염산에 의해 약간 분해되므로 식품으로서의 가치는 없다. 돼지감자, 우엉, 달리아뿌리 등에 함유되어 있다.

⑤ 펙틴pectin

세포와 세포 사이인 중간 세포막에 존재하는 복합 다당류로, 과일과 채소의 견고성을 이루고 가공이나 저장 중 조직 유지에 중요한 역할을 한다. 펙틴 분자는 갈락토오스의 산화물인 갈락투론산이 주된 구성 성분으로, 펙틴 1%, 설탕 60~70, pH 3.5인 산을 함께 넣고 가열하면 젤리화 하는 성질이 있어 잼이나 젤리를 만드는데 이용된다. 또한 밀감껍질에 32%, 사과에 16% 등 주로 과일에 많이 존재하는데, 반섬유소 형태로 소화·흡수는 잘 안 되나 장내세균, 유독물질을 흡착하여 배설시키므로 변비에 효과적이다.

⑥ 호정dextrin

전분을 조리하면 일부가 가수분해 되어 전분의 사슬이 짧아지는데, 이때 맥아당에 이르기까지 생기는 중간 생성물을 호정이라 한다. 호정은 물에 녹기 쉽고 소화하기 쉬우며 맛을 증가시키기도 한다.

⑦ 한천agar

한천은 우뭇가사리와 같은 홍조류의 세포성분으로, 우뭇가사리를 뜨거운 물로 추출하여 냉각 탈수해서 건조시킨 것이 바로 한천이다. 한천은 체내에서 소화·흡수되지는 않으나 변통을 촉진시키는 효과가 있어 양갱이나 젤리 등의 제과 원료와 미생물 배지로 이용되고 있다.

⑧ 알긴산alginic acid

천연으로 나트륨, 칼륨, 마그네슘염이 섞여 있고, 미역과 같은 갈조류의 세포막 성분으로 아이스크림이나 냉동과자의 안정제로 쓰인다.

(3) 다당류의 기능

① 탄수화물은 1g당 4㎉의 에너지를 공급하는 열량 영양소이다.
② 신경조직과 폐조직은 포도당을 에너지원으로 이용하여 조직의 기능을 완전하게 유지하는데, 포도당이야말로 뇌의 유일한 에너지 공급원이라 할 수 있다.

③ 탄수화물이 부족하면 지방의 완전 연소가 어려워지고, 에너지 생산을 위해 다량의 지방이 산화되어야 하므로, 지방의 불완전 연소에 의한 중간 대사산물인 케톤체가 혈액 내에 축적되어 산중독증을 유발한다. 그러므로 탄수화물은 지방의 대사에 꼭 필요한 요소이다.

④ 탄수화물이 충분히 공급되면 단백질이 에너지로 연소되지 않아 단백질 절약작용을 하게 된다. 이것은 탄수화물이 부족하면 체구성과 보수에 사용되어야 할 단백질이 포도당으로 전환되어 에너지원으로 이용되어야 하기 때문이다.

제6장 지질

지질은 탄소, 수소, 산소의 3원소로 구성된 유기화합물로, 그밖에 인, 질소, 황 등을 함유하고 있다. 지질은 체내에서 열량을 공급해 주는 주요 열량 영양소인 동시에 지방조직의 구성 성분이며, 동물조직과 내장, 식물종자 중의 저장물질로서 널리 분포되어 있다. 지질은 유지 및 이들 유도체의 총칭으로 글리세롤과 지방산의 에스테르이다.

1. 지질의 분류

화학구조에 따라 단순지질, 복합지질, 유도지질로 구분되는데, 단순지질은 주로 피하조직에 저장되어 에너지원으로 이용되고, 복합지질과 유도지질은 조직의 구성 성분으로 존재한다.

1) 단순지질

(1) 유지

유지fats and oils는 글리세롤 1분자에 각종 지방산 3분자가 결합하여 3분자의 물이 빠져 나오고 에스테르 결합을 한 것이다.

① 천연 유지

- 동물성 유지 : 동물성 지방질과 동물성 유(油)로 나뉘는데, 전자는 우지(牛脂), 돈지(豚脂), 버터 등이 포함되고 후자는 어유, 간유 등이 포함된다.
- 식물성 유지 : 식물성 지방질과 식물성 유(油)로 나뉘는데, 전자는 야자유, 코코아지(指) 등이 포함되고, 후자에는 요오드가에 따라 건성유, 반건성유, 불건성유 등이 포함된다. 그 중 요오드가 130 이상인 건성유는 공기 중에 쉽게 산소를 흡수

하여 굳는 성질이 있고, 아마인유, 들기름, 호두기름 등을 예로 들 수 있다. 반면, 요오드가 100~130인 반건성유는 건성유와 불건성유의 중간적인 성질을 지니며 콩기름, 옥수수기름, 면실유, 참기름 등이 있다. 마지막으로 요오드가 100 이하인 불건성유는 공기 중 건조되지 않으며 올리브유, 피마자유, 낙화생유 등이 있다.

요오드가에 따른 식물성유의 분류

- 건성유 : 아마인유, 들기름, 호두기름(요오드가 130 이상)
- 반건성유 : 콩기름, 옥수수기름, 면실유, 참기름(요오드가 100~130)
- 불건성유 : 올리브유, 피마자유, 낙화생유(요오드가 100 이하)

② 지방산

- 포화지방산 : 포화지방산은 CnH_2O_2, $CnH_2n + 1COOH$의 일반식으로 표시하며, 지방산의 분자 내에 이중결합을 갖지 않는다. 천연유지 중 함량이 많은 것으로는 팔미트산palmitic acid, 스테아르산stearic acid 등이 있다.
- 불포화지방산 : 일반식은 $CnH_2\text{-}1COOH$로 분자 내 이중결합(-C = C-)을 갖는 지방산을 의미하는데, 일반적으로 상온에서는 액체이며, 식물성 기름에 다량 함유되어 있다. 불포화지방산에 니켈을 촉매로 수소를 첨가하면, 이중결합에 수소가 흡수되어 단일 결합인 고체지방이 된다. 이 같은 유지를 '경화유(硬化油)'라 하며 마가린, 쇼트닝 등이 있다.
- 필수지방산 : 불포화지방산 중 체내의 대사과정에서 중요한 역할을 담당하는 것이 필수지방산이다. 필수지방산은 신체의 성장과 유지 및 여러 생리적 과정의 기능을 위해 필요하다. 그러나 동물의 체내에서 소량 합성되는 것에 그쳐 필요량에 미치지 못하고 있기 때문에 반드시 외부로부터 공급되어져야 하는 지방산이다. 특히 리롤레산, 리놀렌산, 아라키돈산은 동물 체내에서 그 필요량을 합성할 수 없는 필수지방산이다.

(2) 왁스wax : 납

고급 1가 알코올과 고급 지방산과의 에스테르 결합을 하고 있으며, 동 · 식물체 겉과 밖을 보호하는 구실을 하고 식물 표면을 형성하여 해충·미생물의 침입을 방지한다. 왁스는 식품 속에는 함유되어 있지 않고 소화·흡수가 잘 되지 않아 식품으로는 별로 환영받지 못하고 있다.

2) 복합지질

단순지질에 다른 성분이 결합된 것으로 가수분해에 의해 유지에서와 같은 글리세롤, 지방산 이외에도 인산, N 화합물, 당류 등을 생성한다.

(1) 인지질phospholipid, phospharide

동물체 중에서는 뇌, 골수, 심장, 간, 신장 등에, 식물체 중에서는 종자, 특히 두류, 효모 등에 존재한다.

① 레시틴lecithin : 지방산과 글리세롤, 인산, 콜린이 에스테르 결합된 것으로 생체의 세포막과 뇌수, 신경, 혈구, 난황, 대두 등에 함유되어 있는데, 난황 속의 레시틴은 마요네즈 제조 시 기름과 물을 미립자상으로 분산시키는 유화제 역할을 한다. 유화력이 우수하고 교질을 형성하는 성질이 있어 제과 및 식품 가공의 유화제로 많이 사용된다.

② 세팔린cephalin : 레시틴의 콜린 대신 에탄올아민ethanolamine이 결합된 것으로 유화력은 레시틴보다 떨어진다. 뇌, 척추, 신경, 조직, 콩팥, 난황 등에 존재한다.

(2) 당지질glycolipid

분자 내에 당과 지질의 양쪽을 포함한 물질의 무리로 스핑고신sphingosine, 지방산과 글루코오스, 갈락토오스 등의 당류가 에스테르 결합된 것이다. 주로 동물의 뇌에 존재하기 때문에 세레브로시드cerebroside라고도 하며, 신경조직, 비장 등의 조직에 존재하여 지질의 운반에 중요한 역할을 한다.

(3) 지단백질lipoprotein

지질과 단백질이 결합된 복합지질로, 주로 간에서 생성되어 세포막 등에 존재하며 지질의 운반에 작용한다.

3) 유도지질

천연유지 속에 용해되어 섞여 존재하고, 유지처럼 물에는 용해되지 않고 에테르에는 용해되지만, 알칼리용액으로 비누화될 수 없는 물질unsaponifiable matter을 유도지질誘導脂質; derived liped이라 한다.

(1) 콜레스테롤cholesterol

동물성 스테롤로, 세포, 근육, 뇌, 신경조직, 담즙, 혈액과 지방조직 내에서 고급 지방산과 에스테르 결합한 상태로 존재하거나 유리상태로 존재한다. 생체 내에서는 자외선과 비타민D_3로 전환되는 프로비타민D이다.

(2) 에르고스테롤ergosterol

식물성 스테롤로 맥각에서 발견되었으나 효모, 곰팡이, 버섯, 경엽류 등에도 함유되어 있다. 자외선에 의해 비타민D_2로 변하는 프로비타민D이다.

2. 지질의 물리적 성질

(1) 융점melting point

유지는 구성지방산의 종류에 따라 융점이 달라지는데, 비교적 -30～-50℃ 정도로 광범위하다. 불포화지방산보다 포화지방산이나 탄소수가 긴 지방산을 함유한 유지가 융점이 높다.

(2) 비중specific gravity

비중은 일반적으로 15℃에서 측정하는데, 불포화도가 크거나 긴 탄소수의 지방산을 함유한 유지일수록 비중이 크다. 유지는 물보다 가볍고 같은 유지라 해도 지와 유의 비중차가 크다. 유지의 비중은 15℃에서 0.92~0.94로 저급 지방산일수록, 불포화도가 높을수록 비중도 커진다.

3. 지질의 화학적 성질

(1) 검화가saponification value; 비누화가

유지가 수산화나트륨 등의 알칼리에 의해 가수분해 되는 반응을 검화 혹은 비누화라 하는데, 이때 생성되는 것이 지방산염(비누)이다. 탄소수가 적은 저급 지방산이 많을수록 검화가가 커지고 고급지방산이 많을수록 적어진다.

(2) 산가acid value

유지 1g 중에 함유되어 있는 유리지방산을 중화하는데 필요로 하는 KOH의 ㎎수로 유지의 산패도를 알아내는 방법이다.

(3) 요오드가iodine value

구성성분인 지방산의 불포화도를 나타내는 값으로, 유지의 이중결합에는 수소나 요오드가 쉽게 부가반응을 일으켜 이중결합을 상실한다. 이때 유지 100g 중에 첨가되는 요오드의 그램(g)수를 요오드가라고 한다.

4. 지질의 체내기능

① 농축된 에너지원으로 유지 1g당 9㎉의 열량을 발생하는 열량영양소이며, 탄수화물이나 단백질보다 2.5배 높은 열량을 공급하는 효과적인 에너지원이다.

② 인지질, 당지질, 콜레스테롤 등은 세포 중 특히 뇌와 신경계통에 많이 함유되어 있는데, 지방조직과 세포막, 호르몬 등의 구성 성분으로 특수한 생리작용에 관여한다.

③ 필수지방산과 지용성 비타민A, D, E, K를 공급한다.

④ 피하지방으로 복강 안에 있는 주요장기를 보호하고 열 부도체로 일정한 체온을 유지시킴으로써 장기의 보호 및 체온을 조절한다.

⑤ 비타민B_1의 절약작용을 한다. 당질의 체내 산화에서는 비타민B_1이 많이 필요하나, 지방은 체내 산화에서 비타민B_1의 필요량이 당질보다 적으므로 지방을 섭취할 때 비타민B_1을 절약할 수 있는 것이다.

⑥ 향미성분을 공급하고 식감을 증진시키는 효과가 있다.

⑦ 고온, 단시간에 조리할 수 있어 영양분의 손실을 줄일 수 있다.

⑧ 소화시간이 느리므로 오랫동안 포만감을 느낄 수 있다.

제7장 단백질

'단백질'protein은 동물, 식물, 미생물 등의 모든 생물의 원형질을 구성하는 중요한 물질이다. 대부분 생체반응에 관여하는 효소와 호르몬, 항체, 유전자 등은 단백질로 생활기능에 중요한 역할을 한다.

단백질의 원소 조성은 탄소, 수소, 산소, 질소, 황과 미량의 인, 철, 구리 등으로 이루어져 있다. 단백질은 당질이나 지방과는 달리 평균 16% 정도의 질소를 함유한다. 그러므로 식품 중의 질소를 측정함으로써 조단백질crude protein의 함유량을 알 수 있다.

단백질은 대략 21종의 서로 다른 아미노산들이 펩티드 결합으로 이루어진 중합체polymers이며, 구성아미노산의 종류와 결합상태 또한 여러 가지이다.

1. 아미노산

'아미노산'은 동·식물체에 유리상태로 존재하기도 하나 대부분은 단백질의 구성성분으로 존재하며, 단백질을 산이나 단백질 분해효소로 완전히 가수분해하여 얻어진 것이다. 아미노산은 동일분자 내에 아미노기($-NH_2$)와 산성된 카르복시기($-COOH$)를 갖는 화합물이다.

단백질 구성아미노산의 종류는 α-아미노산 20여 종과 β-아미노산 2종이 있다. 단백질을 구성하는 아미노산 중 인체 내에서 합성되지 않기 때문에 영양상 외부로부터 섭취하지 않으면 안 되는 아미노산을 '필수아미노산'essential amino acid이라 한다. 식품 단백질 중 필수아미노산 함량은 영양적 평가의 기준이 된다. 필수아미노산은 크게 성인이 섭취해야 하는 8가지 필수아미노산과 성장기 아동이나 회복기 환자 등이 필요한 아르기닌, 히스티딘 등이 있다.

필수아미노산과 불필수아미노산

- 필수아미노산 : 이소류신, 류신, 리신, 메티오닌, 페닐알라닌, 트레오닌, 트립토판, 발린, 아르기닌, 히스티딘
- 불필수아미노산 : 알라닌, 아스파르트산, 시스테인, 글루탐산, 글리신, 프롤린, 세린, 티로신

2. 단백질의 분류 및 종류

단백질은 각각 구조적 특징, 출처, 용해성 등에 따라 분류된다. 섬유상 단백질과 구상 단백질, 식물성 단백질과 동물성 단백질, 단순 단백질과 복합 단백질, 유도 단백질 등이 그 예이다.

(1) 단순 단백질simple protein

아미노산으로만 구성되어 있는 구조가 간단한 단백질로, 산, 알칼리, 염용액, 유기용매 등에 대한 용해성에 의해 분류된다.

① 알부민albumins : 물, 산, 알칼리에 녹고 열응고성을 갖는다. 대체로 글로불린과 함께 동·식물계에 널리 분포한다.
예) 오브알부민ovalbumin – 난백, 락토알부민lactoalbumin – 유즙, 세럼알부민serumalbumin – 혈청, 미오겐myogen – 근육

② 글로불린globulin : 열응고성을 갖고 물에는 녹지 않으나 묽은 염류 용매에 녹는다.
예) 미오신myosin – 근육, 락토글로불린lactoglobulin – 우유, 오브글로불린ovglobulin – 난백, 세럼글로불린serumglobulin – 혈청, 글리시닌glycinin – 대두

③ 글루테린glutelin : 비열응고성을 갖고 물, 염류용액에는 난용성이며, 알코올에는 녹지 않는다. 곡류의 종자 등에 많이 함유되어 있다.
예) 오리제닌oryzenin – 쌀, 글루테닌glutenin – 밀, 홀데인hordenin – 보리

(2) 복합 단백질conjugated protein

단순 단백질에 비단백성 물질인 당질, 핵산, 지질, 인산, 색소, 금속 등이 결합된

것으로, 생체의 세포 내에 함유되어 생리적으로 중요한 활성을 지니며, 비단백성 물질에 따라 분류된다.

(3) 유도 단백질derived protein

단순 단백질에 속하지만 복합 단백질이 산, 알칼리, 효소 등의 화학적 산소의 작용 등으로 물리적으로 변성된 단백질을 의미한다. 콜라겐을 물과 가열할 때 얻어지는 젤라틴이 대표적이다.

3. 단백질의 기능

성장 및 체성분 구성 물질로서 손톱, 피부를 구성하며, 효소, 호르몬, 혈장 단백질의 형성에 필요하며, 삼투 압력의 유지를 통한 수분 평형의 조절, 체성분의 중성 유지 항체구성 성분 등이 된다.

4. 단백질의 에너지 발생

1g의 단백질은 4㎉를 공급한다. 단백질은 당질과 지질을 충분히 섭취해야 제기능을 할 수 있는데, 단식이나 신진대사율이 증가될 경우에는 당질과 지방에서 충분한 열량을 공급받지 못하게 되므로, 단백질이 에너지 생산을 위해 사용되어 신체조직의 소모가 일어난다.

5. 단백질 결핍증

① 퀴시오커kwashiorkor ② 성장장애 ③ 빈혈 ④ 부종

6. 단백질의 열량과 영양소

영양소 중에서 중요한 역할을 하는 당질, 지질, 단백질에 대해서 공통으로 중요한

것은 체내에서 연소되어 열을 발생하는 것이다. 단백질은 혈액이나 근육을 구성하는 성분으로 되나, 마지막에는 연소되어 에너지로서의 역할을 한다. 그래서 이 3가지의 영양소를 3대 열량소라고 한다.

이러한 영양소가 연소할 때에 어느 정도 열을 발생하는지에 대해 아는 것은 음식물의 영양을 고려하는데 있어서 중요하다. 현재 모든 식품의 발생되는 열량이 측정되어 있고, 열량을 재는 단위로 '칼로리'가 사용되고 있다. 식품에 함유된 열량소의 양만 알 수 있으면 몇 칼로리인가는 쉽게 계산할 수 있다.

예를 들어, 식빵 100g 중에 단백질 8g, 지질 1.5g, 당질 54.3g이 함유되어 있다고 하면, 8.0g × 4㎉ = 32.0㎉, 1.5g × 9㎉ = 13.5㎉, 54.3g × 4㎉ = 217㎉, 합계를 내면 262.7㎉이다. 따라서 식빵 100g은 263㎉를 낸다.

열량은 체온을 발생하고 에너지로 되기 때문에 그 열량에 의해서 운동량, 노동량이 변하게 된다. 운동량이 많을 때는 더 많은 열량을 필요로 한다. 따라서 많은 열량을 발생하는 음식물을 취하는 것은 원기 있게 활동할 수 있는 기초가 되는 것이다. 이와 같이 열량이라고 하는 것은 중요한 문제로 되어 있으나, 음식물의 영양상의 가치를 이것만으로 결정하는 것이 아니므로 주의하지 않으면 안 된다.

인간의 체내에서는 매일 열량으로 되는 영양소가 연소되고 있으며, 이것이 어떻게 사용되고 있는가 하는 것은 중요한 부분이다.

기초대사량

무의식적 활동(호흡 · 심장박동 · 혈액 운반 · 소화 등)에 필요한 열량을 기초대사량이라 하며 평상시보다 수면 시에는 10% 정도 감소하는데, 성인 남자의 기초대사량은 1,400~1,800㎉, 성인 여자의 기초대사량은 1,200~1,400㎉ 정도이다.

작업대사량

기초대사량 외에 활동하거나 식품을 소화 · 흡수하는 데 필요한 열량을 뜻한다.

기초대사에 영향을 주는 인자

- 체표면적이 클수록 소요 열량이 크다.
- 남자가 여지보다 소요 열량이 크다.
- 근육질인 사람이 지방질인 사람에 비해 소요 열량이 크다.
- 발열이 있는 사람은 소요 열량이 크다.
- 기온이 낮으면 소요 열량이 크다.

제8장 무기질

'회분'이라고도 하며 인체의 약 4%를 차지하는데, 인체를 구성하는 원소 중 C, H, O, N 등 유기성분이 되는 것을 제거한 원소를 통틀어 '무기질'이라 한다. 영양상 필수적인 것으로는 칼슘, 인, 칼륨, 황, 나트륨, 염소, 마그네슘(이상 다량요소), 철, 아연, 셀레늄, 망간, 구리, 요오드, 몰리브덴, 코발트, 불소, 크롬(이상 미량원소) 등이 있다.

1. 무기질의 기능

① 산과 염기의 평형 유지
② 생리적 반응을 위한 촉매
③ 필수적 신체구성 성분
④ 수분의 평형 유지
⑤ 신경의 자극 전달
⑥ 근육 수축성의 조절
⑦ 체조직의 성장

2. 무기질의 종류

① 칼슘(Ca)

칼슘은 체중의 1.5~2% 정도로서 99%는 골격이나 치아 같은데 경조직을 이루고, 1%는 혈액, 세포외액, 연조직에서 대사를 조절하고 있다. 또한 심장근육의 이완, 수축을 하여 중요한 기능 조절을 한다. 한국인 영양권장량에서는 1인 1일 700㎎을 권장하고 있다.

② 인(P)

인은 칼슘의 약 1/2 정도 체내에 존재한다. 칼슘과 결합되어 조직 구성에 있어서 세포의 분열과 재생, 대사과정에 중요작용을 하며, 지방과 결합된 인지질의 형태로 세포막을 이루고, 세포 내액에서는 완충작용도 한다. 인의 섭취 비율은 Ca : P으로서 1 : 1 정도가 적당하다.

③ 철(Fe)

철분은 약 3~5g 정도 들어 있는데, 이 중 60~70%는 필수적으로 필요하고 나머지는 저장된다. 적혈구 헤모글로빈에 많은 양으로 존재하며, 근육 미오글로빈myoglobin에 약 5%, 세포의 산화, 환원효소의 성분으로 약 1%가 들어 있다. 혈색소의 합성작용에도 필수적으로 약 1%가 필요하다. 이와 같은 혈색소는 허파에서 신체 각 조직으로 O_2를 운반하는 중요한 작용을 한다. 혈장 내에는 0.2%가 존재하고 있다.

우리 체내에는 약 2천억 개의 적혈구가 있는데, 매 분마다 1억5천만 개의 적혈구가 파괴되며 생성된다. 적혈구의 평균 수명은 120일이다. 철의 필요량은 성인 남자는 1일 12㎎, 성인 여자는 18㎎ 정도가 필요하다.

④ 마그네슘(Mg)

우리 몸 안에 20~25g이 들어 있다. 이 중 70%는 칼슘과 인과 결합되어 뼈에 들어 있고 나머지는 연조직과 체액에 있다. 또한 극미량으로 단백질대사에 관여하고 신경, 근육의 수축에도 관여하고 있다.

⑤ 나트륨(Na), 염소(Cl), 칼륨(K)

이 원소들은 서로 비슷한 기능을 하며 밀접한 관계를 가지고 있다. 나트륨은 전 무기질의 2%, 칼륨은 5%, 염소는 3%를 차지하고 체액과 조직액에 널리 들어 있다. 나트륨과 염소는 세포외액, 칼륨은 세포내액에 존재하면서 수분 균형의 유지, 삼투압 조절, 산, 염기의 균형 유지, 근육의 경련에 관여한다. 염화나트륨(NaCl) 필요량인 성인 1일 8~10g, 칼륨의 요구량은 1,000㎉당 0.8~1.5g이 필요하다. 땀을 많이 흘리게 되면 염화나트륨의 필요량이 높아진다.

⑥ 구리(Cu)

체중의 0.005% 이하 정도의 미량으로, 우리 체내에 필수적으로 필요하다. 적혈구의 성숙과정에 필요하고 철분의 흡수에도 관계되며, 부족하면 빈혈을 일으키는 원인이 될 수 있다. 간, 견과, 말린 콩, 조개류에 함유되어 있다.

⑦ 코발트(Co)

코발트는 비타민B_{12} 구성 요소로서 간접적으로 적혈구 형성에 중요한 작용을 하며, 부족하면 악성빈혈을 일으킬 수 있다.

⑧ 불소(F)

불소는 미량으로 어린이 충치예방 및 치아의 강도를 증가시키며, 골격의 강도를 증가시킨다. 과량 섭취하면 불소침착증fluorosis을 일으킬 수 있다. 성장기에 있는 어린이는 1일에 0.25~0.35㎎을 음료수에 첨가하여 섭취하도록 한다. 보통 성인병은 별 지장이 없다.

⑨ 요오드(I)

요오드는 갑상선이 정상적으로 활동하는데 필수적으로 필요한 영양소이다. 요오드가 부족하면 성장이 지연되고 갑상선 호르몬은 세포 내에서의 산화속도에 영향을 미치므로 열량대사가 정상적으로 이루어지지 않는다. 특히 임산부는 부족하면 불임증과 기형아를 낳게 된다. 분포식품은 해조류, 어육 등에 많다.

⑩ 아연(Zn)

적혈구와 인슐린의 구성 성분으로, 해산물, 달걀, 두류 등에 많다.

제9장 비타민

비타민은 크게 둘로 나누어서, 지방에 녹는 '지용성'과 물에 녹는 '수용성'으로 구별될 수 있다. 지방에 녹는 것은 비타민A, D, E, F, K 등이고, 물에 녹는 것으로는 비타민B_1, B_2, B_6, B_{12}, C, P, 나이아신 등이 있다.

1. 비타민의 성질

1) 지용성 비타민

① 기름과 유지 용매에 용해된다.
② 섭취량이 필요량 이상이 되면 체내에 저장된다.
③ 배설되지 않는다.
④ 결핍 증세가 서서히 나타난다.
⑤ 매일 식사에서 공급할 필요는 없다.

2) 수용성 비타민

① 물에 용해된다.
② 필요량만 체내에 보유된다.
③ 여분은 요로 배설된다.
④ 결핍증세가 빨리 나타난다.
⑤ 매일 식사에서 공급되어야 한다.

2. 비타민의 기능과 특성

① 유기물질로 되어 있다.
② 필수물질이나 미량이 필요하다.
③ 에너지나 신체의 구성 물질로 사용되지 않는다.
④ 대사작용 조절물질, 즉 보조효소의 역할을 한다.
⑤ 여러 가지 결핍증을 예방 또는 방지한다.
⑥ 대부분 체내에서 합성되지 않으므로 음식물을 통해서 공급되어야 한다.

3. 비타민의 분류

1) 지용성 비타민

(1) 비타민A retinol : 레티놀

열에 안정하고 산 또는 빛에 약하다.

- 성장과 생식에 깊은 관계가 있어서 부족하면 정상적으로 발육되지 않고, 임신하는 힘이 저하되며 임신되어도 태아의 발육이 나쁘고 수유(授乳)도 정상적으로 되지 않는다.
- 피부점막을 보호하여 항상 피부를 촉촉하게 하고 호흡기, 소화기 등에서 점액 분비를 정상 유지한다. 부족하면 눈의 각막(角膜), 결막(結膜), 기관(氣管)의 점막 등이 해를 입으며, 각막 건조증이나 결막염에 걸리게 되고 점막으로 세균이 침입하여 질병을 일으키기 쉽다. 또한 전염병에 대한 감수성이 약해진다.
- 시력에 관계가 깊어 부족하면 시력이 저하되고, 특히 약한 빛에 대한 감각이 약하게 되어 야맹증으로 된다. 여기서 중요한 것은 우리들이 먹는 식품 중 어떠한 것에 함유되어 있는가 하는 것이다.

식물성 식품에는 비타민A가 함유되어 있지 않으나 같은 작용을 하는 카로틴이 포함되어 있다. 이것은 동물의 몸에 들어오면 비타민A로 되어 이용된다. 그러나 흡수율이 낮아 그 효과는 대체로 1/3 정도로 본다.

동물성 식품에는 뱀장어, 소, 돼지의 간, 난황, 버터 등에 많고, 채소에는 시금치, 홍당무 등 녹황색 채소로 알려진 것에 많이 포함되어 있다. 이러한 채소를 지방과 함께 섭취하면 체내에 들어와서 비타민A로서의 효력을 발생한다.

(2) 비타민D calciferol : 칼시페놀

열이나 산소에 의해 분해되기 어려우며 안정하다. 칼슘이나 인산을 결합시키고 뼈나 이에 침착시켜 뼈를 성장시키는데 필요한 것으로서, 부족하면 뼈가 정상적으로 발육이 될 수 없다. 뼈가 구부러지고 충치가 생기며 결핍되면 구루병으로 된다.

비타민D를 반드시 식품에서 취하지 않아도 우리들의 몸은 일광을 받으면(특히 자외선) 피하에서 비타민D가 만들어진다. 비타민D의 기원은 에르고스테롤이다. 따라서 노력해서 일광욕을 하는 것이 중요하고, 이러한 기회를 얻지 못할 때, 혹은 오랜 기간 빛이 쪼이지 않는 지방에서는 특히 식품에서 취하는 것에 주의하지 않으면 안된다. 이것을 많이 함유한 식품으로는 말린 고기, 말린 물고기, 일광에 건조된 식품 등이 있다.

(3) 비타민E tocopherol : 토코페놀

열에 매우 안정하며, 항산화제로 효력이 있다. 출산과 관계가 있다고 하여 토코페롤(자손 번식)이라고 부르며, 부족하면 동물은 불임증, 인간은 노화현상이 촉진된다. 비타민A의 산화를 막고 흡수를 돕는다.

(4) 비타민F 필수지방산 : essential fatty acid

지방산 중에는 생체 내에서 합성되지 않은데, 성장과 영양에 꼭 필요한 것이 있다. 바로 필수지방산으로 리놀레산, 리놀렌산, 아라키돈산 등이 있다. 식물성 기름에 많이 들어있으며 부족하면 피부염, 피부 건조증이 생긴다.

(5) 비타민K phylloquinone : 필로키논

혈액의 응고에 필요한 작용을 하고 부족하면 출혈되기 쉬우며, 주로 열에 안정하고 알칼리나 빛에는 불안정하다. 양배추, 시금치 등에 함유되어 있다. 장내 세균에 의해 합성된다.

2) 수용성 비타민

(1) 비타민B_1 thiamine : 티아민

열에 비교적 강하고 자외선으로 분해되며 알칼리에도 분해된다(약산성에는 100℃, 30분에 견딘다). 맨 먼저 발견하였으며, 그 연구도 상당히 진보되어 일반적으로 널리 이용되고 있는 것 중 하나이다.

비타민B_1은 위액의 분비를 촉진시키고 식욕을 증진시킨다. 부족하면 각기(脚氣) 증상이 일어나고 식욕이 없어지며 위장의 작용도 약해진다. 쉽게 피로를 느끼고 정신활동이 둔하게 되는 등 정신적인 면에도 영향을 끼친다.

비타민B_1은 당질이 완전히 영양으로 되는데 있어 매우 중요한 역할을 한다. 당질이 소화가 되면 포도당으로 되는데, 포도당이 분해될 때 필요한 것이 비타민B_1이다. 일상의 식사에서 당질을 많이 섭취하는 한국인의 식생활을 볼 때, 비타민B_1은 더욱 그 필요성을 갖는다.

비타민B_1은 곡류 등에 많이 함유되어 있는데, 정백하면 비타민B_1을 함유하고 있는 부분을 버리게 되므로 주의해야 한다. 쌀을 씻거나 밥을 지을 때에도 소실되므로 조리할 때 물에 녹는 것, 열에 의하여 잃어버리는 것도 생각할 필요가 있다(30% 정도의 손실이 있다).

비타민B_1은 맥류(麥類), 감자류, 땅콩, 돼지고기, 어육(魚肉) 소시지 등에 많이 함유되고 있다.

(2) 비타민B_2 riboflavin : 리보플라빈

알칼리에 약하고 빛에 분해되기 쉬우며, 열이나 산에는 어느 정도 안정하다. 성장촉진 작용을 하며 피부나 점막을 보호한다. 부족한 상태가 계속되면 구각염(口角炎)

이나 설염(舌炎)이 생기기 쉽고 몸의 저항력이 약해진다. 한국인에게 부족한 비타민이므로 일상의 식사에서 유의해야 한다. 우유 · 달걀 · 유제품, 기타 동물성 식품, 콩류 등에 많이 함유되어 있다.

(3) 비타민B_6pyridoxine : 피리독신

항피부염성 비타민으로 부족할 염려는 없다. 결핵 치료약을 장기 복용할 때 일시적인 부족증이 나타난다.

(4) 비타민$_{12}$cobalamin : 코발라민

Co와 P을 함유한 적색 결정의 비타민으로, 부족하면 악성빈혈이 생긴다.

(5) 나이아신nicotinic acid

열에 강하고 알칼리성에 안정하며, 펠라그라라는 피부병을 예방하는 작용이 있다. 생채소 · 근채소 · 근채(根菜) · 쌀겨 · 내장 · 연어 · 육류 등에 함유되어 있다.

(6) 비타민Cascorbic acid : 아스코르빈산

오랫동안 항해를 하는 승무원들 대부분이 괴혈병에 걸림으로써 발견된 비타민이다. 영양소 중 가장 불안정하다. 알칼리에 약하며, 공기에 노출되면 산소 때문에 산화되고, 끓이면 열에 의해 파괴되며, 물에 잘 녹는다. 조리할 때 제일 주의해야 하는 영양소이다.

체내에서 세포와 세포의 사이를 튼튼하게 합치는 역할에 관계하고, 혈관 벽을 튼튼하게 지킨다. 또한 대사작용을 돕고, 모세혈관이 정상 유지 · 철분흡수 촉진 · 간장보호 · 피로회복 · 혈액정화 · 식욕증진 등이 있다. 부족하면 출혈을 일으키기 쉽고 뼈(軟骨)의 형성이 불충분해지며, 근육이 약해지고 세균에 대한 저항력도 약해진다. 체내에 저장되지 않기 때문에 항상 부족하지 않도록 보충할 필요가 있다.

과일 중에서는 딸기와 감귤류에 많은데 그대로 섭취되기 때문에 효과적이며, 기타 채소류에도 많이 함유되어 있는데, 조리상의 주의를 잊어버리지 않는 것이 중요하다.

영양권장량으로 성인 1인 1일당 55㎎을 정하고 있다.

(7) 비타민P

비타민C와 비슷하며, 모세혈관을 튼튼하게 하는 작용이 있고, 레몬껍질 또는 메밀 등에 많이 함유되어 있다.

제10장 **소화와 흡수**

음식물이 소화기관을 통하는 사이 작아져 몸에 흡수되기 쉬운 상태로 되는 것을 '소화'라고 한다. 소화에는 '기계적인 소화'와 '화학적인 소화'가 있으며, 소화작용을 하는 기관으로는 입, 위, 작은창자, 큰창자 등이 있다.

1. 소화작용

① 침에 있는 효소
- 프티알린 : 전분 → 맥아당
- 말타아제 : 맥아당 → 포도당

② 위액에 있는 효소
- 펩신 : 단백질 → 펩톤
- 레닌 : 우유 → 응고
- 리파아제 : 지방 → 지방산 + 글리세롤

③ 췌액에 있는 효소
- 아밀롭신 : 전분 → 맥아당
- 트립신 : 단백질과 펩톤 → 아미노산
- 스테압신 : 지방 → 지방산 + 글리세롤

④ 장액에 있는 효소
- 에렙신 : 단백질과 펩톤 → 아미노산
- 사카라이제 : 자당 → 포도당 + 과당

- 말타아제 : 맥아당 → 포도당
- 락타아제 : 젖당 → 포도당 + 갈락토오스
- 리파아제 : 지방 → 지방산 + 글리세롤

2. 흡수

탄수화물은 단당류로 분해 · 흡수되고, 지방은 지방산과 글리세롤로 분해되어 위와 장에서 흡수되며, 단백질은 아미노산으로 분해되어 장에서 흡수된다. 수용성 영양소는 소장 벽 융털의 모세혈관으로 흡수되며, 지용성 영양소는 림프관으로 흡수된다. 물은 대장에서 흡수된다.

제11장 **식품의 맛**

식품은 각각 그 특유한 맛을 지니고 있으며, 맛은 식품의 품질을 결정하는 중요한 요소이다. 식품의 맛은 혀 표면의 미뢰(味蕾)라는 미각신경이 정미(呈味) 물질의 화학적인 자극을 받아 일어나는 감각이다. 맛의 종류는 매우 다양하며 과학적으로 해명하고 정확히 분류하기는 어렵지만, 기본적으로 헤닝henning의 4원미에 기초하여 '기본적인 맛'(단맛, 신맛, 쓴맛, 짠맛)과 '보조적인 맛'(매운맛, 감칠맛, 떫은맛, 구수한 맛, 금속맛, 알칼리 맛, 썩은맛, 아린맛 등)으로 나눈다. 한편 동양에서는 크게 노자의 5미(단맛, 쓴맛, 신맛, 짠맛, 매운맛)와 불교의 6미(단맛, 쓴맛, 신맛, 짠맛, 매운맛, 담백한 맛)로 분류된다.

1. 미각의 분포도

4가지 기본 맛에 대한 감수도(感受度)가 혀의 부위에 따라 차이가 있다는 사실은 잘 알려져 있다. 즉 혀의 미뢰에 있어서 맛 성분에 따라 강하게 느끼는 부위가 각각 다른 것이다. 일반적으로 단맛은 혀의 끝 부분으로 느끼고, 짠맛은 혀 전체, 신맛은 혀의 양쪽 둘레, 쓴맛은 혀의 안쪽 부분에서 예민하게 느낀다. 맛을 느끼는 속도도 조금씩 차이가 있는데, 짠맛을 가장 먼저 느끼고, 단맛 → 신맛 → 쓴맛의 순서로 느낀다.

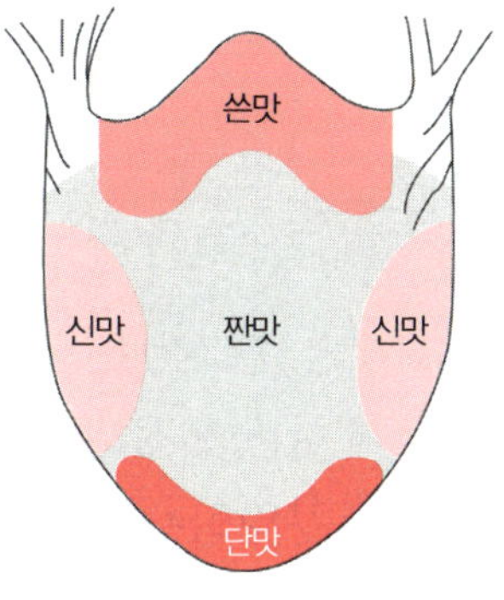

혀의 맛 감각분포

혀가 부위별로 다른 맛을 느끼는 것은 각 부위에 특정한 맛을 느끼는 미세포가 있기 때문이다.

2. 미각의 변화

1) 미각의 역가threshold value

맛의 민감도를 수량적으로 나타낼 수는 없으나 역가를 이용하여 미각의 정도를 비교할 수 있다. 맛을 인식할 수 있는 최저 농도, 즉 정미성분이 명백히 느껴지는 최저 농도를 그 성분의 '역가' 혹은 '역치'라고 하는데, 일반적으로 쓴맛은 민감도가 높고 단맛은 가장 낮으며, 남자보다 여자가 정미성분에 더 민감하다. 그러나 이와 같은 역가는 객관적인 방법에 의해 결정된 것이 아니고 주로 사람의 미각 수용기에 의한 주관적 방법에 의해 결정된다. 미각은 온도, 연령, 성별, 기질 등에 따라 제각각 다르기 때문에 통계학적 처리를 거쳐 역가가 정해져야 한다.

2) 온도에 의한 맛의 변화

일반적으로 혀의 미각은 10~40℃에서 잘 느껴지는데, 30℃에서 가장 예민하게 느끼며 온도가 낮아질수록 둔감해진다. 온도가 상승함에 따라 단맛은 증가하고 짠맛과 신맛은 감소된다. 단맛의 최적의 온도는 20~50℃이고, 신맛은 25~50℃, 쓴맛은 짠맛은 30~40℃, 매운맛은 50~60℃이다.

3) 맛의 혼합에 따른 변화

① 맛의 대비(강화) 효과 : 맛 성분의 물질, 즉 주된 맛 성분과 강한 쪽의 맛에 소량의 다른 맛 성분을 넣으면 강한 쪽 맛이 더욱 강해지는 현상으로, 단맛과 감칠맛 성분에는 짠맛이나 쓴맛이, 짠맛에는 신맛이, 감칠맛 성분에 소량의 짠맛 성분이 혼합되면 주된 맛 성분의 맛이 강해지는 대비효과contrast effect를 나타낸다. 예를 들어, 소금에 구연산 같은 유기산을 넣으면 짠맛이 강해지고, 단팥죽을 만들 때, 설탕에 소량의 소금을 넣으면 단맛이 더욱 강하게 느껴지는 것 등이다.

② 맛의 억제효과 : 서로 다른 맛 성분이 몇 가지 혼합되었을 때 주된 맛 성분의 맛이 약화되는 현상으로 맛의 억제효과inhibitory effect, 또는 맛의 손실효과라고

한다. 예를 들어, 커피에 설탕을 섞으면 쓴맛이 단맛에 의해 억제되고, 신맛이 강한 과일에 설탕을 넣으면 신맛이 억제되는 것 등이 그것이다.

③ 맛의 상승효과 : 같은 맛 성분 2종류를 혼합하면 각각 갖고 있는 맛보다 더욱 강하게 느껴지는 상태를 '맛의 상승'synergistic effect이라 한다.

4) 맛의 변조

한 종류의 맛 성분을 먹은 후, 다른 종류의 맛 성분을 입 안에 넣고 있으면 정상적인 맛이 느껴지지 않거나 다른 종류의 맛이 느껴지는 경우를 '맛의 변조'modulation; successive라 한다. 예를 들어, 짠맛, 쓴맛, 신맛의 식품을 맛 본 직후 맹물을 마셔도 단맛을 느끼고, 설탕을 맛본 직후는 신맛이나 쓴맛을 느끼게 되며, 오징어를 먹는 직후 식초나 밀감을 먹으면 쓴맛을 느끼는 것 등이다.

5) 미맹현상

미각의 이상 현상으로 식품의 맛을 정상인과 다르게 느낄 때 '미맹'tasteblind이라 한다. 예를 들어, 쓴맛 성분이 PTCphenyl thiocarbamide는 정상적인 사람에게는 쓴맛을 느끼게 하지만 일부 사람들은 느끼지 못하는 것 등이다.

3. 맛의 종류

1) 단맛

단맛은 좀더 진화된 미각으로 단맛을 갖고 있는 물질은 대개 유기화합물이며, 영양과 밀접한 관계를 갖고 있는데, 크게 천연 감미료와 인공 감미료로 구분된다. 감미물질에는 당류 · 당 · 알코올 · 아미노산, 일부 방향족 화합물 등이 있다. 단맛의 정도는 상대적 감미도로 나타내는데, 상대적 감미도란 10%의 설탕용액의 단맛을 100을 기준으로 삼아 이와 비교한 값이다. 당류의 단맛 순서는 과당이 가장 높고 그 다음이 전화당 〉설탕 〉포도당 〉엿당 〉젖당의 순서이다.

2) 짠맛

짠맛은 우리 식생활과 밀접한 정미물질로 소금으로 대표되는 맛이다. 또한 짠맛은 무기, 유기 염류의 해리된 이온의 맛으로 음이온(-)이 짠맛을 나타내고 양이온(+)이 짠맛을 강하게 하거나 부가적인 맛을 나타낸다. 소금 농도가 1~2%일 때 가장 기분 좋은 짠맛이 된다.

짠맛에 신맛이 섞이면 짠맛이 강화되고, 단맛이 더해지면 짠맛이 약해진다.

3) 신맛

쓴맛과 더불어 원시적 미각으로 알려져 있으나 음식물의 조미상으로는 중요한 역할을 하고 있으며, 식품 변질을 방지하는 보존효과가 우수하다. 신맛 성분은 산이 해리되어 생성된 수소 이온에 의한 맛으로 무기산, 유기산 등에 들어 있다. 신맛은 향기를 수반하는 경우가 많은데 미각을 자극하고 식욕을 촉진시킨다.

4) 쓴맛

식물 성분인 카닌 · 카페인 · 스트리키닌 같은 알칼로이드가 전형적인 쓴맛을 낸다. 일반적으로 알칼로이드는 독성을 갖는 것이 많으므로, 쓴맛은 인간의 자기 보존을 위한 본능적 감각이라고 할 수 있다. 그러나 음식물이 현대적인 기호에 있어서는 쓴맛이 식욕을 증진하고 맛에 변화와 힘을 주어서 감미 기타의 맛과 혼용함으로써 중요한 조미기술의 요소로 발달하고 있다. 맥주의 홉hop이 쓴맛이나 코코아의 쓴맛을 내는 테오브로민, 양귀비의 모르핀 등이 대표적인 쓴맛이다.

5) 매운맛

매운맛은 미각신경을 강하게 자극함으로써 생기는 통각pain feeling 또는 온도감각에서 일어나는 맛이다. 적당한 맛의 미각성분의 소화액의 분비를 촉진시키고 식욕을 증진시키며, 살균과 살충작용을 돕는다. 후추에는 피페린piperine, 차비신chavicine, 고추에는 캡사이신capsaicin, 마늘·양파에는 알리신allicin, 겨자에는 시니그린sinigrin, 생강에는 쇼가올shogaol·진제론zinferone이 매운맛의 대표적인 물질이다.

6) 맛난맛

맛난맛은 단백질 식품에서 많이 볼 수 있는 감칠맛과 구수한 맛이라고 할 수 있다. 아미노산, 펩티드, 뉴클레오티드, 유기염류 그리고 일부 유기산 등에 맛난 맛 성분이 들어 있고 호박산, 이노신산, 글루탐산나트륨, 구아닌산 등이 있다.

7) 떫은맛

미각의 마비에 의한 수렴성의 불쾌한 맛으로 독특한 풍미를 나타내며, 차의 제조에 중요한 맛 성분이다. 특히 미숙된 과일인 떫은감 등에서 느껴지는 맛으로, 혀의 점막단백질을 일시적으로 변성 응고시켜 미각신경 마비로 일어나는 수렴성(收斂性)의 불쾌한 맛 성분이다. 폴리페놀성 물질인 탄닌이 대표적 성분이다.

8) 아린맛

쓴맛과 떫은맛이 섞인 것과 같은 불쾌감을 주는 맛 성분이다. 무기염류, 배당체, 유기산, 탄닌 성분 등으로 구성된 아린 맛은 죽순, 고사리, 가지, 우엉, 토란 등에 함유되어 있다. 먹기 전에 물에 담가두면 제거가 가능하다.

9) 기타

철, 은, 주석 등 금속이온을 느끼는 금속 맛은 수저나 포크 등에서 느낄 수 있고, OH-이온에 의한 알칼리 맛은 중조나 재에서 느낄 수 있다. 이밖에 식품의 교질성을 혀와 입안의 점막을 통해 일종의 촉감을 느끼는 교질미 등이 있다.

4. 식품의 특수성분

① 생선 비린내 성분 : 트리메틸아민trimethylamine

② 참기름 : 세사몰sesamol

③ 마늘 : 알리신allicin

④ 고추 : 캡사이신capsaicine

⑤ 생강 : 진저론zingerone, 쇼가올

⑥ 후추 : 캬비신chavicine, 피페린piperine

⑦ 겨자 : 시니그린sinigrine

⑧ 와사비 : 아릴이소티오시아네이트allylisothiocyanate

제12장 **식품의 색**

식품은 각각 고유의 빛깔을 갖고 있으며 그 선도에 따라 빛깔이 다르게 변하므로, 식품의 색은 기호적 요인으로 식욕과 밀접한 관계가 있고 식품의 신선도, 즉 식품의 품질을 결정하는 하나의 척도가 된다. 조리하는 방법에 따라 선명하게 될 경우에는 먹음직스럽고, 색깔이 변하면 기호적인 가치를 저하시키고 영양 면에서도 가치가 떨어진다. 자연식품에 존재하는 색소는 대부분 밝고 선명한데, 오래 저장한 식품이나 가공식품은 회색이나 갈색을 가진 어두운 색으로 변한다. 자연식품 중의 색소들은 크게 식물성 색소와 동물성 색소로 그 출처에 따라 분류된다.

1. 식물성 식품의 색소

식물성 식품의 색은 대개 적색, 녹색, 황색을 띠며, 카로티노이드계와 클로로필 색소는 세포 원형질의 색소체에 들어 있으며 지용성이다. 반면, 프라보노이드계와 안토시안계 색소는 세포액에 녹아 있는 수용성 색소이다.

1) 클로로필

식물의 잎이나 줄기에 널리 분포하는 녹색의 색소로 엽록소에 존재하며, 식물의 광합성에 중요한 역할을 한다. 비타민C에도 함유되어 있어 클로로필chlorophyll이 많은 식품이 영양도 좋다. 물에 녹지 않으나 유기용매에는 잘 용해되며 산, 알칼리, 효소, 금속 등에 의해 변화가 일어난다.

① 산에 의한 변화 : 산을 가하면 갈색 물질인 페오피틴pheophytin이 형성되는데 김치, 오이김치, 단무지 등의 녹색 채소류가 변색하는 것은 발효에 의해 생성된

젖산이나 초산이 엽록소에 작용하기 때문이다.

② 알칼리에 의한 변화: 알칼리 용액에서는 짙은 녹색의 수용성인 클로로필린chlorophylline이 생성되어 안정된 초록색을 유지하므로, 채소를 삶을 때 소량의 중조(탄산수소나트륨)를 넣으면 선명한 녹색을 얻을 수 있다. 그러나 수용성 비타민의 손실이 크다.

③ 금속과의 반응: 클로로필은 구리, 철, 아연 등의 이온들이나 염과 함께 가열하면 매우 안정적이 되어 녹색이 유지된다. 예를 들어, 완두콩 등의 통조림 가공 시 소량의 황산구리($CuSO_4$)를 첨가하여 선명한 녹색을 유지시키는 것 등이다.

2) 카로티노이드

동물성 식품과 식물성 식품에 널리 분포하는 황색 · 등황색 · 적색 색소로, 배당체나 에스테르 형태 또는 단백질과 결합한 형태로 존재한다. 카로티노이드carotenoid란 이름은 당근의 색소인 카로틴에서 유래된 것으로, 물에는 녹지 않으나 기름에는 잘 녹는 프로비타민A의 작용이 있다. 산소를 갖지 않는 카로틴계 색소와 산소를 갖는 크산토필계 색소로 분류된다.

① 카로틴계carotenes : 탄소 · 수소로만 구성되어 있고, 주로 당근 · 고구마 · 호박, 일반 녹색식물에 존재하며, α-카로틴, β-카로틴, γ-카로틴, 리코펜lycopene으로 분류된다.

② 크산토필계xanthophylls : 탄소, 수소, 산소로 구성되어 있고 고추, 옥수수, 밀감, 버섯, 녹엽, 갈조류 등에 존재한다.

3) 플라보노이드

식물에 널리 분포하는 황색계통의 색소이며, 산에는 안정하나 알칼리에 불안정하며, 산성에서는 무색이고 경수로 가열하거나 알칼리 처리를 하면 황색을 띤다. 소다를 넣어 빵이나 튀김을 만들면 황색이 된다.

4) 안토시안

안토시안anthocyan은 식물의 꽃, 과실, 잎, 줄기 및 뿌리에 존재하는 적색, 자색, 청색의 색소이며 딸기, 포도 등의 과일에 함유되어 있다. 산성에서는 적색, 중성에서는 보라색, 알칼리에서는 청색을 띤다. 철 등의 금속이온과 결합하면 안정된 청색을 유지하는데, 예를 들어, 가지를 삶을 때 백반을 넣으면 아름다운 보라색을 지니게 된다. 특유의 선명한 색깔을 나타내지만 매우 불안정한 단점이 있기 때문에 가공하거나 저장 중에 급속히 변색되어 품질 저하의 요인이 되기도 한다.

2. 동물성 식품의 색소

근육에 분포하는 혈색소인 헤모글로빈과 근육색소인 미오글로빈myoglobin에 의해 수육 빛깔이 결정된다. 이들 색소는 모두 적색을 띠며 일부 카로티노이드 색소의 경우 대부분의 주요 색소는 미오글로빈이다. 전체 색소 함량의 90%가 미오글로빈이고, 나머지 10% 정도가 헤모글로빈hemoglobin 색소이다.

1) 미오글로빈

육색소(肉色素)라고도 하며, 미오글로빈 함량은 가축의 종류 · 연령 · 근육 부위에 따라 달라지며, 연령이 높아지거나 활동 빈도가 높았던 근육일수록 미오글로빈 함량이 증가하여 고기의 색깔이 진해진다. 적자색을 띠며 공기 중에 방치하면 옥시미오글로빈을 거쳐 회갈색의 메트미오글로빈으로 변한다. 가열 시에는 더욱 변화되어 메트미오글로빈의 글로빈이 분리되어 헤마틴hematin으로 변한다. 육가공 시에는 선홍색의 육색을 보존하기 위해 미오글로빈에 질산칼륨을 작용시켜 니트로소미오글로빈nutrosomyoglobin 형태로 변화시킨다.

2) 헤모글로빈

근육 중 모세 혈관에 분포하며 육색(肉色)에 영향을 미치는 동물의 혈색소로, 생체

내에서 산소 운반작용을 하며, 산화되면 옥시헤모글로빈을 거쳐 메트헤모글로빈이 된다. 선명한 적색을 띠지만 가열하거나 공기 중에 방치하면 산화되어 암갈색으로 변한다. 수육가공 시 질산칼륨이나 아질산칼륨을 작용시키면 니트로소헤모글로빈 nitrosohemoglobin이 되어 헤모글로빈의 선명한 빛깔(선홍색)을 유지시킬 수 있다.

3. 카로티노이드 색소

식물성 식품뿐만 아니라 동물성 식품에도 함유되어 있다. 주로 우유, 난황 등에 함유되어 있고 연어, 송어 등의 어류와 새우, 게, 바닷가재 등의 적색에도 아스타산틴이라는 카로티노이드계 색소가 포함되어 있다.

제13장 **식품의 냄새**

식품의 냄새는 그 맛이나 빛깔과 더불어 식품의 품질을 결정하는데, 중요한 요소이다. 식욕에도 많은 영향을 끼친다.

1. 냄새의 분류

냄새의 종류는 너무 많아 일일이 말로 표현하기도 힘들다. "비리다, 고소하다" 등으로 표현하기도 하지만, 대부분은 된장, 장미냄새 등과 같이 냄새를 발생하는 물질로 냄새의 종류를 표시한다.

맛을 4가지 기본 맛으로, 색을 삼원색 등으로 분류하는 것과는 달리 냄새에는 확립된 분류법이 아직 없다. 그러나 식품의 냄새는 미각이나 시각과 함께 식품의 외형적인 품질을 결정해 준다. 일반적으로 쾌감을 주는 냄새를 향香; odor이라 하고 불쾌감을 주는 냄새를 취臭; stink라 한다.

식품의 맛을 평가하는 경우에도 냄새와 함께 평가하는 경우가 많은데, 식품의 냄새와 맛이 혼연일체가 된 감각을 풍미風味; flavor라 한다. 자연식품의 냄새에는 과실류, 채소류, 향신료의 향, 그리고 수육이나 어류의 냄새 등이 있다.

2. 식물성 식품의 냄새

주로 알코올류, 에스테르류, 알데히드류, 테르펜류, 유황화물 등으로 분류한다.

3. 동물성 식품의 냄새

일부 알데히드류나 알코올류의 성분들도 관여하지만, 주로 휘발성 아민류, 유제품의 지방산과 카르보닐 화합물, 어패류의 비린내인 트리메틸아민TMA 등으로 분류한다.

제14장 **식품의 효소**

1. 효소의 일반적 성질

효소酵素; enzyme는 생물학적 반응을 촉매하는 생리활성을 나타내는 단백질로, 생활세포 내에서 생산되는 고분자 유기화합물이며 생체촉매라고도 부른다.

2. 식품에 관계되는 효소

1) 산화 · 환원 효소oxidoreductase

생체물질의 세포 내에서 산화 · 환원을 촉매하여 에너지를 방출하는 것에 관여하는 호흡효소이다. 식품성분의 손실 · 변색 등과 밀접한 관계가 있다.

① 산화 효소oxidase : 대표적인 것으로 페록시다아제(peroxidase), 카탈라아제catalase, 페놀라아제phenolase 등이 있다.

② 탈수소 효소dehydrogense : 대표적인 것으로, 피리딘pyridine 효소와 프라빈flavine 효소 등이 있다.

2) 가수분해 효소hydrolase

당질, 단백질, 지질, 에스테르 등의 가수분해 반응을 촉매하는 효소이다. 영양소의 소화 및 식품의 조리, 가공, 저장 등과 밀접한 관계이다.

① 카르보히드라아제carbohydrase : 탄수화물의 가수분해 효소로, 아밀라아제amylase, 사카라아제saccharase, 말타아제maltase, 락타아제lactase 등이 있다.

② 에스테라아제esterase : 에스테르 결합을 가수분해시키는 효소로, 대표적인 것으로는 유지를 지방산과 글리세롤로 분해하는 리파아제lipase가 있다.

③ 프로타아제protease : 단백질을 가수분해시켜서 아미노산을 생성하는 효소이며 펩신pepsin, 트립신trypsin, 펩티다아제peptidase, 레닌rennin 등이 있다.

제15장 식품의 변질과 보존법

1. 식품의 변질

식품을 아무런 보호와 보존방법이 없이 장기간 방치해 두면 차차 변화하여 외관이 변하고 성분이 파괴되며 향기 · 맛 등이 달라져서, 그 식품 원래의 특성을 잃게 된다.

이러한 현상을 '변질'이라고 하며, 미생물의 증식, 화학적 · 물리적 작용에 의해서 일어나는데, 식품 중의 효소, 수분, 일광, 온도, 산소 및 미생물 등 여러 가지 요인이 작용한다. 변질은 단순히 식품의 손상을 가져올 뿐 아니라 변질에 의해서 생긴 물질이 인체에 해로운 경우가 많아서 식중독 등을 일으키게 하는 경우가 많다.

변질의 주원인은 다음과 같다.

- 미생물의 번식
- 식품 자체의 효소작용
- 공기 중의 산화로 인한 비타민 파괴 및 지방산패

2. 변질의 종류

① 부패 : 부패란, 단백질을 주성분으로 하는 식품의 혐기성 세균의 번식에 의해 분해를 일으켜 아미노산이 생성되고 아민amine · 암모니아(HN_3) 등이 만들어지면서 악취를 내고 유해성 물질이 생성되는 현상을 말한다. 반면에 호기성 세균에 의한 단백질의 분해를 후란(朽爛)이라고 하는데 악취가 없다.

② 변패 : 단백질 이외의 성분을 갖는 식품이 미생물의 작용을 받아 변질되어 식용으로 할 수 없게 되는 현상을 말한다.

③ 산패 : 유지(油脂)를 방치하면 산화되어 과산화물의 생성으로 인하여 향기 · 색

깔·맛의 변화가 생겨 식용으로 할 수 없게 되는 현상을 말한다.

④ 발효: 식품 중의 탄수화물이 미생물의 작용으로 분해되어 부패산물로 여러 가지 유기산 또는 알코올 등 사람에게 유익한 물질로 변화되는 현상을 말한다.

3. 부패와 미생물

1) 세균류

식품에 번식해서 부패를 일으키는 세균을 총칭하여 '부패균'이라 한다.

① 슈도모나스: 그람 음성이며, 식품 중에서 번식이 빠르며, 부패작용이 강하다. 이 종류는 저온에서 번식하는 것이 많으며, 열에는 약하고 당분·염분이 많은 환경 또는 수분이 적으면 번식하지 못한다. 생선류·육류 등에 번식하는 부패세균이다.

② 바실루스: 그람 음성 간균이며, 열에 강한 아포를 만든다. 호기성이며, 특별한 종류의 것은 산소가 없는 상태에서도 번식한다. 비교적 고온에서 증식한다.

③ 클로스트리듐: 그람 양성의 간균이며, 열에 강한 아포를 만든다. 혐기성이므로 산소의 존재 하에서는 증식하지 못한다. 이 균에 의해 식품이 부패되면 강한 썩은 냄새가 난다.

④ 젖산균: 그람 양성의 간균이며, 약간의 호기성이다. 요구르트·치즈 등에 유익하게 작용하지만 부패세균으로 유제품·육제품·어육연제품·주정음료 등에는 나쁜 영향을 준다.

⑤ 미크로코쿠스: 그람 양성구균으로 널리 분포하나 부패작용은 약하다.

2) 곰팡이·효모류

곰팡이는 사상균이며 포자를 만든다. 식품의 부패를 일으키는 곰팡이는 털곰팡이 mucor·거미줄곰팡이rhizopus·누룩곰팡이aspergillus·푸른곰팡이penicillium 등이다. 효모는 단세포이며, 출아법으로 증식을 한다. 염분 · 당분이 많은 환경에서도 잘 견디며, 과즙 · 시럽 · 주류 등의 식품 부패 원인균이기도 하지만 대부분의 경우 발효식품에 많이 이용된다.

4. 식품을 보존하는 목적

① 부패나 변패 등에 의한 식품의 손실을 줄인다.
② 품질의 저하를 막고 영양가를 그대로 유지시킨다.
③ 운반에 편리하여 생산지로부터 멀리 떨어진 곳에까지 공급을 할 수 있고 생산되지 않는 시기에도 이용할 수 있다.
④ 변질된 식품을 섭취해서 발생되는 위생상의 위해 사고를 막을 수 있다. 보존방법은 주로 미생물의 번식조건을 깨뜨려서 보존하는 경우가 많다.

5. 보존법의 종류

1) 물리적 처리에 의한 보존방법

① 건조법(탈수법)

미생물의 생육에는 수분이 필요하므로 수분이 적으면 번식하지 못한다. 식품과 미생물에 따라 다르나, 대개 수분이 15% 이하이면 번식할 수 없다. 건조된 식품은 무게가 가볍고 부피가 적어지므로 수송이나 보관에도 적당하다.

건조방법에는 일광건조법(어류, 패류, 김, 오징어 등), 직화건조법(찻잎 등), 동결건조법(한천, 당면 등), 분무건조법(분유 등), 진공동결건조법(건조채소 등) 등이 있다.

② 냉장 · 냉동법

미생물은 생육 온도보다 낮은 온도(보통 10℃ 이하)에서는 활동이 둔해지며, 증식이 되지 않는다. 그러므로 식품을 얼리면 미생물은 생육에 필요한 수분도 얻을 수 없게 되어 번식하지 못한다.

방법에는 움저장(10℃ 정도에서 감자, 고구마, 채소 등을 저장하는 방법), 냉장(0~4℃에서 얼지 않을 정도로 저장하며, 채소, 과일, 육류 등에 적용), 냉동(-40℃ 이하에서 급속 냉동시켜 -20℃에서 저장하는데, 어패류 등이 장기간 저장된다) 등이 있다.

과일·야채류는 냉장과 병행하여 호흡억제를 위한 가스저장법을 실시(O_2 제거, N_2, CO_2 등 주입)

③ 가열살균법

가열로 식품에 붙어 있는 미생물을 죽이거나 효소를 파괴시킨 후 다시 미생물이 침입되지 않도록 밀봉해야 한다.

저온살균법(61~65℃에서 30분간 가열 후 급냉시킨다. 우유, 술, 주스, 소스 등에 이용하며 멸균되지 않는다), 초고온순간살균법(130~140℃에서 2초간 가열 후 급냉시킨다. 우유, 과즙 등), 고온단시간살균법(70~75℃에서 20초 내에 가열 후 급냉시킨다. 우유, 과즙 등), 고온장시간살균법(95~120℃에서 30~60분간 가열한다. 통조림 등), 초음파가열살균법(초음파로 단시간 처리한다) 등이 있다.

④ 조사살균법

자외선을 이용하거나 방사선을 이용하여 미생물을 사멸시키는 방법으로서 열이 필요 없는데, 자외선 살균법은 투과력이 약하므로 투명한 음료수 등에 이용되며, 방사선 살균법은 코발트 60 등을 이용하여 곡류, 축산물, 청과물 등에 쪼인다.

2) 화학적 처리에 의한 보존방법

① 염장법

소금에 절이는 방법으로서, 소금을 좋아하는 균을 제외한 보통의 미생물은 10% 정도의 소금농도에서 발육이 억제된다. 해산물, 채소, 육류 등의 저장에 이용한다.

② 당장법

진한 설탕액 중에 담그는 방법으로서, 소금과 마찬가지로 탈수작용에 의해 미생물의 발육을 저지시킨다. 설탕농도가 50% 정도이면 되나 약간의 산을 가하면 저장이 더 잘 된다. 젤리, 잼, 가당연유 등이 있다.

③ 산저장

초산 · 젖산 · 구연산 등을 이용하여 식품을 저장하는 방법으로서, 미생물의 생육에 필요한 pH 범위를 벗어나게 하는 것인데, 보통 식초(초산을 3~4% 함유)를 사용한다.

④ 화학물질 첨가

화학물질을 이용하여 미생물을 살균하거나 생육을 저지하여 효소의 작용을 억제시키는 방법으로서, 인체에 해가 없는 물건을 이용하여야 한다. 현재 화학적 합성품으로 된 식품첨가물을 법규로 지정하고 있는데, 용도에 따라 산화방지제, 합성보존제, 살균제, 피막제 등이 있다.

3) 발효 처리에 의한 방법

① 세균 · 효모의 응용

식품에 유용한 미생물을 번식시켜 유해한 미생물의 번식을 억제시키는 것으로, 보존 이외에도 맛을 좋게 한다. 김치, 치즈, 요구르트, 청국장, 식초, 주류, 빵 등이 이에 속한다.

② 곰팡이의 응용

식품에 특정한 곰팡이를 발육시켜 그의 작용에 유해 미생물의 발육을 저지시키는 것으로서 간장, 된장 등과 같은 장류공업에 이용된다.

4) 종합적 처리에 의한 방법

① 훈연법은 수지(樹脂)가 적은 나무를 불완전 연소시켜 이것으로 그슬려 저장하는 방법으로, 연기 중에 포름알데히드, 크레오소트, 메틸알코올, 페놀 등이 살균작

용을 한다. 이 방법은 세균의 번식을 막고 염장에 의한 방부효과를 높임과 동시에 특이한 향기로 식품의 풍미를 더해준다. 소시지, 햄, 베이컨 등의 제품이 있다. 주로 육류, 어류 등의 보존에 이용된다.

냉훈법(15~25℃), 온훈법(30~50℃), 열훈법(50℃ 이상)

② 염건법은 소금을 첨가한 다음 건조시켜 보존하는 것으로서, 어패류 등을 장시간 보존할 수 있다.
③ 조미법은 소금이나 설탕을 첨가하여 가열 처리한 조미가공품이다.
④ 밀봉법은 용기에 식품을 넣고 밀봉함으로써 수분 증발, 수분 흡수, 해충의 침범, 공기(산소)의 통과를 막아 보존하는 방법으로 통조림, 병조림, 레토르트식품 등이 있다.

「식품위생법」상의 규격과 기준

- 일반식품의 중금속 허용치 : 10ppm 이하(단, 두부 3ppm 이하, 갈색설탕·백색설탕·물엿·인스턴트커피·차·케첩 등은 5ppm 이하)
- 우유의 일반세균수 : 20,000/㎖ 이하
  우유의 대장균수 : 2/㎖ 이하
- 유산균 음료의 유산균수(혹은 효모수) : 10^6/㎖ 이상
- 유산균 발효유의 유산균수(혹은 효모수) : 10^7/㎖ 이상
- 고체식품의 비소 허용치 : 1.5ppm 이하
  액체식품의 비소 허용치 : 0.3ppm 이하
  조미료 식품의 비소 허용치 : 1.5ppm 이하
- 청량음료수의 납 함량 : 0.3ppm 이하
- 주류(酒類)의 메탄올 허용치 : 0.5㎎/㎖ 이하(맥주, 소주, 위스키, 청주, 고량주. 단 과실주, 포도주는 1.0㎎/㎖ 이하)
- 콩나물의 수은 함량 : 0.1ppm 이하
- 소주, 고량주의 동 함량 : 3ppm 이하
- 금속제 기구, 용기, 포장 : 납 10% 이상, 안티몬 5% 이상 함유하면 안 됨)
- 온도기준(표준온도 20℃, 미온 : 30~40℃, 찬 곳 : 0~15℃, 상온 : 15~25℃, 실온 : 1~35℃, 온탕 : 60~70℃, 열탕 : 100℃)

Cooking Theory

제4부 식품의 가공 및 저장

Cooking
Theory

제1장 식품의 가공

1. 식품의 가공 및 저장의 의미

식품을 가공 · 저장한다는 것은 식품의 변질과 부패의 원인을 막기 위해 적절한 가공과 저장법으로 신선도, 잉여식품 보존과 맛, 풍미, 감각 등의 식생활 개선에 이바지함을 의미한다.

2. 식품의 가공 및 저장의 목적

① 식품의 영양과 맛을 개선한다.
② 수송 및 저장의 간편 : 통조림, 병조림 등을 제조한다.
③ 이용이 불충분한 날것의 이용 범위를 넓힘과 동시에 식품의 가치를 높인다.
④ 식품의 이용기간을 연장하게 된다.

제2장 농산물 가공학

1. 곡류의 가공

1) 쌀

(1) 쌀의 구조

벼 낱알의 비율은 현미 80%, 왕겨층 20%로서 현미는 벼를 탈곡하여 왕겨층을 벗겨낸 것으로 과피, 종피, 호분층과 배유, 배아로 구성되어 있고, 호분층과 배아에 단백질, 지질, 비타민이 많이 분포되어 있다.

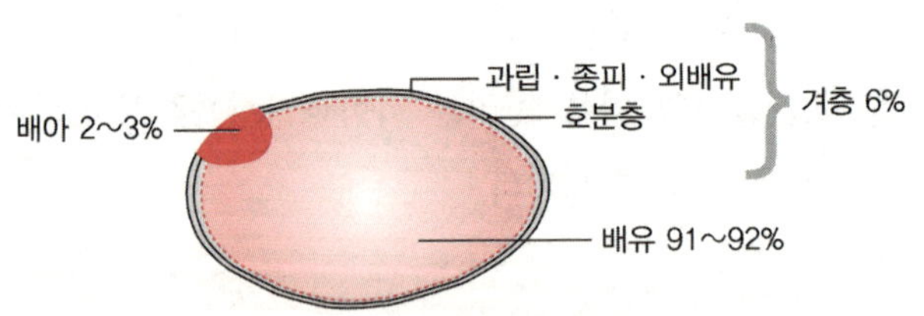

현미의 구조(단면도)

① 백미 : 우리가 주로 사용하는 것으로 현미를 도정하여 배유만 남은 것이다(주로 전분).

② 백미의 소화율 : 현미의 소화율이 90%인데 비해, 백미의 소화율은 98%이다.

③ 백미의 분도 : 현미 100에서 백미를 정백한 양을 말하며 도정에 의해서 정백의 비율이 커질수록 단백질 · 지방 · 섬유 및 비타민B_1이 감소된다(특히, 지방). 즉 분도의 수가 많아질수록 많이 깎여지는 것을 알 수 있다.

도정도	도정률(%)	도감률(%)
현 미	100	0
5분도미	96	4
7분도미	94	6
10분도미	92	8

④ 쌀겨의 이용 : 미강박과 미강유로 착유하여 사용하는데, 미강유는 식용하고 미강박은 사료로 쓴다.

(2) 쌀의 가공품

세계 인구의 절반 이상이 쌀을 주식으로 하고 있으므로 여러 가지로 이용되고 있는 실정이며, 쌀에 부족한 영양소를 보충하여 나오고 있다.

① 강화미
- Parboiled Rice : 벼를 물에 담갔다가 물을 빼고 쪄서 말린 다음에 도정한 것
- Converted Rice : 미국에서 위의 Parboiled Rice(파보일드 라이스)의 원리를 이용하여 공업적으로 제조한 쌀
- Premix Rice : 백미에 비타민B_1 · B_2 · 무기질 용액을 뿌려서 말린 것

② 건조쌀alpha rice : 쌀밥을 고온으로 건조시킨 것

③ 팽화미puffed rice : 고압으로 가열하여 압출한 것(튀밥)

④ 인조미 : 고구마전분 · 밀가루 · 외쇄미 등을 5 : 4 : 1의 비율로 혼합한 것

⑤ 종국류 : 감주, 된장, 술 제조에 쓰고, 그 밖에 증편, 식혜, 조청 등을 만든다.

(3) 쌀의 저장

쌀의 저장은 벼의 상태가 가장 좋다. 저장에 유리한 순위는 벼, 현미, 백미이다.

2) 보리

보리의 과피와 종피를 제거하고 배유부만 남는 것인데, 쌀과 달라 중앙에 홈이 있

어 약간의 호분층을 남기고 있다. 이것은 소화가 좋지 않아 눌러서 압맥으로 하는데 물도 가하여 도정한다.

① 압맥은 보리쌀의 수분을 14~16%로 조절하여 예열통에 넣고 간접적으로 60~80℃로 가열시킨 후 가열증기나 포화증기로써 수분을 25~30%로 하여 조직을 변화시킨 후 2개의 롤러 사이로 통과시켜 만든다.

② 할맥은 보리의 골에 들어 있는 섬유소를 제거한 것으로 조리하기가 간편하다.

③ 맥아

- 단맥아 : 고온에서 발아시켜 싹이 짧은 것. 싹의 길이가 보리알의 2/3~3/4이며, 맥주 양조용에 사용
- 장맥아 : 비교적 저온에서 발아시킨 것. 싹의 길이가 보리알의 1.5~2배이며, 식혜나 물엿 제조에 사용

3) 소맥(밀)

① 제분 : 밀의 입자는 보리에 비하여 골이 깊어서 정백(精白)은 곤란하나 가루로 만들기는 쉽다. 일반적으로 곡물을 제분하면 입자가 작아지며 표면적이 넓어져 소화율이 높아진다.

② 숙성 : 만들어진 제분을 일정한 기간 동안 숙성시키면 흰 빛깔을 띠게 되며, 숙성은 제빵에도 영향을 미친다.

소맥분의 계량제는 다음과 같다.

- 과산화벤조일[$(C_6H_6CO)_2O_2$]
- 이산화염소[ClO_2]
- 과황산암모늄[$(NH_4)_2S_2O_6$
- 브롬산칼륨[$KBrO_3$]
- 과붕산나트륨[$NaBO_3$]

③ 글루텐 함량에 따른 소맥분의 종류 : 밀가루를 물로 반죽하면 점탄성이 강한 글루텐gluten이 형성되는데, 이 성질을 이용하여 빵 · 국수 등을 만든다.

구 분	글루텐함량	용 도
강력분	13% 이상	빵, 마카로니
중력분	10~13%	국수, 만두
박력분	10% 미만	케이크, 튀김, 카스텔라

4) 제빵과 제면

(1) 제빵

주원료는 밀가루이며, 팽창제, 소금, 설탕, 유지 등의 부원료가 들어간다.

① 빵의 제조에 있어서의 분류

- 발효빵 : 이스트의 발효로 생긴 이산화탄소(CO_2)를 이용하여 만든 것
- 무발효빵 : 팽창제에 의해서 생긴 암모니아 및 CO_2를 이용하여 만든 빵(팽창제 : 베이킹파우더)

② 원료

- 빵의 밀가루 선별
  - 글루텐이 많고 어느 정도 밀가루의 알맹이가 굵은 것이 흡수력이 크다.
  - 시스테인, 시스틴, 글루타티온glutathione 등이 많으면 반죽이 단단해지고 탄성이 크며 CO_2의 보유력이 커서 제빵에 좋다.
  - 당분도 효모의 영양성분으로 중요한 작용을 한다.
- 효모Saccharomyces Cerevisiae : 효모는 반죽 안에 있는 포도당glucose을 발효시켜 CO_2로 반죽을 부풀어 오르게 한다. 건조효모의 사용량은 밀가루의 0.5~1%이면 충분하며 묽은 설탕물에 넣어 따뜻한 곳(30℃)에 3~4시간 보온하게 되면 CO_2가 발생되는데, 이것을 밀가루에 넣어서 반죽한다.
- 베이킹파우더 : 보통 약자 B.P.로 쓴다. 빵의 팽창제로서 가열하면 CO_2, 암모니아(NH_3)를 발생시키는데, 알칼리성을 띤다.
- 설탕 : 단맛 · 효모의 영양원 · 빛깔 · 향기를 좋게 한다(밀가루의 2~4%).

- 소금 : 설탕의 단맛을 강하게 하고 점성과 탄성을 증가시킨다. 적당량(1~2%)은 발육을 촉진시킨다.
- 지방 : 버터, 마가린, 라드, 쇼트닝 등. 빵을 연하게 하며 향기, 영양 및 맛을 좋게 한다.
- 달걀 : 영양가를 높이고 빛깔, 향기, 맛을 좋게 한다.

③ 발효빵의 원리

- 밀가루 반죽을 약 28℃, 습도 75%의 발효실에서 2~3시간 발효시킨다.
- 반죽이 팽창하면 가스gas를 빼고 다시 발효시킨다(가스를 빼는 것은 반죽의 온도와 발효를 고르게 하기 위한 것이다).
- 다시 30℃에서 습도 80~85%의 발효실에서 2~3시간 발효시킨다.

(2) 제면

① 원료

- 글루텐의 함량이 중간인 중력분을 선택한다(고구마 : 호화하여 연결). 메밀, 밀가루, 전분가루 등으로 메밀국수, 당면, 냉면, 국수, 마카로니 등을 만든다.
- 소금 첨가 : 밀가루의 글루텐을 파괴하는 프로테아제protease의 작용을 억제한다.
- 식용유를 넣을 경우(반고체) : 면이 서로 붙는 것을 방지한다.

② 제법 : 밀가루 → 혼합(소금물 첨가) → 반죽 → 면대제조 → 절단 → 건조 → 제품

- 마카로니 제법 : 강력분 밀가루를 약간 굵게 제분하여 상용한다. 재료는 밀가루 · 달걀 · 올리브유 · 소금을 사용한다.
- 당면 제법 : 동면이라고 하며 주로 고구마를 사용하여 만든다. 묽게 반죽하여 선상으로 끓는 물에 넣어 삶은 다음 동결시킨다.

5) 전분

전분은 '물에 침전하는 가루'라는 뜻으로, 화학적으로 사슬로 된 아밀로오스amylose

와 긴 사슬에 가지가 붙은 아밀로펙틴amylopectin으로 형성되어 있다. 고구마 · 감자는 전분의 원료로 많이 사용되고 있다(그 밖에 타피오카, 옥수수, 밀, 쌀).

① 제조과정

- 원료의 세척 · 마쇄
- 입자의 분리 : 탱크침전법 · 테이블침전 · 원심분리법 이용
- 정제 : 침전지에서 30~50시간 방치하면 침전되어 전분을 떠낼 수 있다.
- 건조, 제품

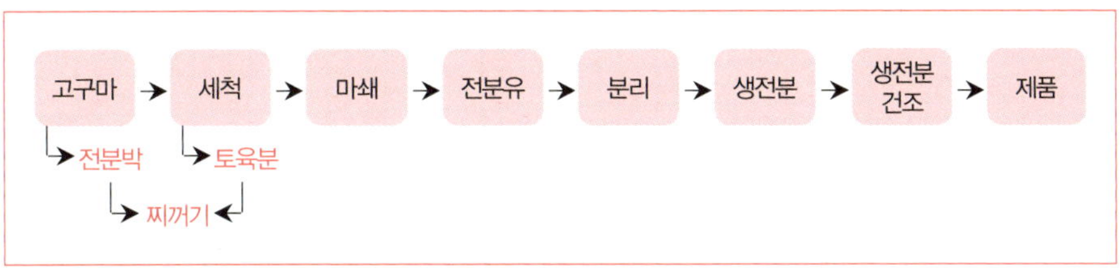

고구마 전분 제조공정

② 각종 전분입자의 크기 및 형태

종 류 모 양	전분입자의 크기(μ)	형 태	평균 크기(μ)
고구마	20~40	다면형	18
감자	5~100	계란형	50
옥수수	6~21	다면형	16
밀	5~40	볼록렌즈형	20
쌀	2~8	다면형	4

③ 전분의 이용

- 효소당화법 : 맥아(보리)를 발아시켜 제조, 보리를 20~25℃로 8일간 보리의 1.7~2.0배가 되도록 한다.
  - 맥아엿 제조 : 맥아는 맥아당 50~60%, dextrin 10~20%를 함유하고 있으므로 엿의 제조에 쓰인다(50~63℃로 5~6일간 가열).

- 산당화법 산으로 가수분해하여 당화한다.
- 염산법, 황산법, 수산법으로 전분당, 정제포도당을 만든다.

6) 두류의 가공과 저장

(1) 두류의 특성

① 단백질과 지방이 풍부한 작물로 입자가 큰 콩에 다량 함유되어 있고, 청색콩에는 다량의 단백질과 소량의 지방이 함유되어 있다. 이외에도 칼륨, 인 등의 무기질과 비타민B군이 많이 함유되어 있으며, 칼슘과 비타민A는 적게 함유되어 있다.

② 콩 단백질은 물로 추출하면 90%가 녹아 나오는데, 그 중 80% 이상이 글로불린globulin에 속하는 글리시닌glycinin으로 이루어져 있다.

③ 콩은 여러 가지 영양소를 함유한 이상적인 식품이지만, 조직이 단단하고 불소화성 당류가 들어 있어 장내에서 가스를 발생하기 쉽고, 헤마글루티닌(hemagglutinin)이 들어 있기 때문에 삶거나 볶아먹으면 단백질의 소화, 흡수를 어렵게 한다. 그러므로 적절히 가공하여 소화율과 영양가를 높여 먹는 것이 좋다.

④ 콩, 팥, 녹두, 완두, 강낭콩, 땅콩 등이 있고, 두류 가공품 중 중요한 것으로는 간장, 된장, 고추장, 청국장, 두부, 두유 등이 있다.

(2) 두류 가공품

① 된장

된장은 쌀이나 보리 등의 전분질 원료와 콩, 소금을 주원료로 하는데, 찐 콩과 코지koji를 넣고 물과 소금을 넣어 일정 기간 숙성시킨 대표적인 콩 발효식품이다. 된장은 메주를 쑬 때, 사용한 재료 종류와 양, 숙성기간, 소금의 양 등에 따라 풍미와 품질이 달라진다. 또한 된장의 구수한 맛은 아미노산과 전분이 분해되어 생성된 당과 발효가정에서 생성된 젖산, 호박산, 초산, 구연산 등의 유기산들이 혼합되어 생긴 맛이다. 재래식 된장은 메주로 간장을 담근 후 간장박에 소금을 넣어 만들며, 된장용 쌀 코지나 보리코지를 이용한 쌀된장, 보리된장, 콩된장 등이 있다.

코지koji

두류나 곡류를 분쇄하여 물과 누룩곰팡이를 넣어 30℃에서 2~3일 배양한 것으로 된장, 간장, 고추장에 사용된다.

② 간장

콩, 밀, 소금을 주원료로 발효시켜 만든 것으로 조리의 기본이 되는 조미료이다. 식염의 함량은 20% 정도이고 식염의 공급원이 되기도 한다. 간장은 소금물에 콩과 코지를 넣어 담는데, 코지 : 소금 : 물의 비율은 1 : 1 : 2이다. 간장의 숙성이 끝나면 여과하여 짠 후에 60~70℃에서 30분간 달인다.

③ 고추장

쌀, 밀가루, 보리 등의 전분질 원료와 콩, 소금, 고춧가루 등을 주원료로 만든 발효식품으로, 단맛, 구수한 맛, 짠맛, 매운맛 등이 적절히 어우러져 있는 우리나라의 전통 조미료이다. 고추장은 찐 찹쌀과 찐 콩에 황국을 접종시켜 2~3일간 25~35℃로 보온한 후, 코지를 만들어 건조·제분하고, 고춧가루와 엿기름을 넣어 2~3시간 60℃에서 당화시킨 다음, 소금을 넣고 섞으면 완성된다.

④ 청국장

대두와 소금, 그 밖의 향신료를 원료로 해서 납두균, 즉 청국장균bacillus natto : 호기성균으로 발효시킨 영양식품이다. 콩을 삶아 60℃로 식힌 뒤 대바구니 등에 볏짚과 함께 넣으면 납두균이 번식하여 끈끈한 점질물이 생성된다. 여기에 소금, 고춧가루, 마늘 등의 향신료를 넣고 마쇄하게 되면 특수한 풍미를 지닌 조미식품이 되는 것이다.

⑤ 템페temphe

주로 인도네시아에서 전통적으로 이용되고 있는 대두 발효식품으로, 대두를 물에 침지시켜 종피를 제거하여 삶은 후 2~3일 간 바나나잎에 싸서 발효시켜 만든 제품이다.

⑥ 두부

- 원리 : 콩단백질인 글리시닌glycinin이 무기염류에 의하여 응고되는 성질이 있다.
- 응고제(간수) : $MgCl_2$, $MgSO_4$, $CaSO_4$, $CaCl_2$
- 원료 : 황색 또는 흰색 콩과 응고제
- 제조방법
  - 콩을 2.5배가 될 때까지 불린다(겨울 : 24시간, 봄 · 가을 : 12~15시간, 여름 : 6~8시간).
  - 소량의 물을 첨가하여 마쇄
  - 가열 : 마쇄한 콩에 2~3배의 물을 넣어 30~40분간 가열
  - 착즙과 응고
    · 마대에 넣어 압착시켜 두유와 비지를 분리한다(냉각 전에).
    · 70~80℃가 되면 두유의 2%의 간수를 2~3회로 나누어 첨가한다.
    · 두유에 간수를 넣은 상태 → '순두부'

  * 전두부(全豆腐) : 전두부는 두부 전부가 응고되도록 상당히 진한 두유를 응고시켜, 탈수하지 않은 채로 구멍 없는 두부상자에 넣어 성형시킨 것이다. 그러므로 전두부는 두유의 영양소를 전부 보유하고 있을 뿐 아니라 외관이 매끈한 특징을 갖고 있다. 전두부에서 두유를 만들 때 원료 콩에 가하는 물의 양은 5~5.5배가 적당한데, 두유의 농도가 진하여 고형물이 10~25%, 단백질이 5~6% 정도가 된다.

  * 자루두부 : 자루두부는 냉각한 진한 두유를 응고제와 함께 플라스틱 필름 주머니에 넣고 묶은 후 가열하여 응고시킨 것이다.

  * 유부(기름 튀김두부) : 얇게 썬 두부를 어느 정도 수분을 제거하여 기름에 튀긴 것으로, 원래 두부보다 부피가 큰 특징이 있다. 생두부를 압착 · 탈수하여 낙화생유나 유채유로 2회 튀겨 만들어 낸다. 유부는 표면이 일시에 건조, 팽화, 경화되어 윤이 나는 황갈색의 향미가 우수한 제품이다.

⑦ 두유

두유soybean milk는 두부를 만들 때 생성되는 중간산물로, 콩을 수침한 후 미쇄와 여

과 · 가열과정을 거친 가공식품이다. 두유의 성분조성은 우유와 비슷한데, 우유에 알레르기가 있는 유아나 유당 소화에 어려움이 있는 성인에게 좋은 우유 대체음료이기도 하다. 두유에 함유된 단백질은 수용성 단백질로 85% 정도가 글리시닌과 콘글리시닌으로 이루어져 있다.

⑧ 땅콩버터peanut butter

땅콩을 볶아 속껍질을 제거하고 소금, 설탕, 물엿, 물 등의 조미액을 넣어 크림 상태의 페이스트paste로 만든 것으로, 비타민B_1, 나이아신 단백질 등이 많고 버터 대용이나 과자용, 조리용 등으로 다양하게 쓰이는 식품이다.

⑨ 팥고물

전분질이 많고 지질이 적게 함유된 것이 팥고물의 특징이다. 팥, 강낭콩, 잠두콩 등으로는 '팥고물'을 만들고, 그 중 강낭콩으로 흰고물을 만들어 과자나 양갱의 주재료로 이용되기도 한다.

⑩ 팥양갱

물에 한천을 넣고 끓이다가 설탕을 첨가하여 조린 다음, 팥고물을 넣고 교반하면서 눋지 않게 가열해야 한다. 그런 후에 냉각을 시켜 굳어지면 일정한 크기로 절단한 제품이 바로 '팥양갱'이다.

제3장 유지의 가공

식용유지는 크게 '식물유지'와 '동물유지'로 나눈다.

1. 유지 채취법

① 압착법 : 식물성 원료의 착유에 쓰이는데, 원료에 기계절인 압력을 가하여 기름을 짜는 방법이다.

② 추출법 : 원료를 휘발성 용제에 담그고 유지를 용제에 녹여서 그 용제를 휘발시켜 유지를 채취하는 방법이다.

③ 용출법 : 동물성 원료를 처리할 때 쓰이는데, 가열시켜 유지를 녹아나오게 하는 방법이다.

2. 유지의 정제

① 물리적 정제 : 침전, 여과, 원심분리

② 화학적 정제 : 탈검(레시틴 제거), 탈산(알칼리로 중화), 탈색(카로티노이드와 클로로필 제거), 탈취(가열증기, CO_2, 수소, 질소 등)

3. 가공유지(경화유) 제조원리

불포화지방산에 수소(H_2)를 첨가하고 촉매제로 니켈(Ni), 백금(Pt) 등을 사용하여 만든 유지, 마가린과 쇼트닝이 있다.

마가린의 제조

식물성, 동물성기름을 이용하여 유화제인 레시틴을 첨가하는데 소금, 비타민, 착색제(베타카로틴)로 25~35℃에서 유화시킨다. 이때 방향성분을 첨가한다.

제4장 과채류와 가공

1. 과채류의 특성

1) 과일의 특성

① 수분을 많이 함유하고 있어 저장성이 낮다.

② 포도당, 과당, 자당 등의 당분 및 만니톨mannitol 당알코올과 말산, 타르타르산, 시트르산 등의 산을 함유하고 있어 조화를 이룬 상쾌하고 시원한 맛을 낸다.

③ 방향성분인 에스테르류를 함유하고 있어 향기가 좋다.

④ 잘 익은 과일은 카로티노이드계 색소와 플라보노이드계, 안토시안계 색소 등을 함유하고 있어 색깔이 아름답고 기호성을 돋워준다.

⑤ 덜익은 과일이나 특정한 과일에 엽록소가 들어 있다.

⑥ 비타민C와 카로틴, 비타민B_1, B_2 등의 무기염류가 풍부하여 영양 면에서도 매우 중요하다.

⑦ 펙틴을 다량 함유하고 있어 매끈한 촉감을 주며 잼, 젤리 등으로 가공할 수 있다.

⑧ 소량 함유되어 있는 단백질은 과즙 중에 녹아 과일주스, 잼, 젤리 등으로 가공했을 때 제품을 흐리게 하지만, 끓이면 응고되어 표면에 쉽게 떠올라 제거할 수 있다.

⑨ 소량의 탄닌이 들어 있는 과일이 있어 제품의 색깔을 나쁘게 하기도 한다.

2) 채소의 특성

① 섬유질이 함유되어 있어 정장(整場)작용을 한다.

② 비타민과 무기지이 풍부하여 비타민의 급원이 된다.

③ 무기질, 특히 칼슘은 식물의 산성을 중화시켜 알칼리식품으로 유지시키는 조절 작용을 한다.

④ 과일류에 비해 엽록소를 많이 함유하고 있다.
⑤ 특수성분을 함유하고 있어 향신료로도 이용된다.

2. 과채류 가공품

1) 과일류 가공품

① 젤리jelly : 과일주스에 설탕을 첨가하고 가열 · 농축하여 젤라틴화가 일어나게 가공한 것으로, 투명하고 원료 과일의 방향을 갖는 것이 좋다. 용기에서 젤리를 꺼낼 때는 적당히 부드럽고 끊은 부분이 매끄러우며 모서리가 그대로 남는 것이 좋다.
② 잼jam : 과육에 설탕을 넣어 적당한 농도로 가열 · 농축한 것으로 젤리와 같은 조직을 갖게 한 것이다. 과일의 모양이 유지되지 않아도 상관없고 부서져서 흐려 있는 것이 대부분이다.
③ 마멀레이드marmalade : 젤리 속에 과일의 과육이나 과피의 조각을 섞은 것으로, 젤리와 달리 고형물이 과일주스로 이루어진 부분과 분명히 구별된다.

2) 채소류 가공품

① 침채류

침채류는 채소를 주원료로 하고 여기에 소금만 쓰거나 고추장, 간장, 된장, 술지게미나 쌀겨 중 한 가지 또는 여러 가지를 섞어 담는 것으로, 조리와 저장을 겸한 일종의 염장식품이다. 숙성기간 중 소금의 삼투작용, 효소작용, 각종 미생물에 의한 발효작용을 받아 독특한 맛과 풍미가 있다. 또한 원료가 되는 무, 배추, 고추 등은 비타민 B와 C를 공급하여 젖산균 등의 세균이 정장작용을 하는 등 영양적 가치도 높다. 침채류의 종류에는 배추김치, 동치미, 깍두기, 단무지, 오이지, 마늘 절임, 송이 절임, 피클 및 양배추 초절임인 사워크라우트sauerkraut 등이 있다.

② 기타

이 밖에도 기타 가공품으로는 채소류의 병조림, 통조림과 무말랭이 등의 건조채소가 있다. 또한 수프 재료로 쓰이는 양파, 마늘 등의 건조 분말도 있다.

3. 과채류의 저장

수확한 과일 및 채소는 산소를 섭취하여 효소적으로 산화되므로 이산화탄소를 내보내는 호흡작용을 하여 성분이 변화된다. 증산(蒸散)작용도 일어나 신선도나 무게가 변하게 되는데, 일반적으로 호흡작용은 수확 직후에 가장 왕성하고 시간이 경과함에 따라 점차 약해진다. 이와 같이 과채류는 육류나 어패류와 달리 수확 후에도 호흡, 생장, 추숙, 증산작용 등의 생활작용을 계속하므로, 과채류를 저장하는 것은 생활작용을 완만하게 영위시키는 것이라고 볼 수 있다.

① 냉장법

과채류의 저장온도는 종류에 따라 다르나 대체로 얼지 않는 범위의 저온인 0℃ 정도가 적당하다. 즉 저온저장은 실내공기를 0.2~0.3m/sec의 유속으로 유동시키는 동시에 온도를 0℃로 유지시키는 것이다. 이보다 낮은 온도에서는 세포사(細胞死)를 일으켜 급격하게 변질과 부패를 야기한다. 그러나 오이나 양파처럼 비교적 높은 온도에서 저장해야 하는 것도 있다. 오이는 13℃ 정도에서 가장 효과적인 저장을 할 수 있고, 양파는 10~20℃ 정도에서는 저장성이 낮지만 그 이상의 온도일 때는 오히려 저장성이 좋아진다.

② 피막제 저장

주로 과일의 저장에 이용되며, 몰호린 지방산염morpholin fatty acid salt, 초산 비닐수지polyvinyl acetate, 밀wax류 등이 피막제로 쓰인다. 이 중 왁스처리법은 저장물의 표면에 적당히 왁스를 발라 호흡작용을 억제하는 것으로, 저장에 사용되기보다 수분의 증산을 억제하여 출하 후 소비자에게 이르는 기간 동안 신선도를 유지하는 동시에 과일에 빛깔을 나게 하여 상품으로서의 외관상 가치를 높이는 방법이다. 그러나 방부효과는 별로 없다.

제5장 서류의 가공

1. 서류의 특징

① 서류 가공은 전분으로 가공하는 1차 가공과 1차 가공품을 원료로 포도당, 물엿 등으로 가공하는 2차 가공으로 나눌 수 있다.

② 서류의 식용 부분은 땅속 부분으로 고구마는 덩이뿌리에, 감자 · 토란 · 참마 · 뚱딴지의 경우는 땅속줄기에, 곤약은 둥근 뿌리에 각각 전분이 축적되어 발육 비대한 것을 식용한다.

2. 서류의 가공품

① 고구마, 감자 전분

전분은 식물계에 널리 분포되어 있어 식물의 종자, 감자, 고구마, 연뿌리 등에 저장 물질로 존재하며, 이들 식물세포 중에 입자 모양으로 존재한다. 전분입자의 크기, 모양 및 구조는 식물 종류에 따라 다를 뿐 아니라, 요오드에 대한 정색 정도에 따라서도 각각 다르다.

대체로 옥수수, 밀, 쌀 등의 지상 전분은 단백질이 전분 입자에 밀착되어 있으므로 전분입자를 분리하기가 어렵지만, 고구마나 감자 등의 지하전분은 전분입자가 쉽게 분리되어 전분을 만들기가 쉽다. 녹말 원료를 마쇄하여 침전시키면 비중의 차이에 의해 맨 밑에는 흙과 모래층이 섞인 전분층이 침전되고 중간에는 깨끗한 전분이, 맨 위에는 변성된 단백질과 섬유질이 섞인 전분이 침전된다. 이때 중간의 전분층을 분리하고 정제를 반복하여 전분을 얻게 되는 것이다.

전분은 포도당, 물엿 또는 발효법에 의한 글루탐산나트륨 등의 원료가 되기도 하고 맥주나 연제품 제조 또는 직물용으로도 쓰인다.

② 포테이토 칩

감자를 얇게 절단하여 기름에 튀긴 것이다. 품질이 좋은 포테이토 칩potato chip을 만들려면 원료감자의 선정이 중요한데, 전분이 다량 함유되어 있어 무거운 것일수록 좋다. 그러나 감자의 당분이 많으면 기름으로 튀길 때 착색이 되어 좋지 않다. 감자를 튀기는 온도가 높으면 칩에 기름이 적게 흡수되므로 기름에 의한 산패냄새가 나지 않아 좋다.

③ 매시 포테이토

감자를 알칼리액에 침지시킨 후 박피, 세척, 절단을 하고 더운물에서 예비 가열한 후 쪄서 분쇄한다. 이때 유화제와 변색 방지제를 첨가하여 건조시킨 것으로, 더운물을 부으면 곧바로 매시 포테이토mash potato가 된다. 건조 매시 포테이토의 경우, 제품을 재생시켜 매시 포테이토로 하였을 때 풀이나 아교 모양의 점주성을 띠면 안 되고 생감자에서 직접 조리한 것과 같은 것이어야 한다.

④ 곤약(구약)

곤약이라는 알뿌리를 주원료로 한 식품으로, 곤약가루를 물과 함께 삶아 호화시킨 후 응고제인 소석회를 넣어 응고시킨 것이다. 탄성이 있으며 특유의 겔gel을 형성하는 저칼로리성 식품이다.

제6장 축산물 가공학

1. 우유의 가공과 저장

근래에는 우유의 소비량이 늘어감에 따라 우유의 생산성이 늘어가면서 가공과 저장의 필요성이 증대되고 있다. 저장은 건조유와 동결유의 방법이 있으며, 살균법으로 저온 살균, 고온 단시간 살균, 초고온 살균, 적외선 살균, 초음파 살균법을 쓴다.

① 크림 : 우유에서 유지방을 분리한 것으로 포말크림(유지방 30~36%), 커피크림(유지방 18%), 발효크림이 있다.

② 버터 : 우유에서 크림을 천천히 교동시켜 지방이 물에 분산되도록 유화한 것이다(발효 버터, 무발효 버터).

버터의 제조공정

- 크림 중화 → 살균 발효 → 교동 → 세척 → 가염 연압
- 스트렙토코쿠스 락티스(streptococcus lactis) 등의 균을 증식시킨 종균(starter)으로 한다.

③ 치즈 : 우유에 레닌rennin을 가하여 분리된 파라카세인para-casein을 칼슘이온과 결합시킨 응고물인 커드curd를 가지고 만든다.

치즈의 제조공정

우유의 살균과 제균 → curd → curd 형성 → 가염 → 숙성

④ 가당연유 : 우유에 설탕을 가하여 농축시킨 것

⑤ 분유 : 유병식, 피막식, 분무식 건조법

⑥ 아이스크림 : 유지방, 고형성분(탈지유, 버터밀크, 탈지분유, 연유), 감미료, 달걀 제품, 안정제(겔 형성을 위한 것, 조직을 부드럽게 해주며, 균질된 제품을 만들며 녹는 것을 억제하는 작용이 있다)와 유화제를 사용하여 만든다.

⑦ 요구르트 : 1/2로 농축시킨 탈지유를 8%의 설탕을 넣고 살균하여 20~30℃로 냉각시킨 후 2%의 종균lactobacillus bulgaricus을 넣어 33~37℃로 4~5시간 발효시켜 젖산이 0.8%로 되면 곧 냉장시켜 식용한다.

⑧ 칼피스 : 젖산을 발효하여 설탕 · 향료 등을 가하여 시럽으로 만든다.

2. 육류의 가공과 저장

일반적으로 육류를 가공하려면 도살과 알맞게 해체를 하여야 용도에 따라 가공할 수 있다.

1) 가축과 가공저장

① 가축이 건강할 때 도살하는 것이 좋다. 도살 전에 충분히 계류시키고 하루 정도 단식을 시킨 다음, 충분히 급수하여 내장이 깨끗하게 되도록 하여 타액법 · 전살법을 사용하여 도살한다.

② 방혈을 시키고 60~65℃의 물에 5분간 넣어 털과 껍질을 벗기고 불순한 내용물을 제거한 후에 세척한다.

- 사후강직 : 동물이 도살되면 근육의 수축이 일어나 경직되는 것을 말하는데, 온도와 도살 전의 상태에 따라 다르다.
- 숙성 : 사후강직이 지난 후 효소의 작용으로 분해가 일어나 근육이 부드러워지는 현상이다.

2) 육류의 저장

* 건조 : 수분활성의 감소 - 건포
* 냉장 : 0~4℃ 단시일

* 냉동 : -10~-18℃에서 저장하면 소고기는 6~8개월, 돼지고기는 3~4개월 저장이 가능하다(냉동 시 급속냉동은 근섬유의 수축과 변형이 적다).

① 햄 · 소시지

햄과 소시지는 돼지고기의 특성을 이용한 것으로 염지 · 훈제하여 저장성과 풍미를 갖게 한 것이다. 좋은 제품을 생산하는 요령은 제조 중에 고기의 온도를 18℃ 이하로 하는 것과 원료의 콜로이드 상태와 접착성이 변하지 않아야 한다.

- 원료
  - 햄 : 돼지고기의 뒷다리를 사용한다.
  - 소시지 : 암돼지고기saw에 향신약초sage를 배합해서 만든다.
- 염지 : 원료의 고기에 염지제를 표면에 바른 다음 1~2일 방치하거나, 습염지법을 이용하여 10℃ 이하로 냉각한 조미액에 3~7일간 방치한다.
  - 염지제 : 소금, 질산나트륨sodium nitrate, 설탕, 후추
  - 염지액 : 염지제를 끓인 후 냉각
  - 향신료 : 후추, 육계, 타임thyme, 세이지sage
  - 조미액의 배합 비율은 물 100 : 소금 18~22 : 설탕 5.3~7 : 초석 0.6~0.7 : 향신료 0.3
- 훈연
  - 훈연을 하기 전 염지가 끝난 고기를 냉수에 담아 소금기를 빼고 모양을 고르게 한다.
  - 수지가 적은 참나무 등을 선택한다.
  - 훈연효과 : 건조, 풍미, 색깔, 지방에 대한 항산화 효과, 연화
- 훈연법의 종류
  - 열훈법 : 훈연할 때 온도를 80~85℃로 하고 훈연시간이 짧으나 저장성이 적다.
  - 온훈법 · 냉훈법 : 온훈법(30~50℃), 냉훈법(15~20℃)은 시간이 오래 걸리나 저장성이 좋다.
  - 전기훈연법 : 훈연 중 유효성분이 빨리 고기에 흡착, 훈연성분의 결합을 촉진시킨다.

- 액체훈연법 : 훈연의 성분을 가장 빨리 흡착시킨다(아미노산에 침지 후에 훈연하기도 한다).

② 베이컨 제법

돼지의 지방이 많은 복부고기를 원료로 하며 햄을 만드는 방법으로 염지 후 베이컨 핀bacon pin에 꽂아 33~38℃로 10시간 훈연한 후에 절단하여 포장한다.

3. 난(卵) 가공과 저장

1) 가공

알의 응고하기 쉬운 성질이나 풀어지기 쉬운 성질을 이용하여 가공한다. 알의 열에 의한 응고는 흰자는 58℃에서 응고되기 시작하여 80℃에서 완전히 굳어지고, 노른자는 100℃에서 완전히 굳어진다(반숙 65~68℃).

① 건조달걀 : 주로 분류하여 가루로 한다.
② 피단 : 중국요리로 알칼리에 침지하여 내용물을 응고하여 숙성시킨 것이다.
③ 마요네즈 : 노른자에 여러 가지 조미료와 향신료를 첨가하여 샐러드 오일을 떨어뜨리면서 교반하여 미립자의 상태로 혼합, 유화시킨 것이다.

2) 달걀의 저장

① 냉장법 : 0.5~1℃에서 6개월 간까지
② 가스저장법 : CO_2, N_2 속에서
③ 표면 도포법 : 규산소다 등을 표면에 입힌다.
④ 침지법 : 포화소금을 끓여 살균
⑤ 간이법 : 소금, 초목회, 톱밥, 왕겨 등에 묻는다(통풍이 잘되고 냉한 곳).

제7장 수산물 가공학

어류에는 일반적으로 근육이 연해 쉽게 변질되고, 독특한 냄새를 가지고 있어 가공저장을 필요로 하고 있는 식품이다.

1. 어패류의 저장

어패류는 선도의 저하가 대단히 빠르므로 어획 직후부터 선도관리를 잘하여야 한다.

① 어획물의 저장

- 소형어 : 세척 → 선별 → 입상 → 얼음첨가 → 선창
- 대형어 : 세척 → 절단 처리 → 세척 → 예냉 → 동결 → 냉장

② 해동

- 급속해동 : 가열(소량)
- 완만해동 : 물에 담가 해동(가정에서는 비닐봉지 등에 넣어서 해동)

2. 어패류의 가공

① 연제품

생선묵과 같이 겔화가 되도록 전분, 조미료, 증량제 등을 넣어 잘 으깨서 일정한 형으로 찌거나 굽거나 튀긴 것이다(흰살생선 이용). 미오신은 소금에 용해되는 성질이 있어 풀과 같이 되어 가열하면 굳는다. 신선도가 좋은 것을 선택하여 단백질myosin계 분자가 망상조직으로 단단하게 되는 원리를 이용하여 가공한다.

② 젓갈

어패류의 단백질이 펩톤peptone, 펩타이드peptide, 유기염기, 젖산, 아미노산 등으로 분해되어 감칠맛이 증가한다. 오징어젓, 새우젓, 멸치젓, 조개젓 등이 있는데 대부분 소금 20~30%를 사용한다. 새우젓은 6개월에 담는 것을 육젓이라 하며 대체로 삼복 직전에 담고, 멸치젓은 춘젓이라고 하여 봄에 담는 것이 맛이 있다.

3. 해조류의 가공

해조류는 녹조류(청태, 청각), 갈조류(미역, 다시마, 톳), 홍조류(김, 우뭇가사리)로 구분되면 대체적으로 건조 탈수하여 가공저장하고 있다.

① 해조류에 당질의 주성분인 점질물(갈락토오스galactose, 만노오스mannose, 글루쿠오스glucose, 프록토오스fructose, 크실로오스xylose, 아라비노오스arabinose, 우론산uronic 등으로 분해)로, 다시마는 알긴산이라고 하는데 칼슘, 나트륨염으로서 풀로 이용되거나 아이스크림, 과자 등에 이용된다.

② 마른김 : 김을 채취하여 발에 종이 모양으로 펴서 건조한다(겨울 것이 좋다).

③ 우무 · 한천 : 미생물의 배지, 과자, 아이스크림에 이용된다. 우뭇가사리를 삶아서 끈끈한 액으로 만들어 겔화한 것이 우무이고, 한천은 우무를 잘라서 동결시킨 것이다. 분말 한천은 점액을 분무 건조시킬 때 얻을 수 있다.

제8장 통조림 가공학

1. 통조림의 역사

니콜라 아페르Nicolas Appert는 경험으로 얻는 결론에 의해 어떠한 식품이라도 가열 후 밀봉하면 오랫동안 저장할 수 있다는 것을 고안해 냈다. 그 특성은 다음과 같다.

① 오래 저장할 수 있다.
② 저장과 운반이 편리하다.
③ 곧 먹을 수 있다.
④ 위생적이며 값이 싸다.
⑤ 수송이 편리하며 대량생산에 좋다.

2. 용기

1) 유리병의 특성

① 내용물을 쉽게 판별할 수 있다.
② 용기와 식품 간의 화학적 변화가 없다.
③ 과일, 채소 등 형태가 크고 반고체의 식품을 저장할 때는 입구가 큰 것을 쓰고, 입구가 작은 것에는 유동액을 보존한다.
④ 용기 자체가 유리이므로 수송에 유의하여야 한다. 재사용에 좋다.

2) 깡통의 특성

① 철판에 3%의 주석을 도금해서 만든다.

② 내용물을 쉽게 식별할 수 없어서 외관상의 변질만 알아볼 수 있다.
③ 용기와 식품 간의 화학적 반응이 있을 수 있다.
④ 수송이 간편하며 땜질로 완전 차단하기 때문에 오랫동안 보관할 수 있다.
⑤ 한 번 쓰면 버리게 된다.

3. 통조림과 병조림의 제법

통조림 제조의 3요소는 탈기, 밀봉, 살균이다.

① 통조림의 제조공정 : 원료 → 세정 → 조리 → 담기 → 조리액 채우기 → 탈기(脫氣) → 밀봉 → 살균 → 냉각 → 검사 → 상자에 넣어 포장하기 → 운반

② 통조림의 탈기 · 밀봉 : 재료를 선별하여 조리한 다음에 정해진 내용량을 깡통에 채운 뒤 내용물의 조직이나 깡통 안의 공기를 제거하기 위하여 수증기로 가열한 탈기장치(脫氣裝置) 속으로 통과시킨 다음, 밀봉하거나 또는 진공밀봉기를 사용하여 탈기와 밀봉을 동시에 행한다.

밀봉은 살균과 조작과 아울러 통조림 제조에 있어서 가장 중요한 공정으로서 캔 속에 미생물, 공기, 수분 등이 침입되는 것을 완전히 막아 제품의 변질이나 변패를 방지함으로써 장기간의 저장을 가능하게 하는 것이다.

③ 살균(가열살균) : 내용물에 붙어 있는 세균, 곰팡이, 효모 등의 미생물을 가열에 의하여 사멸시켜 변패를 막고 장기간의 저장성을 유지시킨다. 뜨거운 물이나 가압수증기로 살균하는데, 그 온도와 시간은 내용물의 종류, 캔의 크기 교반, 회전의 유무에 따라 달라진다.

과실류와 같은 알칼리성 식품의 경우, 캔 안에서 발육할 수 있는 미생물은 100℃ 이하에서 사멸시킬 수 있으나 채소류, 생선조개류, 육류 등은 세균의 번식이 왕성하고 특히 내열성 세균이 발육할 수 있으므로 이들을 사멸시키려면 105~115℃ 정도의 고온에서 장시간 가열 살균해야 한다.

④ 냉각 : 살균이 끝나면 곧 냉각시켜 품질의 변화와 캔 내면의 부식을 방지한다.

4. 통조림의 검사

① 외관검사 : 외상(外傷), 녹을 본다.
② 타관검사 : 타검봉으로 두들겨 소리와 진동에 의하여 품질을 확인한다(맑은 소리가 좋다).
③ 가온검사 : 세균의 증식과 화학 변화를 본다. 그밖에 진공검사, 개관검사 순서로 검사

5. 통조림의 변질

1) 외관상 변질

① 스웰swell
- 하드 스웰hard swell : 통조림 실관can의 양면이 강하게 팽창되어 손가락으로 눌러도 전혀 들어가지 않는 현상
- 소프트 스웰soft swell : 부푼 상태의 실관을 힘으로 누르면 다소 원상에 복귀되기는 하나 정상적인 상태를 유지할 수 없는 상태

② 수프링어springer : 과다한 양일 때
③ 플리퍼flipper : 탈기 부족 시
④ 리커leaker : 관권체의 불완전 침식(통조림, 통 자체를 말함)

2) 내용물의 변질

① 플랫 사워flat sour : 균학적 변질로 산미(酸味)를 내는 것
② 곰팡이의 발생
③ 빛깔의 변화
④ 펙틴pectin의 용출 : 미숙한 과일을 통조림하였을 때

통조림제조의 4요소

탈기 → 밀봉 → 살균 → 냉각

Retort Pouch 식품

통조림·병조림과 같이 저장성을 가진 식품으로 음료·비상식품·병원급식용·식품가공 등에 널리 이용된다. 특징은 통조림보다 살균시간의 단축 및 색깔·조직·풍미 및 영양가의 손실이 적다. 냉장·냉동할 필요가 없으며, 방부제를 첨가할 필요가 없고 포장의 다양성과 가열가온 시 시간이 절약된다.

Cooking Theory

제5부 **조리이론과 원가계산**

Cooking
Theory

제1장 조리과학

1. 조리의 개념 및 목적

1) 조리의 개념

조리란, 식품을 먹을 수 있는 상태로 만드는 과정이라 할 수 있다. 일반적으로 조리란, 식품에 물리적·화학적 조작을 가하여 합리적인 음식물로 하는 과정, 즉 식품을 위생적으로 적합한 처리를 한 후 먹기 좋고 소화하기 쉽도록 하며, 또한 맛있고 보기 좋게 하여 식욕이 나도록 하는 과정을 말한다. 음식은 안전하고 영양가뿐 아니라 기호성도 높여 즐겁게 먹을 수 있도록 만들어야 하며, 먹는 사람의 상태에 맞도록 조리해야 한다.

2) 조리의 목적

① 기호성 : 식품의 외관을 좋게 하며 맛있게 하기 위하여 행한다.
② 영양성 : 소화를 용이하게 하며 식품의 영양효율을 높이기 위하여 행한다.
③ 안전성 : 위생상 안전한 음식으로 만들기 위하여 행한다.
④ 저장성 : 저장성을 높이기 위하여 행한다.

2. 각국 조리의 특징

1) 한국요리

수육, 생선, 콩, 채소를 주재료로 하여 독특한 양념을 사용하는 요리로서 구이, 찜, 부침, 무침 등이 있다. 우리의 요리는 하나하나가 기호적(嗜好的)이고 조미료 배합이 우수하여 중국요리처럼 너무 기름지지도 않고, 일본요리처럼 너무 담백하지도 않는 중간적인 것으로 맛이 좋은 특징이 있다.

2) 서양요리

어패류, 조류, 수육 등의 식품을 동물성지방이나 생채소와 함께 많이 사용한다. 조리법이 다채롭고 향신료 등을 많이 사용한 소스가 발달되었으며, 프랑스, 영국, 미국, 기타 유럽의 요리를 통틀어서 서양요리라 부르고 있는데, 향신료의 활용이 우수하여 향(香)의 요리라고도 한다.

3) 중국요리

어패류, 조류, 수육 그리고 건물(乾物) 등의 식품을 교묘하게 조리하고 많은 양의 기름으로 농후하게 맛을 내는 요리이다. 재료의 사용 범위가 넓어 요리법의 종류도 많으므로 맛을 즐긴다는 것을 특징으로 하고 있다. 지방에 따른 특색요리가 있는데, 동쪽은 시고[산미(酸味)], 남쪽은 달고[감미(甘味)] 매우며[신미(辛未)], 북쪽은 짜다는 특색을 가지고 있다.

4) 일본요리

어패류나 채소를 주재료로 하는 요리가 많은데, 구이, 찜, 무침 등 크게 세 가지를 위주로 하고 있다. 관동, 관서로 맛에 차이가 있으나, 계절감(季節感)을 요리에 넣어 요리에 맞는 식기와 더불어 눈을 즐겁게 하는 특징이 있다. 기름의 사용이 적어서 영양상의 결함을 일으키기 쉬운 요리이다.

3. 조리방법

조리 내용을 정리해 보면 다음 세 가지로 분류할 수 있으며, 그 밖에 담기와 배선 등으로 조리는 끝나는 것이다.

1) 기계적 조리조작

저울에 달기, 씻기, 담그기, 갈기, 치대기, 섞기, 내리기, 무치기, 담기 등

2) 가열적 조리조작

① 습열(濕熱)에 의한 조리 : 삶기, 끓이기, 찌기
② 건열(乾熱)에 의한 조리 : 굽기, 석쇠구이, 볶기, 튀기기
③ 전자레인지에 의한 조리 : 초단파(전자파) 이용

3) 화학적 조리조작

효소(분해), 알칼리 물질(연화, 표백), 알코올(탈취, 방부), 금속염(金屬鹽; 응고) 조미 등 빵, 술, 된장 등은 위 세 가지 조리조작을 병용하여 만들어진 것이다.

4. 조리의 조작

1) 계량

주방에서는 계량컵, 계량스푼, 저울, 온도계, 시계 등을 반드시 비치하여 정확한 식품 및 조미료의 양, 조리의 온도와 시간 등을 알아야 편리하다. 식품을 남지 않게 사용하고, 항상 같은 맛의 요리를 만드는 데는 재료의 분량에 세심한 주의를 해야 한다. 계량컵을 사용할 경우 가루류의 것은 계량컵에 고봉으로 해서 헤라로 긁어낸다.

저울에는 분동저울, 용수철저울, 접시저울 등이 있으며, 수평이고 열이 없는 곳에 둔다. 온도계는 고온을 재는 경우에는 수은 온도계, 저온을 재는 경우에는 알코올 온도계가 좋다.

계량단위와 생략기호

Abbreviations	Equivalent
• f. g : few grains • t : teaspoon • T : tablespoon • C : cup • pt : pint • qt : quart • gal : gallon • oz : ounce • lb : pound • mℓ : milliliter • l : liter • g : gram	• 1T. = 3t. 1C = 240cc • 1t. = 5cc • 16T. = 1C. 8fluid oz. • 2C. = 1pt. = 16fluid oz. • 2pt. = 1pt. = 32fluid oz. • 4qt. 1gal. = 128 fluid oz. • 28.35g. = 1oz. (2T. fluid) • 16oz. = 1lb. or 453.6g • 1l. = 1000mℓ. or 1.06qt. • 2.2lb = 1kg.

2) 조리의 온도

조리기술에는 조리의 온도와 맛있게 먹을 수 있는 적온 등을 알아야 하는데, 대개 음식의 맛을 가장 잘 감지하는 온도는 25~30℃의 범위이다. 각 조리법에 따른 조리의 온도는 다음과 같다.

① 끓이는 것 : 끓이는 국은 100℃에서 가열한다.
② 찌는 것 : 수증기 속 100℃에서 가열하나 요리에 따라 85~90℃에서도 가열한다.
③ 굽는 것 : 식품을 오븐oven에 굽는 간접구이와 금속판이나 석쇠의 열로 160℃ 이상의 온도에서 가열하는 직접구이가 있다. 식품의 종류에 따라서 200℃를 넘게 굽는 경우도 많다.

오븐(oven)의 내부온도 : 200~220℃ : 빵 구이

• 230℃ : 고기류 구이 • 200~240℃ : 파이류

④ 튀기는 것 : 튀김의 적온(適溫)은 보통 160~180℃이지만, 수분이 많은 식품은 150℃, 튀김껍질이 없는 것은 130~140℃, 크로켓과 같이 내용이 미리 가열되어

있는 것은 180～190℃에서 재빨리 튀겨낸다.

3) 맛있게 먹을 수 있는 온도

음식의 온도는 맛과 풍미에 크게 영향을 주는 조건이 된다.

① 청량음료수 : 0～5℃
② 맥주 : 6～12℃
③ 이스트 발효온도 : 25～30℃
④ 밥 · 청국장 발효온도 : 40～45℃
⑤ 식혜 당화온도 : 55～65℃
⑥ 커피, 차 : 70～75℃
⑦ 전골, 찌개 : 95℃

4) 폐기량과 정미량

폐기량(廢棄量)이란, 보통 식습관 상 버리는 부분의 중량이고, 폐기율은 전 중량에 대한 폐기량을 퍼센트로 표시하는 것이다. 정미량(正味量)은 식품에서 폐기량을 제한 먹을 수 있는 부분의 중량이다.

5. 조리의 기본기술

조리라는 것은 영양상 좋은 식품을 소화하기 쉽고 위생적으로 처리함과 먹기 좋게 또한 아름답게 조작하는 것이다.

일상 사용되는 대부분의 식품은 어느 방법에 의해서라도 사람의 손이 간다. 식품은 각기 조리상의 특징을 가지고 있고, 영양학적 · 식품학적 · 물리학적인 지식과 기술을 충분히 이용하는 것이 맛있는 음식을 만드는데 중요한 점이다. 계절의 재료를 사용하여 배합을 잘해서 모양을 내고 아름다움을 만드는 것은 즐거운 일이다.

1) 가열조리

① 가열의 목적 : 식품을 가열함으로써 위생적으로 완전하게 하고 소화 · 흡수를 잘 할 수 있게 하기 위해서이다.

② 가열조리의 요점은 가열온도 조절, 가열시간 조절, 온도 분포의 균일화에 있다.

③ 열원(熱源)의 효율적인 사용을 위한 주의사항

- 최소량의 공기로 완전 연소시킬 것
- 화력의 조절을 할 것
- 열을 받아들이는 것을 효율적으로 할 것
- 여열(餘熱)을 이용할 것

④ 밥을 지을 때의 평균 열효율 : 전력 50~65%, 가스 45~55%, 장작 25~45%, 연탄 30~40%

2) 생식품 조리

① 생식의 목적 : 식품 자체가 가지고 있는 풍미나 미각을 그대로 살려서 먹을 수 있도록 하기 위해서이다.

② 생식품 조리시의 주의사항

- 위생적으로 취급할 것
- 항상 신선미를 갖도록 할 것
- 식품의 조직이나 섬유를 어느 정도 연하게 하여 불미성분(不味成分)을 없앨 것

3) 조리방법

(1) 튀김

① 튀기는 조리법은 고온의 기름 속에서 식품을 가열하는 조작이며, 열전도는 기름의 대류열에 의한다.

② 기름의 비열(比熱)은 0.47로서 열용량이 적기 때문에 온도의 변화가 심하고 온도 상승에 제한이 없다. 따라서 항상 불조절에 주의하여 온도관리를 하도록 하

여야 한다.

③ 식품의 고온의 기름 속에서 단시간 처리하면 영양소나 단맛의 손실이 적을 뿐 아니라, 기름에 의하여 열량이 증가되고 기름의 풍미가 식품에 부가된다.

④ 튀김에 사용하는 기름은 향미가 좋고 점조성이 없으며 산도가 높지 않은 대두유, 채종유, 미강유, 면실유, 올리브유, 동백유, 낙화생유 등의 식물성유가 좋다. 동물성유는 융점이 높아 입에 넣었을 때 체온에 의해 녹지 않으며 기름기가 남아 있게 되므로 튀김에 부적당하다.

⑤ 오래된 기름은 산패, 중합 등에 의해 점조도가 증가하여 튀길 때 산뜻하게 튀겨지지 않으며, 설사 등의 중독증상이 나타나게 된다.

⑥ 박력분이 없으면 중력분에 전분을 넣어 10~30% 정도 혼합하여 사용한다.

⑦ 튀김옷에 탄산수소나트륨을 0.2% 정도 넣는다.

⑧ 튀김옷은 반죽할 때 많이 젓지 않는다.

(2) 찜

① 찜은 수증기가 갖고 있는 잠열(1g당 539㎉)을 이용하여 식품을 가열하는 조리법이다.

② 찜은 시간이 다소 걸리지만 영양소의 손실이 적고, 온도의 분포도 골고루 되므로 식품이 흩어질 염려가 없다.

○ 찜의 장점

- 모양이 흩어지지 않는다.
- 수용성 물질의 용출이 끓이는 조작보다 적다.
- 식품이 탈 염려가 없다.

○ 찜할 때의 주의사항

- 식품을 찔 때는 도중에 조미를 할 수 없으므로 미리 가미하여야 하고, 찌는 도중에 뚜껑을 열게 되면 온도가 낮아져 식품이 잘 익지 못하므로 도중에 뚜껑을 열지 말아야 하며, 찌는 식품이 하부에 있는 물에 접촉되지 않아야 하므로 식품을 올려놓는 받침이 있어야 한다.

- 찐빵을 찔 때는 너무 압력이 가해지지 않도록 적당한 시간에 쪄내야 하고, 찰팥밥을 쪄낼 때는 도중에 물을 뿌려서 팥이 잘 무르익도록 해야 하며, 달걀요리는 응고온도에 맞추어서 지나치게 굳어지지 않도록 시간에 주의해야 한다.

(3) 볶음

적량의 기름을 충분히 가열해서 물기가 없는 재료를 강한 불에다 볶는 요리로서 구리와 튀김의 중간요리이다. 중국요리에 많고 서양요리에는 버터볶음이 많다. 그러나 양자가 약간 다른 점이 있다. 볶음의 특징은 대부분 식품을 다 조리할 수 있고, 날것으로 볶음 할 수 있기 때문에 간단하고, 고열로 조리하므로 단시간으로 처리되며, 성분의 손실이 없고 영양상 비타민의 흡수가 좋다.

볶음 시 식품의 변화

- 식물성 식품은 연화되며 동물성식품은 단단해진다.
- 수분이 감소하며 기름의 향이 증가한다.
- 눌은 곳은 독특한 풍미가 형성된다.
- 푸른채소는 단시간 가열로 색이 아름다워진다.
- 카로틴을 함유한 식품은 기름에 용해되어 체내이용률이 증가한다.
- 고온 단시간 처리로서 비타민의 손실이 적다.
- 감미는 증가하고 당분은 캐러멜화 된다.

(4) 무침

생선, 고기, 야채, 건물 등을 사용한다. 특히 푸른색 야채는 삶아서 물에 헹구어 사용한다.

(5) 회 · 초무침

회 식품은 날로 먹는 것이 풍미를 더한다. 그러나 재료나 기구, 취급자의 위생문제가 고려되어야 한다. 특히 일본요리에 어패류의 생식이 많이 사용되고 있고, 서양요리의 샐러드 등에 생선을 사용하는 경우도 있다.

초무침은 날것이나 가열한 것을 혼합해서 초무침한 요리로서 상쾌한 감을 준다.

어패류, 육회, 야채, 해초, 건물을 사용하며, 서양요리의 샐러드, 중국식의 냉채요리가 있다.

(6) 끓임

끓이는 요리는 냄비가 만들어낸다. 한냉지방에 사는 사람들은 항상 열원이 준비되어 있고, 맛[지미(至味)]이 있는 간장이나 된장 등의 조미료가 구비되어 있는 우리나라 같은 경우에는 간편하게 끓임요리를 할 수 있기 때문에 많이 사용되고 있다. 끓임은 물 또는 국물에 조미료를 가미하고 거기에 식품을 가열해서 부드럽게 맛을 내는 효과를 얻을 수 있다.

① 특징

- 어떤 열원일지라도 가능하다.
- 한 번에 많은 음식을 할 수 있다.
- 조미하는데 편리하다.
- 식품의 중심부까지 충분히 열을 가하여 딱딱한 것을 부드럽게 한다.
- 국물이 있는 한 100℃의 상온으로 끓일 수 있다.
- 용기의 위아래의 온도의 차이가 약간 있으나 뚜껑으로 조절할 수 있다.
- 끓이는 동안 국물의 맛 성분이 우러난다.

이상과 같은 장점이 있으나 단점도 있다. 대량의 국물과 같이 서서히 가열하기 때문에 수용성 성분이 녹아 나온다. 대량의 경우에는 윗것에 눌려 아랫것은 식품의 모양이 망가진다. 국물을 끓일 때 건더기는 국물의 1/3 정도로 하여 채소류, 어패류 등은 국물을 적게 하여 단시간 처리하고, 건조식품은 국물을 많이 하여 약한 불에서 장시간 처리한다.

② 요점

- 재료에 적합한 끓임 방법을 택한다.
- 적합한 기구(냄비)를 선택한다.

- 재료의 껍질 벗기기와 모양을 깨끗이 하고 같은 크기로 한다. 또한 2~3종을 같이 끓일 경우에는 끓이는 시간을 고려해서 크기를 조절하여야 한다.
- 끓이는 국물은 재료의 분량, 모양, 끓이는 시간, 냄비의 모양 등이 동일하지 않기 때문에 그 요령은 살짝 익힐 경우에는 20~30%, 근채 등은 40~50% 전·후, 생선은 40~50% 정도가 좋다.
- 단단한 식품은 먼저 끓여서 전체가 같이 끓이기도 한다.
- 식품 전체가 국물에 적셔 있지 않아도 증기에 의해서 익으나 조미가 되지 않음으로 상·하를 뒤집어놓아야 한다.
- 중심부는 열이 가하고 변두리는 열이 약하므로 익기 어려운 것은 중심부에, 부드러운 것은 외각에 놓는다.
- 강한 열이 필요 없는 식재료는 다른 식재료가 한 번 끓은 다음에 넣는다.

③ 조미의 순서

조미의 순서는 설탕 → 소금 → 간장 → 식초의 순서로 한다.

④ 맛의 상승성

설탕에 약간의 소금을 첨가하면 단맛이 상승하는 효과가 나타난다.

제2장 식품의 조리법

1. 쌀의 조리

1) 밥짓기

벼에서 왕겨층(20%)을 제거하면 현미이고, 다시 배아 및 겨층(호분층, 종피, 과피)을 제거하면 백미가 된다[현미 → 백미(도정률 92%)]. 현미와 백미의 소화율은 각각 90%, 98%이다.

쌀의 식생활 이용 형태는 가루로 가공하지 않고 대부분 밥쌀로서 사용되며, 수분 함량은 14~15% 정도인데, 밥을 지었을 경우의 수분은 65% 정도가 된다. 밥을 짓는데 물과의 관계를 살펴보면, 밥을 짓는다는 것은 쌀이 필요한 물을 흡수하고 가열되어 밥이 되었을 때의 상태를 말하는 것으로, 물의 흡수단계 중 첫째로는 쌀을 가열하기 전 물에 담갔을 때의 흡수량이다.

흡수량은 쌀의 종류나 수온에 따라 차이가 있으나 대개 25~30% 정도의 물을 흡수하며, 침수시간은 30~50분 정도로 충분하다. 다음 단계는 밥물을 넣어 가열했을 때의 흡수량이며, 이 단계에서 쌀의 전분은 완전히 호화되며 소화하기 쉽게 된다. 다음은 뜸 들이는 마지막 단계로, 이때에는 물의 흡수는 없고 솥 안의 수분만을 흡수할 정도이다.

화력조절은 처음에 강한 불에서 10~15분, 그 다음 화력은 중간 정도로 하여 밥물이 쌀알에 대부분 흡수되고 전분이 투명해져서 완전히 익게 되면 광택이 나는데 이 시간이 10분, 그 다음은 화력을 아주 약하게 하여 10~15분간 뜸을 들인다. 뜸이 들었어도 화력을 없이 하여 10분간 그대로 방치하였다가 밥을 푸도록 한다. 쌀로 밥을 지었을 경우의 중량 증가는 2.5배이다.

쌀의 종류에 따른 물의 분량

쌀의 종류	쌀의 중량에 대한 물의 분량	체적(부피)에 대한 물의 분량
백미(보통)	쌀의 중량의 1.5배	쌀의 용량의 1.2배
햅 쌀	쌀의 중량의 1.4배	쌀의 용량의 1.1배
찹 쌀	쌀의 중량의 1.1~1.2배	쌀의 용량의 0.9~1배

2) 전분의 호화(β전분 → α전분)

식품에 포함되어 있는 많은 탄수화물은 전분이다. 쌀, 보리, 감자, 좁쌀 등 전분을 주성분으로 한 식품은 반드시 가열해야 먹을 수 있다. 전분의 날것은 소화가 잘 되지 않는데, 이와 같이 날것인 상태의 전분을 베타(β)전분이라 한다.

β전분은 전분의 분자가 밀착되어 규칙적으로 정렬되어 있기 때문에 물이나 소화액이 침투하지 못하는 형이다. β전분을 물에 끓이면 그 분자에 수소결합이 절단되어 물분자가 전분 속에 들어가 팽윤한 상태가 된다. 이 현상을 '호화(湖化)'라 한다.

① 호화 촉진인자가 활성화되는 경우

- 온도가 높을수록
- 도정도가 높을수록
- 전분입자가 클수록

3) 전분의 노화(α전분 → β전분)

α화된 전분을 상온에 방치해 두면 점점 β형으로 되는데, 이 현상을 '노화(老化)'라 한다. 떡이 굳어지는 것은 노화의 한 예이다. 노화한 것을 다시 가열하면 α형으로 된다. 떡을 굽는다던지 찬밥을 찌는 일은 노화된 전분을 α형으로 하는 작업이다.

① 노화 촉진인자

- 온도 : 0~4℃일 때
- 수분 : 30~70%일 때

- pH : 산성일 때
- 전분구조 : 아밀로오스 함량이 많을수록

② 노화방지법

- 0℃ 이하로 동결
- 고온 건조
- 설탕 첨가
- 유화제 첨가

4) 전분의 호정화

전분에 물을 가하지 않고 160℃ 이상으로 가열하면 여러 단계의 가용성 전분을 거쳐 덱스트린(호정)으로 분해된다. 이 현상을 '전분의 호정화'라 하며, 호화와는 구분되는데, 호정은 호화전분보다 물에 잘 녹고 소화가 잘된다.

5) 쌀밥의 맛

쌀밥은 주성분이 전분으로 미각상 거의 무미에 가까우나 쌀밥 특유의 맛이 있다. 쌀의 종류, 수분함량, 가열 조건, 조리기구 등이 밥맛에 관여한다. 밥맛은 토질과 쌀의 품종에 따라 다르지만 일반 성분은 밥맛과 거의 관계가 없다.

토질과 쌀의 품종에 따라 다르지만 일반 성분은 밥맛이나 외관을 좋게 하는데, 산성이 높으면 밥맛이 나빠진다.

① 물의 pH 7~8의 물이 밥맛이나 외관을 좋게 하는데, 산성이 높으면 밥맛이 나빠진다.

② 소금 첨가 : 0.03%의 소금을 첨가하거나 적당량의 청미(淸味)가 있으면 밥맛이 좋아진다.

③ 수확시기 : 수확한 시일이 오래 된 쌀은 지방이 산패되고 맛을 내는 물질 등이 감소하여 밥맛이 나빠진다.

④ 건조도 : 지나치게 건조된 쌀은 수분을 흡수하여 불균등한 팽창과 조직이 파괴되므로 공간이 생겨 질감이 나빠진다.

2. 찹쌀의 조리

찹쌀과 멥쌀의 차이는 아밀로오스amylose와 아밀로펙틴amylopectin의 함량 차이를 의미한다. 멥쌀은 약 80%가 아밀로펙틴이고 20%가 아밀로오스인데 반해, 찹쌀은 아밀로오스를 거의 함유하고 있지 않다. 찹쌀은 쉽게 팽윤되고 점성이 강하며, 중량은 1.6~1.9배가 적당하다. 찹쌀은 멥쌀에 비해 흡수량이 높고 침수도 4% 가량 흡수되는데, 보통의 밥짓기는 적용되지 않는다. 찹쌀의 단백질 함량은 8.7%로 멥쌀보다 약간 높다. 30% 이상의 전분은 수분과 함께 가열하다가 호화되므로 찹쌀은 주로 찌는 방법을 이용한다. 그러나 침수 시 흡수만으로는 밥이 단단해지므로 찌는 동안 1~3회씩 물을 뿌려 주고 30~40분 정도로 조리한다.

1) 떡

① 떡은 곡식가루를 반죽하여 찌거나 삶는 방법 등으로 익혀낸 음식으로, 만드는 방법에 따라 질감과 모양이 제각각이고 주재료와 부재료에 따라 여러 종류의 떡을 만들 수 있다.
② 쌀의 수침시간, 수침 시 수분 흡수량, 전분의 특성 및 저장상태, 제분기의 종류, 제분방법 등에 따라 떡의 품질이 좌우된다.
③ 멥쌀가루는 탄성이 크고 노화가 빠른 반면, 찹쌀가루는 점성이 크고 노화가 늦다. 또한 찹쌀가루는 설탕이나 꿀을 섞으면 탄력성이 좋아지고 노화속도가 느려진다.
④ 멥쌀, 찹쌀가루로 만든 송편과 경단 등은 익반죽을 하여 점성을 내야 하는데, 반죽 횟수가 늘수록 탄성이 작아져 연하고 쫄깃쫄깃한 맛을 갖게 된다.

2) 식혜

① 식혜는 우리나라의 전통 있는 음청류 중 하나로, 엿기름에 함유된 효소 아밀라

아제에 의해 밥알의 전분이 당화되어, 단맛은 증가하고 밥알은 비중이 감소되어 표면에 뜨게 되는 식품이다.

② 만드는 방법

- 엿기름가루를 물에 담가 가라앉힌 후 당 · 효소 등의 수용성 성분을 용출시켜 맑게 거른 후 엿기름물을 만들어 둔다.
- 잘 불린 찹쌀이나 멥쌀을 쪄서 따뜻할 때 엿기름물을 부어 대략 60℃에서 4~5시간 정도 삭혀둔다.
- 밥알이 세알 정도 뜨기 시작하면 건져내어 냉수로 헹구고, 남은 식혜물을 끓여 식혀 효소작용이 일어날 수 없게 한다.
- 식혜물을 끓일 때 생강, 설탕 등을 넣어 마시면 더욱 맛이 좋아지는데, 마시기 전 유자청을 넣으면 향기도 좋아진다.
- 만드는 방법에 따라 밥알을 따로 떠내지 않고 그대로 같이 끓이기도 한다.

3. 밀가루(소맥분)의 조리

밀가루는 날것으로는 쓸모가 없으나 가루로 가공하면 여러 가지 가공 형태에 이용되어 맛있는 음식으로 먹을 수 있다.

1) 밀가루 단백질의 특성

밀가루가 빵, 국수 등의 원료로서 다른 곡류에서는 볼 수 없는 특성을 가지고 있는 것은 밀가루에 들어 있는 글루텐gluten이라는 단백질이 물을 흡수하여 반죽할수록 점, 탄력성이 증가하는 성질이 있기 때문이다.

글루텐을 밀가루에서 빼내려면, 밀가루에 물을 섞어 주물러서 덩어리로 만들어 물속에서 씻어내면 가용성 성분이나 전분류는 씻겨나가고 물에 녹지 않는 부분만 남게 된다. 이것이 글루텐이며 글루테닌glutenin과 글리아딘gliadin으로 되어 있다.

2) 밀가루의 종류

밀가루의 글루텐의 양에 따라 다음과 같이 분류한다.

밀가루(소맥분)의 종류

글루텐 양	종 류	용 도
13% 이상	강력분	빵, 마카로니
10~13%	중력분	국수류(면류)
10% 미만	박력분	튀김, 과자

빵이나 마카로니와 같은 글루텐의 점성을 필요로 하는 것은 그만큼 글루텐의 양이 많은 밀가루가 필요하고, 반대로 글루텐이 적은 것을 필요로 하는 조리에는 글루텐 함량이 적은 것을 사용해야 한다. 또한 조리하는데 있어 사용방법을 다르게 해야 한다. 빵을 만들 경우 반죽을 잘해야 하는데 반해, 튀김은 반죽하는 것이 금물이다. 되도록 점성이 없어야 하기 때문이다. 면류는 중간 것을 사용하고 있다.

빵을 제조할 경우 반죽온도는 25~30℃이고, 오븐에서 굽는 온도는 200~250℃로 한다. 반죽하여 재워놓았을 때 부풀어 오르는 것은 발효에 의해 생성된 이산화탄소(CO_2) 때문이다.

3) 밀가루의 글루텐

① 근본적인 반죽의 특징은 수화된 글루텐 때문인데, 글루텐은 글루테닌과 글리아딘의 혼합물이며, 글루타민glutamine이 30% 이상 존재하는 물질이다.

② 반죽상태에서 글리아딘은 점성을, 글루테닌은 탄성을 강하게 한다. 반죽을 오래 하면 질기면서 점성이 강한 글루텐이 생성되는데, 흐르는 물에서 전분을 완전히 씻어내면 반죽에 글루텐(부질)이 남게 된다.

③ 밀가루 반죽에 첨가되는 물질이 글루텐에 미치는 영향

- 지방 : 지방을 첨가하면 밀가루 입자에 지방 피막을 입혀 글루텐 형성을 방해한

다. 반죽 내에 켜를 생기게 하여 부드럽고 바삭바삭한 질감을 주는 '연화작용'shortening과, 가열시 표면이 고루 갈색으로 변화되는 '갈변작용'browning effect 등이 있다. 케이크나 식빵의 결은 더 곱게 만들어 주기도 한다.

- 설탕 : 일종의 감미제로 단맛을 부여하는데 주로 설탕을 사용하지만 포도당, 맥아당 물엿 등도 쓰인다. 글루텐을 연화하여 쉽게 팽창되게 하고 고온 처리로 질겨진 달걀 당백질을 연하게 하나, 지나치게 사용하면 가열할 때 가스팽창에 의한 압력 증가로 표면이 갈라진다. 반죽을 가열하면 캐러멜화 성질로 인해 갈색반응을 일으키며 적당한 향과 색을 낸다. 또한 수분 보유력이 있어 노화를 지연하고 신선도를 오랫동안 지속시키는데, 수분이 적은 제품에 바삭바삭한 질감을 준다. 이스트가 첨가된 효모 첨가물은 이스트의 영향으로 성장을 촉진하기도 한다.
- 달걀은 기포를 형성하여 공기를 포함시켜 팽창제의 역할을 하는데, 열팽창을 하면 제품의 부피를 크게 한다. 난황의 레시틴lecithin은 유화성이 있어 지방을 골고루 분산시키며, 조직이나 질감을 좋게 하여 질을 향상시킨다. 달걀 단백질의 열응고성은 구조를 형성하는 글루텐을 도와주고 수분을 공급해 주며 영양가와 맛, 색, 풍미 등도 좋게 한다.
- 액체 : 밀가루 반죽을 굽는 동안 중요한 역할을 하는 액체로 꿀, 우유, 과일즙, 그리고 달걀에 포함된 수분 등을 이용하는데, 설탕과 소금, 베이킹파우더 등을 용해하고 지방을 고루 분산시킨다. 또한 화학적 팽창제와 반응하여 이산화탄소 가스 형성을 촉진하여 글루텐을 형성하는데, 가열시 수증기steam를 형성하며 전분을 호화시키는 팽창제 역할을 한다.
- 소금 : 적당량의 사용으로 맛을 향상시키고 효모, 즉 이스트를 사용할 때 발효작용을 조절하여 글루텐의 강도를 높여 준다.

④ 팽창제leavening agents란, 식품을 다공질(多孔質)로 하여 반죽을 가열할 때 반죽 내에서 팽창하여 글루텐을 외부로 밀려 늘어나게 하여 반죽을 부풀게 하는 기체로, 공기, 증기, 이산화탄소 등이 있다.

- 공기 : 반죽과정 때 혼합된 공기가 가열되면 팽창하고 용적을 증가시키는데, 밀가루를 체에 칠 때와 난백을 거품 낼 때, 크리밍creaming, 비팅beating 등의 과정에서

나타난다.

- 증기 : 밀가루 반죽을 굽거나 찌기 위해 열을 가하면 수분이 증발하여 수증기가 되면서 팽창하게 된다. 증기를 팽창제로 이용할 때는 단시간 내에 고온을 유지하는 것이 중요하다.
- 이산화탄소 : 이산화탄소(탄산가스)는 기체이므로 가열하면 팽창하여 음식을 부풀게 하는데, 일반적으로 탄산수로나트륨(중조), 탄산수로암모늄, 베이킹파우더 등의 화학적 팽창제와 이스트 등의 생리적 팽창제로 나뉜다.

4. 두류 및 두제품의 조리

1) 두류의 성분

두류 중 대두는 단백질 함량이 40% 정도로 질적으로 우수한 고단백질 식품이며 가공품으로서 두부를 제조하여 이용하고, 땅콩의 경우는 지방의 함량이 높기 때문에 땅콩버터(피넛 버터)를 제조할 수 있다. 기타 두류(팥, 녹두, 완두, 강낭콩 등)는 단백질의 양은 미약하고 오히려 탄수화물의 함량이 높아서 쪄서 사용하는 경우가 많다.

2) 두류의 가열에 의한 변화

두류를 가열하면 독성물질의 파괴와 단백질의 이용률 증가의 두 가지 변화가 일어난다. 날콩 속에는 단백질의 소화액인 트립신의 분비를 억제하는 안티트립신이 들어 있어 소화가 잘 안 되는데, 가열하면 안티트립신을 불활성화시켜 소화율을 높일 수 있다. 대두를 삶을 때 식용소다(중조)를 사용하면 대두가 빨리 무르게 된다. 중조를 넣은 물에 대두를 불려도 빨리 무르게 된다. 그러나 대두를 삶을 때 식용소다를 사용하면 비타민B_1의 손실이 일어나는 단점이 있다.

3) 두부의 제조

두부는 콩을 물에 불려 갈아서 끓여 단백질 이외의 가용성분을 추출한 후 황산칼륨이나 염화칼슘 등의 응고제를 넣어 응고시킨 뒤 목판에 헝겊을 깔고 눌러놓고 굳히면 된다. 이때 원료 콩은 대두를 사용하며 대두 단백질은 글리시닌이라고 하는 완전단백질이다. 두부는 끓일 때 0.2% 중조, 1% 전분, 0.5% 식염수 등을 넣으면 두부의 표면이 부드러워져서 감촉이 좋다.

5. 야채의 조리

1) 야채의 분류

① 야채는 다음과 같이 엽채류, 과채류, 근채류, 종실류 등으로 크게 나눈다.

- 엽채류 : 상추, 배추, 시금치, 쑥갓, 갓, 아욱, 근대, 양배추 등
- 과채류 : 가지, 오이, 고추, 호박, 토마토, 수박, 참외 등
- 근채류 : 감자, 고구마, 당근, 우엉, 연근, 무 등
- 종실류 : 콩, 수수, 옥수수 등

② 엽채류는 수분과 섬유소의 함량이 많고 칼로리와 단백질의 함량은 적으나 카로틴carotene, 비타민C, 비타민B_2를 많이 함유하고 있다. 푸른색이 진할수록 비타민C와 카로틴의 함량이 많다.

③ 과채류는 일반성분이 엽채류와 같은 편이나 비타민C와 카로틴의 함량은 고추와 토마토를 제외하고는 엽채류보다 적다.

④ 근채류는 수분함량이 많고 섬유소의 함량은 보통이나 상당량의 당질을 함유하고 있다.

⑤ 종실류는 수분과 섬유소의 함량이 적으나 상당량의 단백질과 다량의 전분을 함유하고 있다.

⑥ 야채, 과일에는 공통적으로 특유의 유기산과 색소가 함유되어 있어 이들이 미각적 · 취각적 및 시각적으로 음식의 특색에 크게 영향을 미친다.

2) 가열조리

야채의 가열조리에는 삶기(데치기), 끓임, 튀김, 볶음 등의 방법이 있다. 삶을 때는

수분을 빨리 탈수시키기 위하여 소금을 약간 넣어 삶거나, 녹색 야채에다 중조를 넣어서 알칼리성으로 하여 삶으면 녹색이 선명해진다. 삶은 물의 양은 재료의 5배 정도가 좋다. 특히 시금치, 근대, 아욱 등의 녹색 야채를 데칠 때는 불미성분인 수산을 제거하기 위하여 뚜껑을 열고 단시간 데쳐 헹군다. 수산은 체내에서 칼슘의 흡수를 방해하여 신장결석을 일으킨다.

야채로 국을 끓일 때는 야채 자체의 수분이 많으므로 국물의 양을 적게 해야 하며 단시간 처리하고, 야채의 튀김, 볶음 등의 조리법은 고온 처리의 조리법으로 조리시간이 짧을수록 영양의 손실이 적다.

3) 생식품 조리

식품 그대로의 감촉과 맛을 느끼기 위한 조리방법으로서, 식품의 조직과 섬유가 부드러워야 하고 맛이 없는 성분이 없어야 한다. 흰색 채소나 과일 중 껍질을 벗기거나 자를 때 또는 상처가 났을 때 갈색으로 변하는 것이 있는데, 그 원인은 효소에 의한 갈변과 효소에 의하지 않는 갈변이 두 가지 이유 때문이다. 갈변효소에 의한 갈변현상을 방지하는 방법으로 열탕처리, 식염수침지(저농도), 설탕용액침지(고농도), 산용액처리, 진공보존, 아황산침지 등이 있다.

식품의 갈변작용

식품의 조리·가공·저장 시 갈색으로 변하거나 본래 색이 짙어지는 경우가 있는데, 이를 갈변작용(browning reaction)이라 한다. 갈변작용이 일어나면 비타민 손실과 필수아미노산의 파괴로 영양가의 저하를 초래하며, 성분변화를 일으켜 대부분 외관이나 풍미가 나빠지게 된다. 그러나 홍차나 커피·맥주·제빵 등은 색의 변화를 향상시키며, 된장과 간장 등의 갈변작용은 식품의 품질을 향상시켜 준다. 갈변작용은 크게 두 가지로 나뉘는데, 식물조직의 절단면이 갈변하는 효소적 갈변과 효소가 없는 농축 주스 등에서 볼 수 있는 비효소적 갈변이 있다.

① 효소적 갈변(enzymatic browning)

효소와 관련하여 일어나는 갈변으로 상처받은 식물조직이 공기와 접촉되어 일어나는 현상인데, 과실과 채소류 등을 파쇄하거나 껍질을 벗길 때 나타난다. 상처받은 조직이 공기와 접촉하면 페놀화합물이 갈색색소인 멜라민으로 전환되어 나타나는 현상이다. 식물의 효소적 갈변에 나타나는 효소로는 폴리페놀 옥시다아제(polyphenol oxidase)와 티로시나아제(tyrosinase)가 있다.

② 비효소적 갈변(nonenzymatic browning)

효소의 관여 없이 화학적 성분 반응에 의해 일어나는 갈변작용이다. 일반 식품의 가열 시에는 녹고, 타는 것에 의한 갈변과 건과·발효식품(장류·된장)·잼·주스 등의 포함된다.

- 멜라드(maillard) 반응 : 아미노기(-NH_2)와 카르보닐기(= CO)가 공존할 때 일어나는 반응으로 아미노-카르보닐 반응(amino-carbonyl reaction) 또는 멜라노이드 반응(melanoid reaction)이라고 한다.
- 캐러멜화(caramelization) 반응 : 당류를 180~200℃의 고온으로 가열했을 때 산화 및 분해산물의 중합·축합으로 생성된 갈색물질에 의하여 착색되는 갈변반응으로, 외부에서의 에너지 공급이 주요 원인이므로 자연발생적이 아니다.
- 아스코르브산(ascorbic acid)의 산화반응 : 아스코르브산(비타민C)에 의한 갈변작용은 감귤류의 가공품인 오렌지주스와 농축물 등에서 나타나는데, 아스코르브산에는 강한 환원력이 있어 항산화제·항갈변제로 사용하며 과채류의 가공식품에도 이용된다.

4) 조리에 의한 과채류의 변화

조리할 때 일어나는 영양 손실로는 휘발성 유기산, 향기 성분 등 휘발성 물질의 휘발에 의한 손실, 수용성 비타민, 무기질 등의 수용성 물질의 용출에 의한 손실, 엽록소, 비타민C 등 열에 의한 파괴로 인한 손실 등을 들 수 있으며, 야채를 조리하면 열에 의해 섬유소가 약해진다.

감자는 채소이면서도 곡류처럼 전분을 주성분으로 한 열량식품으로 비타민C가 많고 카로틴은 함유하지 않으나, 황색고구마는 비타민C와 더불어 카로틴을 다량 함유하고 있다.

6. 유지의 조리

상온에서 액체 상태인 것을 '유(油)', 고체상태인 것을 '지(脂)'라고 하며, 이를 합쳐 '유지'라고 부르는데, 조리에 사용되는 유지의 역할은 다음과 같다.

1) 열의 매체

열의 매체로 유지를 사용하는 대표적인 조리법은 튀기는 것이다. 기름은 고온에서 단시간 처리에 의해 식품을 익힐 수 있으므로 영양 손실이 적다. 150~200℃가 튀김하는데 적온이고, 식물성 기름이 적합한데, 특히 발연점이 높은 기름일수록 좋다.

기름을 가열하면 일정한 온도에서 열분해를 일으켜 지방산fatty acid과 글리세롤glycerol로 분해되어 연기가 나기 시작하는 온도를 발연점 또는 열분해 온도라 한다.

발연점에 도달한 경우에는 청백색 연기와 함께 자극성 취기가 발생하는데, 이는 기름의 분해에 의해 아크롤레인acrolein이 생성되기 때문이다.

발연점에 영향을 주는 요인

- 유리지방산의 함량이 높을수록 발연점이 낮아진다.
- 그릇의 표면적이 넓을수록 발연점이 낮아진다.
- 기름 이외의 이물질이 많을수록 발연점이 낮아진다.
- 여러 번 번복해서 사용할수록 발연점이 낮아진다.

2) 유화성 이용

기름과 물은 그 자체로서는 서로 섞이지 않으나 중매하는 매개체(유화제)가 있으면 유화액이 된다. 유화액에는 물속에 기름이 분산된 '수중유적형(水中油適型)'과 기름에 물이 분산된 '유중수적형'의 두 가지 형이 있다. 우유, 아이스크림, 마요네즈 등이 전자에 속하고 버터, 마가린 등이 전자에 속하고 버터, 마가린 등이 후자에 속한다.

유화액의 영향

- 수중유적형(O/W형, oil in water type) : 물속에 기름이 분산입자로 떠 있는 유화액(우유, 마요네즈, 아이스크림)
- 유중수적형(W/O형, water in oil type) : 기름 속에 물이 분산입자로 떠 있는 유화액(버터, 마가린 등)

3) 유지미의 부가

튀김은 튀김으로 인하여 식품에서 물을 증발시킬 때 물과 교차해서 기름이 식품에 흡수되어 튀김 특유의 맛과 향기가 식품에 붙는다. 튀김에 좋은 기름을 선택하는 이유는 여기에 있는 것이다. 칼질해서 익히는 것(튀기는 것)은 가열을 빨리시키는 것뿐 아니라 튀김에 없는 기름 맛을 부가시킨다. 샐러드는 기름을 날로 사용하는 것이기 때문에 정제가 잘되어져야 한다.

4) 연화작용

밀가루 제품에 지방을 첨가하여 반죽하면 지방이 얇은 층으로 퍼져 글루텐 표면을 둘러싸서 글루텐 형성을 막고, 반죽할 때 마찰을 감소시켜 글루텐이 서로 결합하지 못하게 하기 때문에 음식이 부드럽고 연해지는데, 이것을 연화라고 한다. 지방을 많이 넣고 반죽한 크래커, 페이스트리, 비스킷 등이 바삭바삭한 것과 케이크 등이 부드러운 것은 지방이 작용하여 연화되었기 때문이다.

5) 크리밍성

고형지방은 교반에 의해 내부에 공기를 품는 성질이 있는데, 이를 크리밍creaming성이라 한다. 아이스크림, 생크림, 버터 등을 교반하면 공기를 함유하여 부피가 증가되고 부드럽게 되므로 버터크림이나 파운드케이크를 만들 때 이용한다. 마가린과 쇼트닝 등이 지방 입자가 작아 크리밍성이 큰 편인데 비해, 버터는 가장 적다. 크리밍성이 큰 기름일수록 밀가루 제품의 팽창을 돕고 품질도 높인다.

6) 접착방지 및 방수

철판에 기름을 발라 식품과 철판의 접착을 막거나 샌드위치에 버터를 발라 기름의 방수작용으로 내용물의 수분이 빵에 흡수되는 것을 막는 것 등을 예로 들 수 있다.

7. 육류의 조리

육회, 생선회를 제외하고는 대부분 가열조리의 방법으로 되어 있다. 적당히 가열을 하면 위생상 안전하고 풍미도 좋다.

1) 육류의 가열, 조리방법

(1) 건열요리

생선이나 스테이크, 로스트처럼 수분과 물을 사용하지 않고 건열 또는 직화로 고기를 조리하는 방법으로, 결합조직인 콜라겐collagen이 젤라틴gelatin으로 변하지 않으므로 연한 부위의 고기만을 조리할 수 있는 방법이다.

운동량이 적은 연한 부위의 결체조직이 없고 얼룩지방이 적절히 분포된 등심, 안심, 염통, 콩팥, 간 등을 주로 건열조리에 이용된다. 100℃ 이상의 고온 가열한 건열조리는 온도 제한이 없어 가열 중에 타기도 하므로 온도조절에 주의가 필요하다.

① 구이 : 대표적인 직접구이로 바로 굽는 직화구이로 바로 굽는 직화구이와 철판이나 프라이팬을 사용한 팬 구이, 바비큐, 숯불구이 등이 있다. 직화에 의해 고기 표면의 단백질이 응고되어 내부의 육즙 손실이 적고 단백질, 당질, 지방 분해물과의 멜라드 반응과 당류의 캐러멜화 등으로 색과 풍미가 좋아진다.

② 팬 구이 : 프라이팬이나 철판, 두꺼운 철냄비 등을 뜨겁게 달궈 굽는 방법으로 연한 부위의 육류조리에 적합하다. 적이나 철판구이, 스테이크 등이 있다.

③ 오븐 구이 : 오븐을 이용하여 고기를 굽는 방법으로 연한 부위의 고기가 적합하다. 다른 조리방법에 비해 큰 덩어리 고기를 사용한다. 익은 정도는 정육의 파운드 당 시간을 계산하거나 육류용 온도계를 사용하여 육의 중앙온도에 따라 결정한다. 익힌 정도에 따라 레어rare; 덜 익음, 미디움medium; 중간 익음, 웰던well-done; 잘 익음으로 나뉜다.

(2) 습열조리

고기를 물이나 우유, 채소즙 등의 액체에 넣고 가열하거나 찌는 조리방법으로, 결체조직 중의 콜라겐이 젤라틴화 되어 수용성이 되므로 고기를 연하게 해준다. 비교적 질긴 부위의 조리법으로 적당하다. 결체조직이 많은 장정육, 양지육, 사태육, 업진육, 꼬리, 도가니 부위를 사용하여 탕, 찜, 장조림, 편육, 전골 등의 조리법으로 사용한다.

① 탕 : 젓산, 아미노산, 핵산 분해물질 등의 추출물 성분이 국물에 용출되어야 맛이 있기 때문에 처음부터 찬물에 고기를 넣고 끓이는 게 좋다. 약간의 소금을 첨가하여 끓이면 더욱 좋고, 확산하는 가용성 염류를 고기가 응고하기 전 침출시키기 위해서는 비교적 저온인 중불에서 대략 3~4시간 정도 끓여야 한다. 이때 생기는 거품은 맛과 외관은 상하게 하므로 걷어내는 것이 좋다. 주로 결합조직이 많은 양지육, 사태육, 꼬리 등이 이용된다.

② 찜 : 찜의 경우 양념을 미리 하여 조리하면 부드러운 맛이 나지 않기 때문에, 먼저 고기를 삶아 익힌 후 양념과 여러 고명을 넣고 끓이는 것이 중요하다. 소갈비, 소혀, 소사태, 돼지갈비, 닭고기 등이 쓰인다.

③ 장조림 : 가정에서 쉽게 만들 수 있는 간단한 저장식품으로, 지방질이 적고 근육섬유의 묶음이 많은 홍두깨살, 대접살, 우둔살, 사태 등을 주로 이용한다. 고기를 큼직하게 썰어 찬물을 붓고 삶은 후 기름을 걷어내고 고명과 간장을 부어 조린다. 진간장에 들어 있는 당밀molasses은 조리는 과정에서 농축되어 향기와 윤기를 더해 준다. 처음부터 간장을 넣거나 간장의 양이 많으면 삼투현상에 의해 고기육즙이 빠져나가 맛이 없어지고 질겨진다.

④ 편육 : 고기의 구수한 맛이 국물로 우러나지 않게 하려면 물을 끓이다가 나중에 고기를 넣고 끓여야 한다. 끓는 물에 고기를 넣어 근육 표면의 단백질을 응고시켜 수용성 물질이 용출되는 것을 막아야 편육의 맛을 향상시킬 수 있기 때문이다.

대체로 습열조리에서 소고기는 양지육, 사태, 우설, 우랑, 쇠머리, 콩팥, 족 등이 사용되고, 돼지고기는 삼겹살, 돼지머리, 족 등이 사용된다.

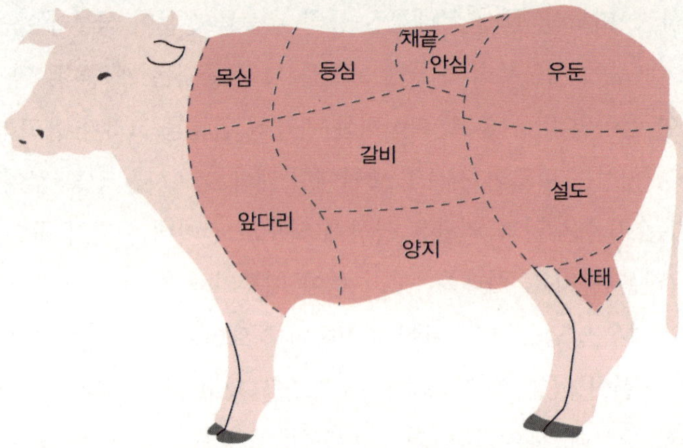

소 부위	조리 용도	소 부위	조리 용도
목심	스테이크, 구이, 불고기	앞다리	육회, 스튜, 탕, 장조림, 불고기
등심	스테이크, 등심구이	갈비	불갈비, 찜, 탕, 구이
채끝	스테이크, 로스구이	양지	국거리, 스튜, 분쇄육
안심	고급스테이크, 로스구이	설도	산적, 장조림, 육포
우둔	산적, 장조림, 육포, 불고기	사태	육회, 탕, 스튜, 찜

소고기의 부위별 명칭과 조리 용도

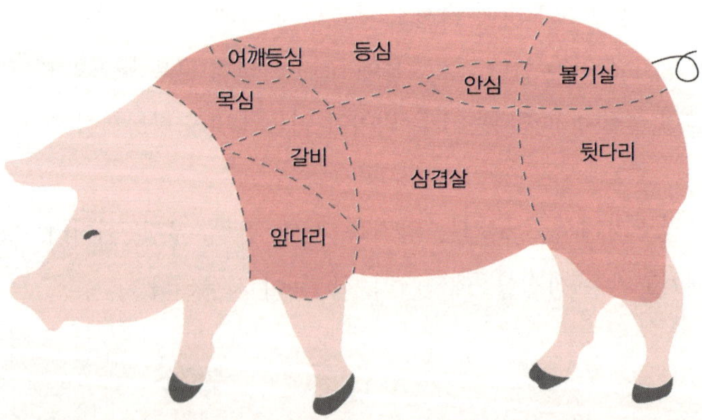

돼지 부위	조리 용도	돼지 부위	조리 용도
등심, 방아살	튀김	갈비	찜, 구이, 강정
어깨살	다진요리, 조림	족	찜, 족편
삼겹살	조림, 다진요리, 편육, 구이	뒷다리	다진요리, 구이
돼지머리	편육		

돼지의 부위별 명칭과 조리용도

2) 가열에 의한 육류의 변화

조리에 의한 변화는 가열온도와 시간 등에 따라 각각 다른데, 대부분의 육류는 가열조리법에 의하므로 열에 의한 성분의 변화는 영양가치와 기호성 등에 중요한 요인이 된다.

(1) 중량과 보수성의 감소

육류를 가열하게 되면 근육단백질의 2, 3차 구조의 분해에 의해 소수기들의 노출로 수화성이 감소하게 되고, 추출물 유출 및 수분 증발로 중량이 20~40% 감소하게 된다. 즉 대부분의 육즙이 용출되기 때문인데 육류의 열변성에 의해 보수성이 감소되기 때문이다.

(2) 수축과 분해

육류를 60℃ 이상 가열하면 응고가 시작되고 수축되어 용적이 감소되는데, 육류의 내부온도가 높고 장시간 가열할수록 수축이 심하게 나타난다.

(3) 단백질의 변성

육단백질은 결합, 공존하는 지방과 당, 염류의 영향을 받으므로 단백질 단독의 응고점보다 약간 높은 65℃ 정도에서 응고한다.

(4) 지방조직의 변화

지방은 가열에 의해 변화를 일으키는데, 동물성지방은 융점이 높아 상온에서는 고체상태지만 가열하면 액상이 되어 풍미를 좋게 하고 질감과 소화성을 높여준다.

(5) 결합조직의 변화

고온에서 장시간 물과 함께 가열하면 결합조직이 완전히 젤라틴화 되어 고기가 연하게 된다. 콜라겐이 수중에서 젤라틴이 되면 물에 흩어져 액체상태가 되고, 다시 이 액체가 냉각되면 굳어진다. 젤라틴 졸이 젤라틴 겔로 변하기 때문인데, 굳은 젤라틴을 가열하면 다시 졸sol 상태로 돌아간다.

(6) 풍미의 변화

육류를 가열 조리할 때의 맛과 특유의 향기는 저분자 수용성 물질인 아미노산이나 폴리펩티드, 저분자 탄수화물 등의 상호작용으로 생성되는데, 지방 중에 존재하는 유리지방산 또한 가열 후 다량 증가하여 풍미에 영향을 끼친다. 구이의 경우 구수한 향을 내게 되는 것 등이 그것이다.

(7) 변색 육색소

변색 육색소인 미오글로빈과 혈색소인 헤모글로빈은 가열에 의해 구성단백질이 변성되어 분리되는데, 제일철(Fe^{2})인 햄heme 색소가 제이철(Fe^{3+})인 헤마틴hematin으로 산화되어 갈색화가 일어나게 된다. 50℃ 이상에서의 육색은 담적색이나 분홍색에서 흐린 색으로 변화하는데, 온도가 더 높아지면 다시 갈색이나 회색으로 변한다. 이것은 단백질의 글로빈이 열 변성을 일으키기 때문이다.

(8) 영양가의 손실

육류는 가열시간이 길수록 비타민의 손실이 많으나, 튀김의 경우에는 비타민의 손실이 적다. 열에 대해서는 비타민B_2와 나이아신niacin이 비타민B_1보다 안정적이다.

8. 달걀의 조리

1) 조리온도

알(주로 달걀)의 조리는 단백질이 가열함으로써 응고하기 쉬운 성질이나 알이 풀어지기 쉬운 성질을 이용한 것이 많다. 달걀의 응고온도는 난백이 60~65℃이고, 난황은 65~70℃이며, 설탕이나 국물을 섞으면 응고되는 온도가 높아진다. 달걀을 삶을 때는 3~5분 정도 되면 반숙이 되고, 10~15분 정도 되면 완숙이 된다. 더 가열해서 15분 이상이 난황의 주위가 암갈색(또는 회록색)이 된다. 이 현상은 난백의 황화수고가 난황 중의 철분과 결합하여 황화제일철을 만들기 때문에 일어나며, 다소 과하게 익힌 달걀일지라도 냉수에 식히면 황화철의 주성분을 방지할 수 있다. 또한 정도에 맞게 익힌 달걀일지라도 여열이 크면 황화철이 생긴다. 달걀의 단백질은 반숙이 소화에 좋고 완전하게 익힌 난백은 소화가 잘되지 않는다.

2) 난백의 기포성

난백을 잘 저으면 공기가 들어가 거품이 일어난다. 거품은 잠시 동안은 그대로 있는데, 이것을 가열하면 고정된다. 이와 같은 성질을 기포성이라 하며 튀김옷, 과자, 기타의 요리에 사용한다. 난백의 기포성에 영향을 미치는 요인은 다음과 같다.

① 달걀은 새것일수록 농후난백이 많다. 농후난백보다는 난백이 수양성인 것이 거품이 잘 일어난다. 일반적으로 거품을 내어 이용하는 요리에는 묵은 달걀이 사용하기 좋다는 것은 여기에 기인한 것이다. 그러나 전기믹서 등을 사용하면 농후난백 쪽도 거품이 잘 나고 안전성도 좋다.
② 온도의 영향 : 난백이 응고하지 않을 정도의 온도에서 거품이 잘 난다. 적온은 30℃ 정도면 좋고, 겨울철이나 냉장고에 있는 달걀은 온도를 높여서 거품을 내는 것이 좋다.
③ 첨가물의 영향 : 기름을 첨가하면 거품 내는 것을 현저하게 저하시키고 안전도 역시 나쁘다. 난황, 주석산, 식염, 설탕 등의 첨가 역시 거품 내는 것을 저하시키지만 기름 정도로 저하되지는 않는다. 그러므로 난백을 적당히 거품을 낸 다음 첨가물을 넣으면 좋다. 설탕은 첨가물이 많을수록 안전도가 높다.

3) 난황의 유화성

기름과 물은 그 자체로서는 혼합시켜도 유상의 액으로는 되지 않으나 마요네즈 소스와 같이 난황을 첨가하면 기름이 적(適)이 되어 물에 분산된다. 이것을 수중유적형의 유탁액(乳濁液; 에멀전)이라 한다. 이와 같이 유상화에 중간 매개체를 유화제(界面活性濟의 일종)라 한다.

달걀 감별법

물 1컵에 식염 1큰술(6%)을 용해한 물에 달걀을 넣어 가라앉으면 신선한 것이고, 위로 뜨면 오래된 것이다.

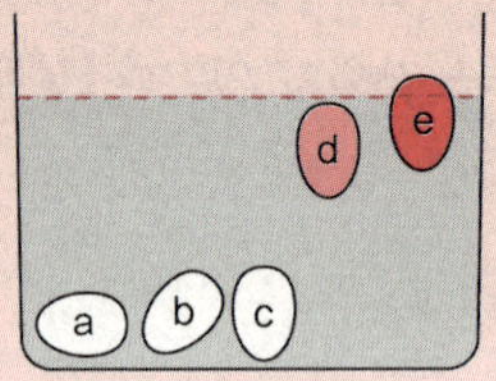

a. 산란 직후
b. 한주일
c. 보통
d. 대단히 오래된 것
e. 부패 중

9. 어류의 조리

1) 생선의 근육

① 생선의 근육도 다른 동물의 근육과 같이 근섬유가 치밀하게 모여 있으며, 사후경직을 일으키고 사후경직 후 자기소화와 부패가 일어난다.

② 어류에는 지방분이 적고 살코기가 흰 백색어류와 지방분이 많고 살코기가 붉은 적색어류가 있다. 도미, 민어, 광어, 조기 등은 백색 어류이고 꽁치, 고등어 정어리 등은 적색어류이다.

③ 생선은 산란기 직전의 것이 가장 살이 찌고 지방도 많으며, 맛이 좋다. 그러나 산란기에 들어가면 축적된 영양분이 난소의 정소(精巢)를 만드는데 쓰여지므로 생식소가 커짐에 따라 몸이 마르기 시작하고 지방도 적어져 맛이 없게 된다.

④ 적색어류는 백색어류보다 자기소화가 빨리 오고, 담수어는 해수어보다 낮은 온도에서 자기소화가 일어난다.

2) 어육의 성분

(1) 단백질

생선의 단백질은 완전단백질로서 구조단백질인 섬유상단백질과 근원단백질인 구상단백질 및 결합조직을 구성하는 단백질(이 단백질은 불완전단백질)로 되어 있다.

섬유상단백질은 생선의 근섬유의 주체를 형성하는 단백질로 미오신myosion, 액틴actin, 액토미오신actomyosin으로 되어 있다. 전체 단백질의 약 70%를 차지하는데, 소금에 녹는 성질이 있어 어묵의 형성에 이용된다. 구상단백질은 콜로이드액으로서 근섬유 사이를 메우고 있으며 물과 희석한 소금물에 잘 녹으므로 생선토막을 물로 씻을 때 쉽게 유실된다.

(2) 지방

생선의 지방은 약 80%가 불포화지방산이고 나머지 약 20%가 포화지방산으로 되어 있다. 생선에 들어 있는 고도의 불포화지방산은 공기 중의 산소와 결합하면 산화 분해되기 쉬우며, 산화 변패한 생선의 지방은 몸에 해롭다.

(3) 탄수화물

생선의 근육 중에는 극소량의 글리코겐이 있으나 시판 중인 것에는 거의 존재하지 않는다.

(4) 기타 성분

생선에는 그 밖에 무기질, 비타민, 엑기스, 색소 성분이 상당한 양이 들어 있다.

(5) 어취

생선의 비린내는 어체 내에 있는 트리메틸아민 옥시드trimethylamine oxide가 환원되어 트리메틸아민trimethylamine으로 나는 냄새이다.

3) 생선의 조리

① 생선의 조리에서 가장 중요한 요건은 어취를 해소하는 것이다. 어취의 해소는 물로 씻기, 식초, 과즙 또는 산 첨가, 간장, 된장 또는 고추장의 첨가, 파, 무, 생강, 고추, 고추냉이 또는 겨자의 첨가 등에 의한다.

② 생선을 조릴 때에는 처음 몇 분간은 냄비의 뚜껑을 열어 비린 휘발성 물질을

휘발시키는 것이 좋으며, 약 15분 정도 조리는 것이 좋다. 가열시간이 너무 길어지면 양념간장의 염분에 의한 삼투압으로 어육에서 탈수작용이 일어나 굳어지며 맛이 없어진다.

③ 생선을 튀기는 경우, 튀김 반죽에 사용하는 밀가루는 글루텐 함량이 적은 박력분을 사용해야 하는데, 소량의 글루텐이 탄력성을 나타내기 전에 박력분에다 물과 달걀을 갠 즉시 생선에 씌워 튀겨야 한다. 따라서 많은 생선을 튀길 때에는 밀가루 반죽을 한꺼번에 하지 않도록 하며, 튀김온도는 170～180℃가 적당하다.

④ 소금구이를 할 경우 보통 중량의 2%의 소금을 사용하는데, 어육을 수축시키는데 적당한 분량이며 일반인의 기호에 알맞다.

10. 냉동식품류 조리

미생물은 20～40℃에서 가장 잘 자라고 10℃ 이하가 되면 생육이 억제되며 0℃ 이하가 되면 거의 자라지 못한다. 효소도 20～40℃가 작용의 최적온도이고, 10℃ 이하가 되면 작용이 억제되며 0℃ 이하가 되면 거의 작용하지 못한다. 이러한 원리를 응용하여 식품을 저장한 것이 냉장 및 냉동식품이다. 냉장식품은 얼리지 않고 저온에서 저장한 것이며, 냉동식품은 식품이 얼려서 저장한 것이다.

1) 냉동식품의 조리

종래 식품의 저장법에는 건조법이 많이 사용되어 왔다. 최근 많이 사용하는 냉동법은 건조품이 식품 중의 수분을 제거하는 것에 비해 냉동은 식품 중의 수분을 얼림으로써 미생물의 번식이나 활동을 못하게 하여 식품의 저장성을 높이고 식품의 복원성에 있어서도 건조법보다 많이 진보된 방법이다. 식품을 서서히 얼리면 얼음의 결정이 크게 되어 조직이 부서지기 때문에 -40℃의 급속동결법이 사용된다. -194℃의 액체질소를 이용한 냉동법을 사용하기도 한다. 신선한 식품을 얼려 잘 보존하고 올바른 해동법으로 이용하면 신선도가 높은 식품을 사용할 수 있다.

(1) 냉동식품의 보존

완전히 동결한 것을 구입해서 -20℃ 정도의 냉동실에 저장한다. 특히 날어류나 육류는 세포가 그대로이기 때문에 세포 중에 미세한 얼음의 결정이 성장해서 조직이 부서지기 때문에 해동 후에 형태의 변화가 일어나며 액즙이 생긴다.(드립형성)

(2) 냉동식품의 해동

① 어류 · 육류 : 급속히 온도를 올려 해동하면 조직이 상해서 드립이 많이 나오므로 냉장고 내에서 서서히 해동하는 것이 좋다. 단시간에 해동시키기 위해서는 플라스틱 필름에 싸서 수돗물에 넣으면 되는데 풍미가 떨어진다.

② 야채류 : 날로는 동결하지 못하므로 재료에 증기를 통해서 데친 상태가 된 것을 끓는물에서 2~3분간 끓인다.

③ 튀김류 : 빵가루로 겉을 싼 것은 동결된 대로 다소 높은 온도의 기름에 튀긴다. 프라이한 것을 얼린 것은 오븐에다 15~20분 정도 데운다.

④ 조리식품 : 플라스틱 필름에 넣은 것은 포장 그대로 끓는 물에 약 10분간 끓인다. 알루미늄 박스에 넣은 것은 오븐에서 약 20분간 데운다.

⑤ 빵 · 케이크류 : 실내온도로 자연히 해동해서 먹어도 좋고 오븐에 데워도 좋다.

⑥ 과일류 : 동결한 그대로 주스로 하든가 반동결 상태에서 먹어도 좋다. 완전해동하면 조직이 부서져 좋지 않다.

11. 우유의 조리

우유는 동물성 단백질과 칼슘의 공급원으로서 중요시되어 소비량도 매년 증가한다. 식용 형태로는 대부분 음용(飮用)으로 이용되며, 우유가 주체가 되는 조리는 비교적 적으나 조리의 이용 범위는 넓다.

1) 우유의 조리

① 과자류에 우유를 사용하면 구워 낸 빛깔이 좋게 된다. 이와 같은 빛깔은 설탕의

캐러멜 형성 반응과 우유 중의 아미노산과 환원당(還元糖)의 반응에 의한 것이다.

② 우유를 이용하면 화이트소스와 같이 요리를 하얗게 할 수 있다.

③ 콜로이드 용액이기 때문에 수프, 스튜, 크림을 끓이는 데는 우유 특유의 부드러운 풍미를 준다.

④ 커스터드푸딩을 할 경우에는 우유 중의 칼슘, 기타의 염류에 의해서 단백질의 겔화를 용이하게 하여 겔 강도도 강하게 한다.

⑤ 우유 중에는 미세한 지방구나 카세인 입자가 많이 포함되어 있어 여러 가지의 것을 흡착하는 성질이 있으므로, 생선을 익히기 전에 우유에 담가놓으면 생선의 비린내가 가신다.

2) 우유의 가열에 의한 변화

우유를 끓이면 냄새가 나고 표면에 피막이 생긴다. 피막은 우유 중에 분산되어 있는 지방구가 가열에 의하여 응고한 단백질과 엉겨 표면에 뜬 것으로, 이것을 제거하면 영양소의 손실을 가져온다. 이 현상은 60~65℃ 이상이면 일어나므로 우유를 끓일 경우에는 온도에 조심해야 한다. 또한 냄비에 단백질과 유당이 엉겨 눌어붙는 현상을 방지하기 위하여 이중냄비를 사용하고 가끔씩 고루 저어가며 끓인다.

3) 유제품의 종류

우유나 유제품은 젖산균을 접종시켜 버터밀크, 요구르트, 사워크림sour cream 등의 여러 발효유 제품과 치즈 등의 제조에 이용된다.

(1) 발효유fermented milk

포유동물의 젖산균을 배양·발효시켜 제조한 젖산음료로, 원유와 유가공품을 35 이상 함유한 것을 의미한다. 크게 젖산만을 발효시킨 젓산 발효유와 젖산 발효는 물론 알코올까지 발효시킨 알코올 발효유로 나뉜다. 요구르트, 버터, 밀크, 에시도필러스 밀크 등이 여기에 속한다.

(2) 버터

우유에서 분리된 크림은 유지방구 막을 파괴하여 유지방을 분리시키는데, 이 유지방만 모아 압착시킨 후 남아 있는 수분을 분산시켜 유와 상태로 만든 것이 버터이다. 크림의 발효 여부에 따라 발효 버터와 비발효 버터, 즉 생 버터로 나눠지는데, 발효 버터는 풍미가 좋고 생 버터는 향기가 적은 대신 담백하여 보존하기에 좋다.

(3) 크림

우유를 오래 방치하거나 원심분리 시 생기는 지방이 많은 부분으로, 유지방이 18% 이상인 것을 의미한다. 지방함량이 20~25%인 커피크림과 40~45%인 휘핑whipping 크림으로 나눈다. 커피 크림은 주로 커피의 풍미와 색을 엷게 하기 위해 커피에 첨가되는 크림이며, 휘핑크림은 주로 양과자의 제조 조리용으로 사용된다.

(4) 치즈

치즈는 우유에 유산균을 첨가하여 발효시킨 후 레닛rennet이나 응유효소를 작용시켜 응고한 것과 카세인casein의 등전점을 이용하여 산을 첨가하여 카세인을 응고한 것이다. 치즈는 우유의 단백질과 지방, 무기질, 비타민 등을 포함하고 있는 영양가 높은 식품이며, 쉽게 부패되지 않게 만든 저장식품이다. 크게 자연 치즈natural cheese와 가공 치즈process cheese로 나뉘는데, 가공 치즈는 두 가지 이상의 자연 치즈를 분쇄, 가열, 용해, 유화한 것으로 영양가와 저장성을 높인 것이다.

12. 설탕의 조리

설탕은 가장 널리 사용되고 있는 천연 감미료로, 주로 사탕무와 사탕수수에서 얻는다. 사탕수수와 사탕무에서 액즙을 채취한 후 농축시켜 원심 분리하면 결정체의 원당을 얻는데, 정제하는 가공 정도와 형태에 따라 흑·황·백설탕 등으로 나눌 수 있다.

1) 조리의 특성

① 용해성

설탕은 친수성이므로 흡습성이 높고 물에 쉽게 녹는다. 순도가 높을수록 용해 속도가 느리고, 입자가 적고 물이 많을수록 빨리 용해된다.

② 점성

설탕용액은 순수한 점성유체로, 같은 온도에서는 설탕의 농도가 높을수록 점성이 높고, 같은 농도에서는 용액의 온도가 낮을수록 점성이 높다. 140℃ 이상으로 가열한 것을 냉각시켜 당기면 실 같은 줄이 생기는데, 중국요리에서는 이 현상을 발사(拔絲)로 이용하기도 한다.

③ 결정성

설탕용액을 농축 · 냉각하면 과포화가 되는데, 설탕의 포화용액을 냉각하면 설탕이 석출되어 특유의 결정이 생성된다. 이러한 성질을 이용하여 폰당, 양갱, 빙설탕 등을 만들 수 있으며, 결정형의 크기는 여러 가지 조건에 따라 각각 다르다.

④ 방부성

설탕의 방부성은 친수성에 의한 것으로, 고농도용액에서는 삼투압작용에 의해 미생물의 생육을 저해한다. 설탕의 농후용액은 방부성이 높아 주로 식품의 보존에 이용된다.

⑤ 발효성

효모발효에 소량의 설탕을 첨가하면 발효가 촉진되는데, 주로 이스트에 의해 발효된다. 과자의 제조와 식품의 설탕조림 등에 이용되고, 조리가공 시 갈변의 원인이 된다.

⑥ 캐러멜화

당류를 고온에서 가열하면 당의 탈수와 분열에 의하여 푸르푸랄Trufural 및 히드록시메틸 푸르푸랄hydroxymethyl frufural이 생성되고, 이들은 다시 중합하여 흑갈색 캐러멜을 생성하는데, 이것을 당의 캐러멜화라고 한다. 캐러멜은 간장, 약식 등 흑갈색을 내는 무해색소로 식품제조에 널리 이용되고 있다.

⑦ 젤리 형성

과실 중의 펙틴pectin과 유기산에 의해 잼이나 젤리를 만들 때 설탕은 젤리의 겔화를 촉진하여 한천이나 젤라틴 겔의 강도를 높이는 역할을 한다. 이를 이용해서 잼과 마멀레이드 등을 만들 수 있다.

⑧ 단백질의 열 응고지연

두류, 육류, 난류 등 단백질 식품에 설탕을 넣으면 단백질의 열 응고점이 높아져 부드러워진다. 푸딩에 첨가한 설탕은 난단백의 열 응고를 지연시킴으로써 매끄러운 촉감의 푸딩을 만들어 준다.

⑨ 삼투압

삶은 콩에 설탕을 넣으면 콩 속의 수분이 밖으로 빠져나가 콩 표면에 주름살이 생기게 되고, 전골요리를 할 때 설탕과 간장을 넣으면 고기나 채소에서 수분이 빠져나와 빨리 끓게 되는데, 이 모두가 '삼투압' 때문이다.

2) 설탕의 조리

(1) 시럽syrup

설탕액을 103℃에서 가열하고 당도를 대략 60% 함유하고 있는 액체로, 독특한 향미를 갖고 있다. 당과 함께 다량의 수분을 함유하기 때문에 설탕과 물의 혼합물이라 할 수 있다. 젤리, 핫케이크의 시럽, 냉음료의 감미료 등으로 이용된다.

(2) 폰당fondant

가열한 설탕용액을 다시 냉각시켜 과포화에 달한 온도로 강하게 교반해서 설탕의 재결정을 석출한 것이다. 가열 온도와 교반 개시 온도가 높으면 결정화 시간은 짧아지나 결이 곱지 않게 된다. 유동성이 있을 때 케이크와 비스킷의 표면에 바르면 흰색을 띠게 되고 윤택이 나며 매끈해진다.

(3) 캐러멜caramel

160℃ 이상에서 설탕의 가열하여 분해가 일어날 때 생성된 착색 물질을 바로 캐러멜이다. 과자, 간장, 소스, 수프, 약식, 흑맥주 등의 착색료로 쓰이며, 풍미도 우수하다.

(4) 발사(拔絲)

중국요리에서 밤, 은행, 고구마 등을 튀겨낸 직후에 뜨겁고 농후한 설탕액을 부어 사(絲)가 당겨지는 것을 다른 그릇에 물을 넣어 찍어 먹는 뜨거운 요리를 말한다. 설탕액을 가열할 때, 식초를 조금 넣어주면 서당의 일부가 전환되고 재결정이 생기는 것을 방지할 수 있다. 설탕액의 온도를 더욱 높게 하여 캐러멜 상태로 하면 결정하지 않고 금색의 실을 뽑을 수 있다.

13. 한천 및 젤라틴

1) 한천

한천은 홍조류(紅藻類)를 삶아서 얻는 액을 냉각시켜 엉기게 한 것으로, 주성분은 아가로오스agarose와 아가로펙틴agaropectin이다. 한천은 인체 내에서 소화되지 않으나 물을 흡수하여 팽창함으로써 장을 자극하여 변비를 막는데 효과가 있다. 겔화되는 성질이 있어 식품의 조리가공에 이용된다.

응고온도는 38~40℃이기 때문에 물로 식히면 바로 응고하며, 요리에 사용할 때의 농도는 0.5~3.0%이다.

2) 젤라틴

젤라틴은 동물의 가죽이나 뼈에 다량 존재하는 단백질인 콜라겐의 가수분해로 생긴 물질이다. 콜라겐에 물을 넣고 가열하면 젤라틴이 되는데, 이 젤라틴은 130℃ 이상으로 끓이면 다시 콜라겐으로 변하는 성질이 있다. 응고온도는 낮아서 13℃ 이상의 수온에서는 응고하지 못하기 때문에, 겨울철 이외에는 얼음을 사용하든가 냉장고에 넣어서 냉각하며 농도는 3~4%이다.

14. 조미료와 향신료

1) 조미료

(1) 소금

순수한 짠맛을 내는 소금의 주성분은 염화나트륨(Nacl)으로 약간의 쓴맛을 갖는다. 음식의 간을 맞추거나 식품을 절이는데 이용되며, 체액의 생리조절 작용을 한다.

(2) 설탕

가장 널리 쓰이는 천연 감미료로 음식에 단맛을 준다. 식품가공 및 저장의 재료로도 쓰이는데, 용해성과 점성, 결정성, 방부성, 발효성 등의 조리적 특성을 갖는다.

(3) 된장

간장을 걸러내고 남은 건더기로, 단백질이 풍부하여 국, 찌개, 무침 등에 이용된다. 어육의 비린 냄새와 수육의 누린 냄새를 제거하는 역할을 한다. 소화되기 쉬운 단백질과 식염의 공급원이기도 하다.

(4) 간장

간장은 음식의 맛을 내는 중요한 조미료로 대두 발효제품이다. 대두로 만든 메주를 숙성시켜 달여서 만든 재래식 간장은 주로 국과 구이, 볶음 등에 사용되고, 대두, 밀, 종국을 섞어 염수에 숙성시킨 후 간장을 짜서 숙성시킨 후 간장을 짜서 숙성시킨 개량식 간장인 진간장 등은 주로 조림에 사용된다.

(5) 식초

신맛을 주는 조미료로 식욕을 촉진하고 생선살을 단단하게 만들어 준다. 식초는 크게 양조식초와 합성식초로 나뉘는데, 5~6%의 초산을 함유한 식초는 방부작용을 하기도 한다.

(6) 화학조미료

대표적인 화학조미료로는 모노소디움 글루타메이트monosodium gluramate; MSG와 핵산조미료, 복합조미료 등이 있고, 맛의 종류에 따라 단맛의 감미료와 신맛의 산미료, 맛난 맛의 조미료, 짠맛의 염미료 등으로 분류된다.

2) 향신료

(1) 생강

생강의 매운맛은 진저론zingerone과 쇼가올shogaol에 의해서인데, 생강의 매운 맛과 향기는 육류의 누린 냄새와 생선의 비린 냄새를 없애는데 효과적이며, 식욕촉진과 연육효과가 있다. 생강은 표피에 주름이 없고 신선한 것일수록 좋다.

(2) 마늘

마늘은 살균과 강장 작용을 하여 혈액순환을 촉진시키고 소화를 돕는다. 알리신allicin이라는 매운맛 성분을 지닌 마늘은 비타민B_1과 결합해서 알리티아민allithiamine으로 변해 비타민B_1의 흡수를 돕기도 한다.

(3) 파

파는 육류의 누린 냄새와 생선의 비린 냄새, 채소의 풋냄새 등을 제거해주며, 황화알릴로 인해 강하고 자극적인 방향을 낸다.

(4) 고추

적당량을 섭취하면 식욕을 촉진해 주고 소화를 돕는다. 고추의 매운맛의 주성분은 캡사이신capsaicin으로 건위살충의 효과를 낸다. 대체로 빛깔이 빨갛고 가늘며 긴 것이 매운 고추이다.

(5) 후추

후추의 매운맛은 차비신chavicine 성분 때문인데, 육류 및 어류의 냄새를 없애는데 효과적이고, 흰후추보다는 검은후추가 매운맛이 더 강하다.

(6) 겨자

작고 둥근 씨로 매운맛을 갖고 있으며, 시니그린sinifrin이라는 성분이 분해되어 겨자의 매운맛을 내는 것이다. 주로 냄비요리에 이용되며, 머스터드 잎은 날것으로 먹거나 데쳐서 이용하기도 하고, 씨는 분말로 만들어 양념으로 사용된다. 주로 소스, 샐러드, 피클, 육류 등에 이용된다.

(7) 기타

이 밖에도 아니스anise; 회향, 시너먼cinnamon; 계피, 클로브clove; 정향, 너트메그nutmeg; 육두구, 타임thyme; 백리향, 박하 등이 있다.

15. 기호식품

1) 커피

① 커피열매에는 전분, 단백질, 지방 등이 함유되어 있는데, 특히 음료로서의 커피에는 카페인과 탄닌, 트리고넬린, 유기산, 이산화탄소 등이 함유되어 있다.
② 커피의 맛 성분 중 쓴맛과 떫은맛을 내는 것은 각각 카페인과 탄닌으로, 볶은 커피에는 카페인산이 함유되어 있어 쓴맛과 신맛을 주며, 구연산, 사과산, 주석산 등도 미량 함유되어 있다.
③ 커피열매를 따서 껍질을 모두 벗긴 것을 그린커피green coffee라 하는데, 커피는 그린커피를 200~250℃로 가열하여 30분 정도 볶아 분말로 한 것이다. 반면, 인

스턴트커피는 커피콩을 볶아 그 침출액을 농축시켜 건조한 것이다.

④ 커피 입자의 크기, 커피 기구, 물의 온도, 끓이는 시간 등에 따라 커피 맛이 달라지는데, 커피를 끓이는 것은 커피에 뜨거운 물이 단시간 접촉하여 커피 특유의 맛을 추출하는 과정이다.

⑤ 커피기구로서 사기, 유리, 스테인리스, 범랑 등이 적당하며, 금속제는 끓이는 동안 용출된 금속과 카페인이 결합되어 오히려 커피의 맛을 떨어뜨린다.

⑥ 오래 끓인 물로 커피를 끓이면 맛이 떨어지는데, 끓인 물에서 용해되었던 공기가 증발해버렸기 때문이다.

2) 차

① 차에는 주로 카페인과 탄닌, 방향성분, 수용성 고형물 등이 함유되어 있는데, 카페인의 함량은 커피보다 높지 않다.

② 제조과정에서 발효 여부에 따라 녹차, 홍차, 우롱차로 구분한다.

- 녹차green tea : 차의 어린잎이나 새싹을 발효시키지 않고 증기로 쪄 산화효소를 파괴시킨 후 바삭하게 말린 것이다.
- 홍차black tea : 찻잎을 발효시켜 증기로 쪄 말린 것이지만, 이 단계에서 일어나는 변화는 발효보다는 몇몇 화합물의 산화에 더 가깝다. 발효하는 동안 산화효소의 작용으로 엽록소가 분해되어 녹색이 없어지고, 탄닌과 기타성분이 산화·중합하여 홍갈색을 띠게 되는데, 발효가 원하는 만큼 진행되면 효소를 파괴시키고 수분을 증발시키기 위해 가열하여 건조시킨다.
- 우롱차oolong tea : 홍차의 제조과정과 비슷하나, 발효과정을 홍차만큼 진행시키지 않기 때문에 우롱차는 홍차와 녹차의 중간 정도의 질을 갖고 있다. 찻잎을 홍차의 반 정도로 발효시킨 후 건조, 압착, 가열 처리한 것이다.

③ 탄닌의 떫은맛을 최소로 하고 향미 성분은 최대로 우려내는 것이 차를 끓이는 기본이 된다.

④ 물의 온도는 금방 끓인 것보다 약간 낮은 85~93℃가 적절한데, 휘발성인 방향성 물질의 손실을 줄일 수 있기 때문이다. 물은 연수soft water를 사용하는 것이 좋다.

⑤ 차 기구로는 금속성인 것보다는 유리나 도자기 재질의 것을 사용하는 것이 차의 맛을 더해 준다.

⑥ 최고급 차는 새싹이 나는 가지에서 채 벌어지지 않은 싹과 다음 2개의 잎으로 만든 것이다. 잎이 연하고 즙이 많은 특징을 갖고 있다.

제3장 **집단급식**

1. 집단급식

1) 집단급식의 정의

집단급식이란, 공장, 사업장, 학교, 병원, 기숙사와 같은 곳에서 집단으로 생활하는 특정의 여러 사람들을 대상으로 계속적으로 식사를 공급하는 것을 말하며 단체급식이라고도 한다. 시중의 일반식당은 다수인을 대상으로 하기는 하나 특정의 사람을 대상으로 하지 않으므로 집단급식에 속하지 않는다.

2) 집단급식의 목적

① 급식 대상자에게 영양 지식을 익혀 준다.
② 급식 대상자의 영양 개선을 도모한다.
③ 지역사회의 식생활 개선을 도모한다.

3) 집단급식시의 고려사항

① 급식 대상자의 영양기준량을 산출한다.
② 지역적인 식습관을 고려하고 새로운 식습관을 개발한다.
③ 피급식자의 생활시간 조사에 따른 3식의 영양량 배분을 한다.

2. 집단급식의 조리기술

(1) 국

① 집단급식에 있어서는 맑은 국보다 토장국이 좋은데, 영양 및 맛에 있어서 맑은

국보다 토장국을 많은 사람들이 좋아하기 때문이다.

② 적절한 재료를 사용하여 1인당 건더기의 분량을 60~100g, 국물과 건더기의 비율을 2/3 : 1/3이 되게 한다.

(2) 찌개

① 적절한 재료와 재료에 따른 조미료를 선택하여 건더기와 국물의 비율을 2/3 : 1/3이 되게 한다.

② 불의 조절은 센불에서 끓이기 시작하여 한소끔 끓은 후에 불을 약간 약하게 하여 약 20분간 푹 끓이도록 한다.

(3) 조림

① 조림은 찌개와 달라 국물의 맛을 내는 것이 중요한 것이 아니라 조리는 식품자체에 맛을 잘 들이도록 하는 것이 중요하다.

② 재료를 썰 때, 너무 부서지지 않게 하고, 재료와 재료 사이에 조미료를 가하여 어느 부분이나 같은 맛이 나도록 한다.

③ 불의 조절은 센 불에서 시작하여 끓기 시작하면, 불을 약간 약하게 하여 밑이 타지 않도록 뜸들이는 정도로 두는 것이 좋다.

④ 재료의 색을 곱게 유지하고 싶을 때, 또는 냄새를 빼고 싶을 때는 뚜껑을 덮지 않고 조리도록 한다.

⑤ 2가지 재료를 같이 조릴 때는 비교적 시간이 오래 걸릴 재료부터 조리다가 다른 재료를 넣도록 한다.

⑥ 타기 쉬운 재료는 처음부터 약한 불에서 조리도록 한다.

⑦ 생선은 조미료를 넣고 끓이다가 조리는 것이 영양 손실도 적고 생선살이 부서지지 않으며, 너무 오랜 시간 조리면 맛도 적어지고 살이 단단해진다.

(4) 구이

① 구이를 할 때, 불이 너무 세면 거죽만 타고 속은 익지 않으며, 굽은 재료가 너무

두꺼우면 조미료가 속까지 배어들어가지 못하여 맛이 좋지 않으면서 조미료만 태우기 쉽다.

② 구이를 할 때는 석쇠나 오븐을 미리 뜨겁게 달군 후 굽도록 한다.

③ 소금을 뿌렸다가 구울 때는 소금을 뿌리고 20~30분간 두어 소금이 생선 표면에서 없어진 후에 굽도록 한다.

(5) 튀김

튀김을 만드는데 소요되는 시간이 국에 비하여 약 3배나 더 걸리므로, 집단급식에서의 튀김은 그 사정을 충분히 고려하여 행하도록 하여야 한다.

(6) 나물

① 채소를 날로 사용할 때는 신선한 것을 사용하되, 위생적인 처리법으로 깨끗이 씻도록 한다.

② 채소를 데쳐서 사용할 때는 데친 후 완전히 식혀서 무치도록 한다.

③ 나물을 먹기 직전에 무쳐 먹어야 향기롭고 그 특유의 맛을 유지한다.

3. 급식서비스 형태

현재 급식소에서 사용하고 있는 서비스 형태는 셀프서비스, 트레이서비스, 테이블서비스, 카운터서비스로 구분할 수 있다.

(1) 셀프서비스self service

배식과 반납을 급식 대상자가 하는 형태로, 이런 형태에는 카페테리아, 뷔페서비스, 샐러드 바, 자동판매기가 있다. 또한 셀프서비스가 변형된 하프 셀프서비스는 배식은 피급식자가 하고, 반납은 직원을 시키는 형태로, 급식시설의 배식 및 퇴식구의 조건에 따라 운영상의 변화를 가질 수 있다.

① 카페테리아 : 셀프서비스 중 가장 널리 알려진 방법으로, 피급식자가 직접 음식을 선택하고 식기를 반납하는 방법으로 크게 세 가지로 분류할 수 있다. 그 하나는 전통적인 카페테리아로, 종업원이 배식대의 반대편에 배치되어 피급식자가 음식을 선택하는 것을 도와주는 형태이다. 배식대의 배치는 직선형, 평행형, 지그재그형 등의 방법이 있으며, 대학식당과 기숙사, 상업적 급식소, 학교급식, 유아급식소에서 주로 이용되고 있다.

② 뷔페 혹은 스모가스보드smorgasbord 서비스 : 큰 상 위에 많은 양의 음식을 차려놓고 피습식자는 테이블 주위를 이동하면서 음식을 선택하는 형태로, 카페테리아 서비스에 비해 선택할 음식의 수가 많고 정교한 짜임새를 나타낸다. 음식이 제공되는 동안 소형 가열도구를 사용하여 적정온도가 유지되도록 배려해야 하며, 이런 스타일의 상차림에서는 식탁 위의 음식이 사람들에 의해 오염되지 않도록 주의해야 한다(스니즈가드 설치 등).

(2) 쟁반서비스tray service

배식, 반납을 전부 급식부 직원이 하는 풀서비스에 속하는 형태이다. 다른 식사 시설을 이용할 수 없는 사람들에게 음식을 쟁반에 담아 피급식자에게 운반하는 방법으로 보통 병원의 입원환자나 거동이 불편한 양로원의 노인 등에게 제공되는 형태이다.

(3) 배식원에 의한 서비스waiter-waitress service

배식원에 의한 서비스에는 카운터서비스counter service, 테이블서비스table service 및 드라이브인 서비스가 있다.

카운터서비스는 조리사가 요리를 만들어서 카운터 테이블에 놓으면서 피급식자에게 바로 식사를 제공하는 방법으로, 피급식자는 카운터 높이에 맞춘 높은 간이의자stool에 앉아 요구하는 음식을 바로 배식담당자로부터 제공받을 수 있는 형태이다.

테이블서비스는 레스토랑이나 호텔에서 배식원이 음식 주문을 받아 음식을 배식하고 식사가 끝난 후 그릇을 회수하는 방법이다.

제4장 식단작성

1. 식단작성의 의의와 목적

1) 식단작성의 의의

인체에 필요한 영양을 균형적으로 보급하고 먹는 사람의 영양 필요량에 알맞은 음식을 준비하며, 영양지식을 기초로 하여 합리적인 식습관을 형성하는 데 그 의의가 있다.

2) 식단작성의 목적

① 시간과 노력의 절약
② 식품비의 조절 또는 절약
③ 영양과 기호의 충족
④ 좋은 식습관의 형성

2. 식단작성의 기초지식

1) 식품의 분류

식품은 ① 식품영양가표에서의 분류체계를 중심으로, ② 한국인의 대표적 식사 패턴, ③ 식품의 영양소 함량, ④ 국민영양조사에서 특정식품이 총영양소 섭취에 기여하는 정도 등을 고려하여 분류한다.

2) 한국인 표준식의 식품 구성량

식단작성에 필요한 섭취식품량은 한국인 영양권장량의 성인남자 20~49세의 체중 64kg인 1일분에 따른 식품 구성량을 기준으로 한다. 영양 권장량은 생리적 필요량에 안전율(10%)이 가산되어 있으므로, 권장량보다 식품섭취가 미달인 경우에도 쉽게 결핍증에 걸리지는 않는다. 그러나 조리할 때의 손실은 별도로 고려하여야 한다.

한국인 영양 권장량에 따른 성인 환산치(섭취비율)

구 분	연 령	섭취 비율	구 분	연 령	섭취 비율
어린이	1~3 4~6 7~9	0.48 0.60 0.72	여 자	10~12 13~15 16~19 20~49 50~64 65 이상	0.80 0.92 0.92 0.80 0.72 0.64
남 자	10~12 13~15 16~19 20~49 50~64 65 이상	0.92 1.04 1.04 1.00 0.92 0.80	임신 후반기와 수유기	임신 후반기 수유기	0.85 0.93

* 중등노동을 하는 20~49세, 체중 63kg인 성인남자를 1.0으로 한 표

3) 급식 구성원의 섭취식품량 계산법

가족이나 많은 사람들의 섭취식품 산출량 계산에는 연령별·성별에 따라 영양권장량의 성인 환산치를 활용하고 이것에다 일수를 곱하여 산출한다. 이 산출량으로 식품분배 계획을 세워 식단을 작성한다.

예를 들어, 다음과 같은 4인 가족에 필요한 1주일분의 섭취식품량을 산출해 본 결과 4인 가족의 환산치 합계가 3.00이 나왔다. 이 계수는 가족이 섭취해야 할 식품량을 계산하는데 사용한다. 이에 따라 가족의 섭취식품량 계산법을 알아본다.

4인가족의 섭취식품량 가족의 섭취식품량 계산법

구 분	연 령	성인 환산치 (열량)
아버지	35(63kg)	1.00
어머니	32(52kg)	0.80
아들	6	0.60
딸	4	0.60
계		3.00

식품군	가족의 섭취량 (권장량(g) × 섭취비율 × 일수)
고기 · 생선 · 계란 · 콩류	80 × 3.00 × 7 = 1,680 30 × 3.00 × 7 = 630

- 복수식단 : 동일한 영양을 섭취하면서도 식품과 조리법을 선택할 수 있도록 계획된 식단
- 대치식품 : 영양 면에서 주된 영양소가 공통으로 함유된 것을 의미하며 식단을 작성할 때 필요하다. (버터 - 마가린, 소고기 - 돼지고기, 감자 - 고구마 등)

4) 표준식단 작성의 순서

① 영양 기준량의 산출 : 한국인의 영양 권장량을 적용하여 성별, 연령별, 노동 강도 등을 고려하여 산출한다.

② 섭취식품량의 산출 : 한국인의 영양권장량에 따른 식량 구성량의 예를 사용하며 섭취식품량을 식품군별, 식품별로 산출한다.

③ 3식의 배분 결정 : 하루에 필요한 섭취 영양량에 따른 식품량을 1일 단위로 계산, 3식의 단위식단 중 주식의 단위는 1 : 1 : 1, 부식의 단위는 1 : 1 : 2(3 : 4 : 5)로 하여 요리수 계획을 수립한다.

④ 음식수 및 요리명 결정 : 식단에 사용할 음식수를 정하고 섭취식품량이 다 들어갈 수 있도록 고려하여 요리명을 결정한다.

⑤ 식단작성 주기 결정 : 1개월분, 10일분, 1주일분, 5일분(학교급식) 등으로 식단작성 주기를 결정하고 그 주기 내의 식사횟수를 결정한다.

⑥ 식량배분 계획 : 20~49세 성인남자 1인 1일분의 식량 구성량에다 평균 성인 환산치와 날짜를 곱한 식품량을 계산한다.

⑦ 식단표 작성 : 요리명, 식품명, 중량, 대치식품, 단가 등을 기재한 식단표를 작성한다.

3. 식이요법(제한식)

① 당뇨(인슐린작용 부족으로 인한 탄수화물 대사장애) : 당질 · 열량을 제한하고, 고기, 생선, 달걀, 우유, 콩류 등의 단백질 식품과 비타민, 무기질 등을 공급해 줄 수 있는 채소류를 섭취하며, 당분이 적은 과일 등은 좋다.

② 신장병 : 단백질, 염분, 수분, 제한(자극성 있는 향신료나 술, 커피, 홍차 등 금지)

③ 고혈압 : 동물성 지방, 열량, 염분을 제한한다.

④ 심장병 : 지방, 염분, 알코올을 제한하고 충분한 영양공급을 한다.

⑤ 간질환(담즙 분비에 고장이 생겨 담즙이 혈액 속에 퍼져 피부, 소변 색깔이 황색) : 지방, 알코올, 향신료를 제한하고 단백질을 섭취한다. 두부, 곡류, 야채, 레몬이 좋다.

⑥ 폐결핵(소모성 질환으로 미열이 나며 신진대사가 높고 몸이 나른해진다) : 단백질, 지방, 칼슘과 철분, 비타민A, B, C, D, 나이아신 등을 섭취한다. 특히 비타민 B_6를 충분히 섭취해야 소화액 분비, 증혈 및 항독작용이 생긴다.

⑦ 비만증 : 탄수화물, 지방을 제한한다(열량제한). 저열량식품으로 우유 대신 탈지유, 설탕 없는 음료, 빵에서도 버터를 금하고 주식을 감소시킨다.

⑧ 위궤양 : 단백질, 비타민C, Fe을 섭취한다. 소화가 잘되고 자극이 적은 식품으로 소량을 자주 섭취한다.

4. 상차림

1) 반상(飯末)

밥을 주식으로 준비한 식탁을 반상이라 하고 규모에 있어서 반찬의 수를 첩수라 하는데, 첩수에 따라 반상의 종류가 결정된다.

- 3첩반상 : 밥, 탕, 김치, 종지 1개, 반찬 3가지(생채, 조림 또는 구이, 장아찌)
- 5첩반상 : 밥, 탕, 김치, 종지 2개, 조치, 반찬 5가지(생채, 조림, 마른찬, 숙채, 전유어)

- 7첩반상 : 밥, 탕, 김치, 종지 3개, 조치 2가지, 반찬 7가지(5첩 외 회, 구이)
- 9첩반상 : 밥, 탕, 김치, 종지 3개, 조치 2가지, 반찬 9가지

종지는 반상에 놓인 반찬을 먹을 때 필요한 조미료를 담는 것으로 간장, 초장, 초고추장을 담는다.

반찬의 종류를 정할 때에는 같은 방법의 요리 또는 같은 재료가 겹치지 않도록 하고, 색의 배합이나 질의 배합도 고려한다. 조치를 2가지 준비할 때에는 고추장찌개와 젓국찌개로 하거나 찜이나 전골을 준비할 수도 있다. 또한 어육류와 채소가 골고루 섞여야 하는데, 채소는 생채 · 숙채 등으로 준비하고, 어육류는 회 · 구이 · 전 등으로 조리법을 다양하게 한다. 모든 영양소를 골고루 취할 수 있도록 하고, 다양한 조리법으로 항상 식욕을 돋우도록 한다.

2) 면상(麪床)

면류인 국수가 주식으로 점심에 많이 사용된다. 온면, 냉면, 칼국수, 떡국, 수제비, 만둣국 등을 주식으로 하고, 냉채, 전류, 잡채, 과일, 증과, 각종 떡 종류, 식혜, 수정과, 화채 등을 놓는다. 깍두기, 장아찌, 밑반찬, 젓갈 등은 내놓지 않는다. 우리나라에서는 생일, 결혼, 회갑, 정초 등 축하하는 날에 면상을 대접한다.

3) 교자상(交子床)

많은 사람들이 모여 식사를 같이 할 때, 쓰이는 상, 즉 회식용 상을 교자상이라 한다. 신선로, 찜, 회, 숙채, 냉채, 숙과, 생과 등의 요리 중 계절에 알맞고 축하연의 성격과도 맞는 것으로 손님들의 식성과 기호를 고려하여 식단을 작성한다.

제5장 조리설비

1. 조리장의 기본 위치, 넓이, 모양

1) 조리장의 기본

조리장을 신축이나 개조할 경우에 ① 위생, ② 능률, ③ 경제, 이 세 가지 기본문제를 고려하여 설계나 공사를 하여야 한다. 그 중에서 제일 중요한 것은 위생인데, 예산이 없다고 해서 위생시설을 소홀히 해서는 안 된다. 다음으로 사람 손이 많이 가지 않아도 작업할 수 있는 능률적인 조리장이 되어야 한다. 그러면서 무리가 없는 경제적인 조리장을 기본으로 한다.

2) 조리장의 구조

바람직한 조리장은 손님이 내부를 볼 수 있는 구조로 되어 있는 것이 좋다. 휴게음식점 영업 가운데 동일건물 안에 조리장을 설치하는 제과점 등과 관광호텔업, 관광공연장업의 조리장 등은 제외된다.

3) 조리작업의 동선관리

(1) 조리작업 흐름

① 조리작업의 흐름 결정은 각각의 작업시간과 공간을 정하는 중요한 요소이다.
② 작업의 동선을 정할 때는 십자 교차와 같은 길 등을 통해서 역행하는 것을 피하는 게 좋다.
③ 가장 효율적으로 작업자가 시간 절약 또는 에너지 소모를 적게 할 수 있도록 시간 연구 및 동작 연구가 선행되어져야 한다. 신속한 작업과 서비스를 제공하

도록 계획하는 것이 바람직하다.

④ 작업자 또는 식재료의 흐름 간의 거리를 최소로 하는 것이 좋다.

⑤ 각각의 성능을 고려해서 설비는 사용이 용이한 것을 선택한다.

⑥ 최대한 공간과 설비의 기능을 활용한다.

(2) 조리작업의 과정

① 식재료의 씻기, 자르기, 껍질 벗기기, 섞기 등의 주조리 과정 전의 준비작업을 전처리 과정이라 한다. 내부의 기기배치는 작업순서에 따라 계획되는 것이 바람직하며, 대규모 업소의 조리장의 경우 작업의 합리화와 능률을 향상시키기 위해 어류, 육류, 야채류의 전처리실을 분리하는 것이 좋다.

② 조리장의 주조리 과정을 가공조리 과정이라 하는데, 대체로 열기기를 사용하여 굽기, 삶기, 찌기, 볶기, 튀기기 등의 조리방법으로 음식을 완성하는 과정이다.

③ 조리된 음식을 그릇에 담거나 보기 좋게 장식하고 배식하는 과정을 장식, 배식 과정이라 한다. 이 과정에서는 음식의 온도를 보존하여 제공하는 것 등이 중요하다.

④ 식기류를 치우는 퇴식과정과 세척과 정리 등의 과정을 식기세척 및 수납과정이라 하는데, 식기운반 후에 세척과 수납을 해야 하므로 왕래하기 편한 곳이 좋다.

(3) 설비 기기의 배치

① 가능한 한 교차되지 않게 하여 작업의 동선을 단축할 수 있도록 작업공정에 적절하게 배치하는 것이 중요하다.

② 배수면에는 물을 사용하는 기기를, 환기면에는 가열기기 등을 집약해서 설치하는 것이 바람직하다.

③ 배치 형태

- 일렬형 : 작업 동선이 길어 비능률적이며, 좁은 조리장에 적합한 형태이다.
- ㄴ자형 : 비교적 동선이 짧기 때문에 일렬형과 같이 좁은 조리장에 적합한 형태이다.

- ㄷ자형 : 면적이 같은 조리장일 경우에는 가장 동선이 짧으며, 넓은 조리장에 적합한 형태이다.
- 병렬형 : 180° 회전을 해야 하므로, 피로가 빨리 오는 별로 좋지 않은 형태의 조리장이다.

2. 조리기기의 위생관리

(1) 조리기기

① 스위치가 꺼진 것을 확인하고 수시로 손질하는 것이 중요하다.

② 3년에 1회 정도로 플레이트plate를 교환해 주는 것이 좋고, 칼날은 3개월에 1회 정도 갈아두는 것이 좋다.

③ 기름 주입은 기계부분의 경우에는 1년에 1회가 좋고, 기계 전체의 분해일 경우는 2~3년에 1회 정도가 좋다.

④ 바깥부분을 닦을 때는 모터에 물이 들어가지 않게 주의한다.

(2) 가스기기

① 조립할 수 있는 부분은 전부 분리하고 칠판과 그물망, 받침대 등을 떼어낸 다음 세제로 잘 씻는다. 화구가 막혔을 때는 철사를 이용하여 구멍을 뚫은 후 버너 부분을 솔로 가볍게 닦는다.

② 녹이 슬기 쉬운 곳은 깨끗한 기름걸레로 문질러 손질해 둔다.

③ 가스가 새어나오지 않게 항상 가스코크와 공기 조절기를 점검해 둔다.

(3) 냉장 · 냉동고

① 따뜻한 물과 세제로 주 1회 세정 및 소독을 하고 배수구가 막히지 않게 항상 주의한다.

② 냉장고 외부는 언제나 청결히 하고 손잡이 등은 세제로 닦은 후 마른행주질로 마무리한다.

③ 냉장고는 5℃ 내의 온도를 유지해야 하며, 냉동고는 -5~-20℃ 온도를 유지하는 것이 좋다.

④ 정기적으로 서리를 제거하는 것도 잊지 말아야 한다.

(4) 식기세척기

① 기체 안은 호스를 이용하여 물을 뿌려 세정하고, 탱크의 오물 집합장소와 커튼, 회전브러시 등은 기계에서 분리하여 깨끗이 세정한 후 잘 건조시킨다.

② 세정노즐은 야채 찌꺼기와 잔반 등이 끼어 막히기 쉬우므로 세심하게 청소한다.

(5) 소기구류

① 행주는 깨끗이 삶아 약제로 소독한 후 완전히 건조시킨다.

② 도마는 중성세제로 닦아내어 흐르는 물에 헹군 후 열탕, 약품, 일광소독 등을 한다.

③ 금속제품은 열탕소독을 하는 게 바람직하다.

3. 조리장의 설비

1) 급수설비

급수방법에는 '직접 급수법'과 '고가수도 급수법' 등도 있다. 수압은 일반적으로 0.35kg/cm^3 이상, 수압 세미기(洗米機)는 0.7kg/cm^3, 그 외에 수압과 수량에 의해서 0.5kg/cm^3 이상이어야 한다. 변소나 욕실은 0.7kg/cm^{3}가 최저 수압이다. 또한 수도꼭지에서 방출하는 물이 물건에 맞아 튀기는 일이 없도록 포말수정을 사용한다.

급수관은 보통 아연도금 강관을 사용하며, 수도관의 동파를 막기 위하여 충분한 보온시설이 필요하다.

- 일반급식소에서 급식수 1식당 주방면적 : 0.1m^2 정도
- 일반급식소에서 급수설비 용량 환산 시 1식당 사용물량 : 6.0~10.0ℓ

2) 급탕설비

급탕은 '중앙급탕법'이라 해서 일정한 장소에서 각 탕에 급탕하는 방법과, '국소급탕법'이라 해서 필요한 장소에 분탕기를 두고 급탕하는 순간급탕기의 급탕장치와 같은 방법이 있다. 중앙급탕법은 대조리장, 국소급탕법은 소조리장에 적합하다.

중앙급탕법일 경우 보일러에서 꼭지까지 2개의 파이프로 연결하는 이관식 급탕법과 1개의 파이프로 연결하는 일관식 급탕법이 있는데, 대부분 공사비 절약으로 일관식을 사용하나 불편하다. 가스 순간온탕기는 1ℓ의 물을 1분간에 25℃ 높이는 힘이 있는 것을 1호라 한다. 가스 온탕기에는 반드시 환풍장치가 필요하다.

3) 배수시설

① 하수도에서 들어오는 악취 및 쥐, 해충 등의 침입을 방지하려면 트랩trap 장치를 설치해야 하는데, 트랩이란 배수구와 배수관이 벽과 바닥에 연결된 배치상태에 따라 S자, U자, P자의 형태로 구부려 물을 채워 넣은 것이다.

② 파이프 직경이 75mm 이하일 경우는 1/150로 배수 경사를 주고, 100mm 이상일 경우는 1/75보다 배수 경사를 낮추지 않아야 한다. 이때 바닥의 배수구 경사는 1/50이다.

③ 전체 바닥의 물매를 조정해서 물이 배수구에 쉽게 흘러 들어가게 하는 것이 중요하다.

4) 환기시설

① 객석과 조리장, 화장실 등에 충분한 환기시설을 갖추어야 한다.

② 창문에 의한 환기인 자연환기는 조리장 내·외의 온도 차이가 5℃ 이상일 때 가장 좋다.

③ 회전창, 환풍기fan, 후두hood 등을 설치하여 조리장 내의 공기를 교환하는 인공환기는, 후드 모양이 사방 개방형일 때 가장 잘 이루어진다.

5) 채광 및 조명시설

(1) 채광

조리장은 자연광이 들어오는 곳에 위치하는 것이 좋고, 창은 대략 주방 바닥면적의 1/5 크기가 가장 좋으며, 최소한 1/10 이상은 되어야 한다.

(2) 조명시설

조도가 낮으면 작업 능률이 낮아지고 피로도가 높아지며 재해사고의 위험까지 생긴다.

6) 방충, 방서시설

① 조리장에는 금속망이나 기타 적당한 설비의 방충, 방서시설을 갖추어야 한다.
② 방충, 방서용 금속망의 굵기는 30메시mesh 이상이 좋다.

7) 조리대

① 조리대는 조리 구역의 중심부에 위치해야 좋고, 조리대의 크기는 일반적으로 양손이 닿을 수 있는 1.8m 정도가 적당하다. 작업자에 따라 조리대 높이도 달라지는데 대략 85~90cm 전·후가 적당하고, 조리대의 폭은 55cm 정도가 적당하다.
② 오른손잡이일 경우는 일의 순서에 따라 좌에서 우로 조리대를 배치하는 것이 동선을 줄일 수 있어 효율적이다. 그러나 다른 조리설비의 배치 위치에 따라 동선의 흐름을 반대로 우에서 좌로 하는 경우도 있다.
③ 조리에 필요한 용구와 기기 등의 설비는 가까이 배치해야 효율적이며, 조미료 등의 식품도 함께 보관할 수 있게 계획하는 것이 좋다.

8) 냉장고, 냉동고, 창고

냉장고는 5℃ 내·외의 내부 온도를 유지하는 것이 표준이며, -50~-30℃의 온도가 필요할 경우도 있다. 냉동식품을 오랫동안 보존하려면 -30℃로 한다.

냉장고와 냉동 소형은 각 메이커의 표준제품을 사용한다.

9) 사입 기기(機器)

(1) 필러(박피기)

당근, 감자 등의 구근류나 야채의 껍질을 벗기는데 사용한다. 그러나 100인분 이하는 손으로 벗기는 것이 빠르다.

(2) 야채 절재기(野菜切裁機)

주사위 모양으로 써는 것, 동그랗게 써는 것, 가늘게 써는 것, 기타 여러 가지 모양을 써는 조리기와 잘게 써는 것 등 여러 가지가 있다. 식품이 부드러워도 잘 썰리는 것이 특징이다.

(3) 고기 써는 기계

작은 것은 수동형도 있는데, 대형은 동력식이다. 이 기계는 칼날이 썰리는 데 중요한 역할을 한다. 잘 썰리지 않으면 고기가 변질되는 수가 있다.

(4) 슬라이서

고기, 햄 등을 얇게 자르는 기계로, 물건을 먼저 놓는다.

(5) 끓이는 솥

조리기기 중에 재래식으로 사용하는 것이 이것이다. 판판한 평솥, 증기솥 등이 있다. 또한 조리하는데 편리한 회전솥이 있다. 우유나 즙을 끓이는 솥은 이중으로 되어 있다.

(6) 굽는 기기

주로 가스나 전기가 열원이다. 위쪽은 적외선, 아래쪽은 버너로 되어 고정식과 연속 자동식이 있다.

(7) 튀김기기

고정식은 1조, 2조식이고 연속 전자동식에는 직진형(直進型), 반복형, 회전형의 구별이 있다. 또한 전자레인지는 연속 전자동식이 있다.

(8) 세정소독기기(洗淨消毒機器)

식기세정은 싱크대에서 주로 하지만 많은 경우에는 식기세정기를 사용한다. 세정한 식기는 열탕, 열기, 증기 등으로 소독한다.

제6장 원가계산

1. 원가의 의의

1) 원가의 개념

기업은 여러 가지의 생산수단을 동원하여 제품을 생산하여 판매하는 과정에서 이윤을 얻어 성장하고 발전한다.

원가란, 기업이 제품을 생산하는데 소비한 경제가치를 말한다. 다시 말해서 특정한 제품의 제조, 판매, 서비스 외 제공을 위하여(단체급식시설에서는 만들어 제공하기 위하여) 소비된 경제가치라고 규정할 수 있다.

2) 원가계산의 목적

원가계산의 목적은 기업의 경제 실제를 계수적(計數的)으로 파악하여 적정한 판매가격을 결정하고 동시에 경영 능률을 증진시키고자 하는 데 있다. 이것을 좀더 구체적으로 살펴보면 다음과 같다.

(1) 제품의 판매가격

제품의 판매가격은 보통 그 제품을 생산하는데 실제로 소비된 원가가 얼마인가를 산출하여 여기에 일정한 이윤을 가산하여 결정하게 된다. 이와 같은 제품의 판매가격을 결정할 목적으로 원가를 계산한다.

(2) 원가관리의 목적

원가관리란, 경영활동에 있어서 가능한 한 원가를 절감하도록 관리하는 기법이다. 원가계산은 원가관리의 기초자료를 제공한다.

(3) 예산편성의 목적

예산을 편성하는 경우에는 이의 기초자료로 이용하기 위하여 원가를 계산한다.

(4) 재무제표의 작성 목적

기업은 일정기간 동안의 경영활동 결과를 재무제표로 작성하여 기업의 외부 이해관계자들에게 보고하여야 하는데, 원가계산은 이와 같은 재무제표를 작성하는데 기초자료를 제공한다.

원가계산은 1개월에 한 번씩 실시하는 것을 원칙으로 하고 있으나 3개월 또는 1년에 한 번씩 실시하기도 한다. 원가계산의 실시기간을 '원가계산기간'이라고 한다.

2. 원가의 종류

(1) 재료비, 노무비, 경비

원가를 발생하는 형태에 따라 분류한 것으로 '원가의 3요소'라고 한다. 재료비는 제품의 제조를 위하여 소비되는 물품의 원가를 말한다. 단체급식시설에 있어서의 재료비를 의미한다.

노무비는 제품의 제조를 위하여 소비되는 노동의 가치를 말한다. 이것은 필요에 따라서 수도, 광열비, 전력비, 보험료, 감가상각비 등 다수의 비용으로 구분된다.

(2) 직접원가, 제조원가, 총원가

각 원가 요소가 어떠한 범위까지 원가계산에 집계되는 것에 따라 분류한 것으로, 그림으로 나타내면 다음과 같다.

① 직접원가 = 직접재료비 + 직접노무비 + 직접경비
② 제조원가 = 직접원가 + 제조간접비(간접재료비 + 간접노무비 + 간접경비)
③ 총 원 가 = 제조원가 + 판매관리비
④ 판매원가 = 총원가 + 이익

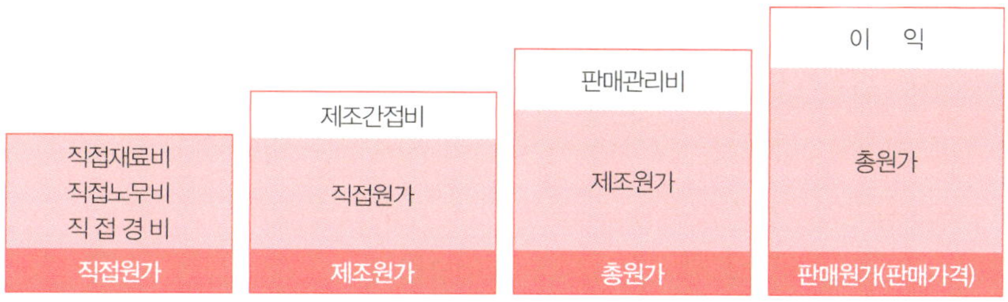

(3) 직접비, 간접비

원가요소를 제품에 배분하는 절차로 보아서 분류한 것이다. 직접비는 특정제품에 직접 부담시킬 수 있는 것으로서 직접원가라고도 한다. 직접재료비, 직접노무비, 직접경비로 구분된다. 간접비는 여러 제품에 공통적으로 또는 간접적으로 소비되는 것으로서, 각 제품에 인위적으로 적절히 부담시킨다.

(4) 실제원가, 예정원가, 표준원가

이것은 원가계산의 시점과 방법의 차이로 분류한 것이다.

① 실제원가 : 제품이 제조된 후에 실제로 소비된 원가를 산출한 것이다. 사후 계산에 의하여 산출된 원가이므로 확정원가 또는 현실원가라고 하며, 보통 원가라고 하면 이것을 의미한다.
② 예정원가 : 제품의 제조 이전에 제조에 소비될 것으로 예상되는 원가를 예상하여 산출한 사전원가로, 견적원가 또는 추정원가라고 한다.
③ 표준원가 : 기업이 이상적으로 제조 활동을 할 경우에 예상되는 원가, 즉 경영능률을 최고로 올렸을 때의 최소원가의 예정을 말한다. 따라서 이것은 장래에 발생할 실제원가에 대한 예정원가와는 차이가 있으며, 실제원가를 통제한다.

(5) 단체급식시설의 원가요소

단체급식시설의 운영과정에서 발생하는 원가요소를 예시하면 다음과 같다.

① 급식재료비 : 조리제 식품, 반제품, 급식 원재료 또는 조미료 등 급식에 소요되

는 모든 재료에 대한 비용이다.

② 노무비 : 급식 업무에 종사하는 모든 사람의 노동력 대가로 지불되는 비용이다.

③ 시설 사용료 : 급식시설의 사용에 대하여 지불하는 비용이다.

④ 수도, 광열비 : 전기료, 수도료, 연료비 등으로 구분된다.

⑤ 전화 사용료 : 업무수행 상 사용한 전화료이다.

⑥ 소모품비 : 급식업무에서 소요되는 각종 소모품 비용으로 식기, 집기 등의 내구성 소모품과 소독저, 세제 등의 완전 소모품으로 구분하기도 한다.

⑦ 기타 경비 : 위생비, 피복비, 세척비 또는 기타 잡비를 총칭한다.

⑧ 관리비 : 단체급식시설의 규모가 큰 경우 별도로 계상되는 간접경비이다.

3. 원가계산의 원칙

(1) 진실성의 원칙

제품의 제조에 소요된 원가를 정확하게 계산하여 진실하게 표현해야 된다는 원칙이다. 여기에서의 진실성이란, 실제로 발생한 원가의 진실한 파악을 가리킨다.

(2) 발생기준의 원칙

현금기준과 대립되는 것으로, 모든 비용과 수익의 계산은 그 발생 시점을 기준으로 하여야 한다는 원칙이다. 즉 현금의 수지에 관계없이 원가 발생의 사실이 있으면 그것을 원가로 인정해야 한다는 것이다.

(3) 계산경제성의 원칙

중요성의 원칙이라고도 하며, 원가계산을 할 때에는 경제성을 고려해야 한다는 원칙이다. 예컨대, 원래는 직접비이나 그 금액과 소비량이 적은 경우는 간접비로 계산하는 경우와 같다.

(4) 확실성의 원칙

실행 가능한 여러 방법이 있을 경우에 가장 확실성이 높은 방법을 선택해야 한다는 원칙이다. 즉 이론적으로는 부합되나 확실한 결과를 얻을 수 없는 방법보다는 이론적으로 다소 결함이 있더라도 확실한 결과를 확보할 수 있는 방법을 선택해야 한다.

(5) 정상성의 원칙

정상적으로 발생한 원가만을 계산하고 비정상적으로 발생한 원가는 계산하지 않는다는 원칙이다.

(6) 비교성의 원칙

원가계산에 다른 일정기간의 것과 또는 다른 부분의 것과를 비교할 수 있도록 실행되어야 한다는 원칙이다. 원가계산에 비교성이 없으면 유효한 경영관리의 수단이 되지 못하기 때문이다.

(7) 상호관리의 원칙

원가계산과 일반회계 간 그리고 각 요소별 계산, 부문별 계산, 제품별 계산 간에 서로 밀접하게 관련되어 하나의 유기적 관계를 구성함으로써 상호 관리가 가능하도록 되어져야 한다는 원칙이다.

4. 원가계산의 구조

원가계산은 보통 다음과 같은 단계를 거쳐 실시하게 된다.

① 제1단계 : 요소별 원가계산
② 제2단계 : 부문별 원가계산
③ 제3단계 : 제품별 원가계산

(1) 요소별 원가계산

제품의 원가는 먼저 재료비, 노무비, 경비의 3가지 원가 요소를 몇 가지의 분류방법에 따라 세분하여 각 원가요소별(비목별)로 계산하게 된다. 이같은 방법을 요소별 원가계산 또는 비목별 원가계산이라고 한다.

(2) 부문별 원가계산

전 단계에서 파악된 원가요소를 원가 부문별로 분류, 집계하는 계산 절차를 뜻한다. 원가 부문이란, 좁은 의미로는 원가가 발생한 장소를 말하며, 넓은 의미로는 원가가 발생한 직능에 따라 원가를 집계하고자 할 때 설정되는 계산상의 구분을 의미한다.

(3) 제품별 원가계산

요소별 원가계산에서 파악된 직접비는 제품별로 직접 집계하고, 부문별 원가계산에서 파악된 부문비는 일정한 기준에 따라 제품별로 배분하여 최종적으로 각 제품의 제조원가를 계산하는 절차를 가리킨다.

5. 재료비의 계산

1) 재료비의 개념

기업이 제품을 제조할 목적으로 외부로부터 구입, 조달한 물품을 재료라 하고, 제품의 제조과정에서 실제로 소비되는 재료의 가치를 화폐액수로 표시한 금액을 재료비라고 한다. 재료비는 제품원가의 중요한 요소가 된다. 재료비는 재료의 실제 소비량에 재료의 소비단가를 곱하여 산출한다(재료비 = 재료소비량×재료소비단가).

2) 재료소비량의 계산

(1) 계속기록법

재료를 동일한 종류별로 분류하고 들어오고 나갈 때마다 수입, 불출 및 재고량을 계속하여 기록함으로써 재료소비량을 파악하는 방법이다. 단체급식시설의 경우는 식품수불부나 출납부 또는 카드 등에 의하여 매일 식품재료의 수입, 불출 및 재고량을 기입함으로써 식품재료의 소비량을 파악할 수 있다.

(2) 재고조사법

원가계산 기말이나 일정 시기에 재료의 실제 재고량을 조사하여 기말 재고량을 파악하고, 전기 이월량과 당기 구입량의 합계에서 이 기말 재고량을 차감함으로써 재료 소비량을 산출하는 방법이다.

- 당기소비량 = (전기 이월량 + 당기 구입량) - 기말 재고량
- 월중소비액 = (월초 재고액 + 월중 매입액) - 월말 재고액

(3) 역계산법

일정단위를 생산하는데 소요되는 재료의 표준소비량을 정하고, 그것에다 제품의 수량을 곱하여 전체의 재료소비량을 산출하는 방법이다.

- 재료소비량 = 제품단위당 표준소비량 × 생산량

3) 재료 소비가격의 계산

(1) 개별법

재료를 구입단가별로 가격표를 붙여서 보관하다가, 출고할 때 그 가격표에 표시된 구입단가를 재료의 소비가격으로 하는 방법이다.

(2) 선입선출법

재료의 구입순서에 따라 먼저 구입한 재료를 먼저 소비한다는 가정 아래 재료의 소비가격을 계산하는 방법이다. 즉 구입일자가 빠른 재료의 구입단가를 소비가격으로 하는 것이다.

(3) 후입선출법

선입선출법과는 정반대로 최근(나중)에 구입된 재료부터 먼저 사용한다는 가정아래 재료의 소비가격을 계산하는 방법이다.

(4) 단순평균법

일정 기간 동안의 구입단가를 구입 횟수로 나누어 구입단가의 평균을 재료 소비단가로 하는 방법이다.

(5) 이동평균법

구입단가가 다른 재료를 구입할 때마다 재고량과의 가중 평균가를 산출하여 이를 소비 재료의 가격으로 하는 방법이다.

4) 단체급식시설에서의 적정식품 재료비의 계산

단체급식시설에 있어서의 식품 재료비는 급식시설의 종류나 성격 등에 따라 다르지만, 일반적으로 식비가 자기 부담인 경우에는 가능한 한 줄이려는 경향이 많다. 그러나 적정 식비가 확보되지 않으면 영양가가 적하되어 피급식자의 건강에 영향을 미치고 그 결과는 바로 경영능률에 직결된다.

따라서 단체급식시설의 성공적인 운영을 위해서는 적정식비의 확보문제가 대단히 중요한 위치를 차지한다. 적정식비를 산출할 때에는 다음 사항을 유의해야 한다.

① 피급식자의 성별, 연령별, 직종별에 적합한 급여 영양의 기준과 식량 구성을 고려한다.
② 식품의 폐기율을 염두에 둔다.
③ 전년도에 사용한 식품의 품목, 수량 및 사용 빈도를 파악한다.
④ 전년도에 사용한 각 식품별 평균 구입단가와 가격의 상승률을 파악한다.
⑤ 식사내용의 개선, 행사식(行事食) 등을 고려한다.
⑥ 식품재료의 구입방법 등을 고려한다.

6. 식품재료의 구입과 불출기장법

식품의 합리적인 재고관리를 위해서는 수입과 불출을 명확하게 기록해야 하는데,

이러한 목적을 위하여 마련된 장부가 식품수불부이다.

(1) 선입선출법에 의한 기장

재고품 중 제일 먼저 들어온 식품부터 불출한 것처럼 기록하는 방식이다. 따라서 기말재고액은 최근에 구입한 식품의 단가가 남게 된다.

(2) 후입선출법에 의한 기장

선입선출법과는 반대로, 최근에 구입한 식품부터 불출한 것처럼 기록하는 방식으로, 기말재고액은 가장 오래 전에 구입한 식품의 단가가 남게 된다.

(3) 이동평균법

식품을 구입할 때마다 재고량과 금액을 합계하여 평균단가를 계산하고, 불출할 때는 이 평균단가를 기입하는 방식이다.

(4) 총평균법

일정기간 총구입액과 이월액을 그 기간의 총구입량과 이월량으로 나누어 평균단가를 산출하여 불출할 때 이 단가를 기입하는 방식이다. 따라서 평소의 불출 시는 수량만을 기록해 두었다가 기말에 평균단가를 계산하여 기록하게 된다.

7. 표준원가 계산

1) 원가관리법의 개념

원가관리란, 간단히 말해서 원가의 통제를 가능한 한 원가를 합리적으로 절감하려는 경영기법이라고 할 수 있다. 이와 같은 원가관리에 공헌할 수 있는 원가계산 방법으로는 표준원가 계산법이 이용되고 있다.

2) 표준원가 계산

과학적 · 통계적 방법으로 미리 표준이 되는 원가를 설정하고, 이를 실제 원가와 비교 · 분석하기 위해 실시하는 원가계산의 한 방법이다. 표준원가 계산제도가 원가관리의 목적을 효율적으로 달성하기 위해서 무엇보다 원가의 표준을 적절하게 설정한다.

(1) 표준원가의 설정

표준원가는 원가 요소별로 직접재료비 표준, 직접노무비 표준, 제조간접비 표준으로 구분하여 설정하는 것이 일반적이다. 이 중에서 제조간접비의 표준 설정은 변동비와 고정비가 있어서 매우 어렵다. 표준원가가 설정되면 실제 원가와 비교하여 표준과 실제의 차이를 분석할 수 있게 된다.

(2) 표준원가 차이분석

표준원가와 실제원가와의 차액을 표준원가 차이라 하는데, 표준원가의 차이분석은 직접재료비, 직접노무비, 제조간접비 차이를 구분하여 실시하게 된다.

3) 손익계산

손익분석은 원가, 조업도, 이익의 상호관계를 조사 · 분석하여 이론부터 경영계획을 수립하는데 유용한 정보를 얻기 위하여 실시되는 하나의 기법이다. 손익분석은 보통 손익분기점 분석의 기법을 통하여 이루어지기 때문에 양자는 종종 동의어로 사용된다.

손익분기점이란, 수익과 총비용(고정비 + 변동비)이 일치하는 점을 말한다. 그러므로 이점에서는 이익도 손실도 발생하지 않는다. 수익(매상고 등)이 그 이상으로 증대하면 이익이 발생하고, 반대로 그 이하로 감소하면 손실이 발생하게 된다.

8. 감가상각

1) 감가상각의 개념

기업의 자산은 고정자산(토지, 건물, 기계 등), 유동자산(현금, 예금, 원재료 등) 및 기타 자산으로 구분된다. 고정자산은 대부분 그 사용과 시일의 경과에 따라서 가치가 감가된다. 감가상각이란, 이와 같은 고정자산의 감가를 일정한 내용년수(內用年數)에 일정한 비율로 할당하여 비용으로 계산하는 절차를 말하며, 이때 감가된 비용을 '감가상각비'라고 한다.

2) 감가상각의 계산요소

감가상각을 하는 데는 기초가격, 내용년수, 잔존가격의 3대 요소를 결정해야 한다. 기초가격은 취득원가(구입가격)에 의하는 것이 보통이고, 내용년수는 취득한 고정자산이 유효하게 사용될 수 있는 추산기간을 말한다. 잔존가격의 고정자산이 내용년수에 도달했을 때, 매각하여 얻을 수 있는 추정가격을 말하는 것으로, 보통 구입가격의 10%를 잔존가격으로 계산한다.

3) 감가상각의 계산방법

감가상각의 계산방법에는 여러 가지가 있으나 주요한 것을 들면, 다음과 같다.

(1) 정액법

고정자산의 감가총액을 내용년수로 균등하게 할당하는 방법이다.

$$\text{매년 감가상각액} = \frac{\text{기초가격} - \text{잔존가격}}{\text{내용년수}}$$

(2) 정율법

기초가격에서 감가상각비 누계를 차감한 미상각액에 대하여 매년 일정률을 곱하여 산출한 금액을 상각하는 방법이다. 따라서 초년도의 상각액이 제일 크며 연수가 경과함에 따라 상각액은 점점 줄어든다.

Cooking Theory

부록 **요점정리**

Cooking
Theory

제1부 공중보건

제1장 공중보건의 개론

1. 공중보건의 정의 : 질병을 예방, 생명 연장, 건강유지 증진

2. 건강의 정의 : 건강이란, 육체적 · 정신적 · 사회적으로 완전한 상태를 말한다.
【참고】 세계보건기구(WHO)
(1) 창설 : 1948년 4월 7일
(2) 본부 : 스위스 제네바
(3) 우리나라 가입 : 1949년(65번째 회원국)
(4) 주요업무
• 국제적인 보건사업의 지휘 및 조정
• 회원국에 대한 기술지원 및 자료공급
• 전문가 파견에 의한 기술 자문활동
• 질병의 치료를 위한 무상원조

3. 공중보건의 대상 : 개인이 아닌 지역사회의 인간집단이며, 더 나아가서는 국민 전체를 대상으로 한다.

4. 보건 수준의 평가지표
1) 보건 수준을 나타내는 지표 : 영아사망률, 조사망률, 질병이환율
2) 건강의 지표 : 평균수명, 조사망률, 비례사망지수

제2장 보건행정

1. 보건행정의 분류
1) 일반보건행정 : 보건복지부 보건국 및 환경부
• 분류 : 예방보건행정, 모자보건행정, 약무행정, 위생행정, 의무행정
2) 근로보건행정(산업보건행정) : 고용노동부 근로기준국 산업안전과
【참고】 직업병의 종류
• 고열환경 : 열중증(열경련증, 열허탈증, 열쇠약증, 울열증)
• 고압환경 : 잠함병
• 저압환경 : 고산병(항공병)
• 조명불량 : 안구진탕증, 근시, 안정피로
• 소음 : 직업상 난청
• 분진 : 진폐증 - 규폐증(유리규산), 석면폐증(석면), 활석폐증(활석)
• 공업중독 : 연중독(연산통, 연연, 크프로 포피린 출현)
3) 학교 보건행정 : 교육과학기술부 의무교육과

제3장 환경보건

1. 환경보건의 목표

1) 생활환경

(1) 자연환경 : 기후(기온, 기습, 기류, 일광, 기압), 공기, 물

(2) 인위적 환경 : 채광 · 조명, 환기, 냉 · 난방, 상 · 하수도, 오물처리, 곤충의 구제, 공해

2. 환경보건의 내용

1) 자연환경 : 기온, 기습, 기류 - 감각온도의 3요소

(1) 감각온도(체감온도)의 변화인자

• 기온(온도) : 18±2℃(16~20℃)

• 기습(습도) : 40~70%(60~65%)

• 기류(공기의 흐름) : 1초당 1m 이동할 때 건강에 좋다.

① 실외의 기온측정 : 지상 1.5m에서의 건구 온도를 측정

② 불쾌지수 : 불쾌지수가 70이면 10% 정도의 주민이 불쾌감을 느끼고, 75이면 50%의 사람이, 80이면 거의 모든 사람이 불쾌감을 느낌

(2) 일광 : 자외선 - 가시광선 - 적외선(파장이 단파 순으로 구분)

① 자외선

• 비타민D의 형성을 촉진하므로 구루병을 예방

• 살균작용(식품, 물, 공기, 의복, 식기 등 자연소독)

• 결핵균, 디프테리아균, 기생충 등 사멸

• 피부암 유발

• 관절염치료 작용

② 가시광선 : 인간에게 색채를 부여하고 명암을 구분

③ 적외선

• 지상에 열을 주어 기온을 좌우한다.

• 피부온도 상승

• 백내장, 열사병 발생

【참고】 기온 역전현상(원인 : 대기오염) - 상부기온이 하부기온보다 높을 때

(3) 기압

기압은 지상에서 1기압 전후이나 이것이 상승하거나 하강하면 발병이나 발작을 촉진

(4) 공기

① 공기의 성분

• 질소(N) : 78%(약 4/5)

• 산소(O_2) : 21%(약 1/5)

• 탄산가스(CO_2) : 0.03~0.04%

② 공기 중의 탄산가스(CO_2) 함량은 공기오염의 지표가 됨

• CO_2의 서한도(위생학적 허용한계) : 0.1%(= 1,000ppm)

• CO의 서한도

- 8시간 기준 : 0.01%(= 100ppm)

- 4시간 기준 : 0.04%(= 400ppm)
- 일산화탄소의 특징
- 무색, 무미, 무취
- 헤모글로빈과 친화력이 산소보다 250~300배 강함
- 산소 결핍초래
- 금속부식성은 없음

(5) 물

① 물의 필요량 : 1일 생존에 필요한 물의 양은 2~3ℓ이다. 인체의 약 60~70%가 수분이며 10%를 손실하면 이상이 오고 20% 이상이면 생명이 위험함

② 경수(센물) 및 연수(단물)

- 경수 : 칼슘이나 마그네슘 등의 무기화합물이 많다. 설사의 원인이 되고도 한다. 비누가 잘 풀리지 않고 차를 끓이는 데도 나쁘다.
- 연수 : 경수 → 연수화
- 자비(끓임)
- 소석회 사용

③ 음료수의 수원 : 다음과 같은 4종이 있음

- 천수(빗물)
- 지하수 : 지하수의 오염방지(우물 내벽 3m까지 방수처리, 변소와의 최소거리 20m 이상)
- 지표수
- 복류수

④ 수인성 전염병 : 물을 통해서 전염되는 주로 소화기계 전염병으로 자발생이 폭발적이고, 음료수 사용지역과 일치하며 치명률이 낮고, 2차감염이 거의 없는 것이 특징으로 장티푸스, 콜레라, 파라티푸스, 세균성이질, 아메바성이질 등이 있음

- 수인성 전염병의 예방
- 상수도관리 철저(환경위생)
- 분변 오염방지

⑤ 물의 정수법 : 침사 - 침전 - 여과 - 소독

- 약품침전 시 사용하는 약품 : 황산알루미늄

⑥ 물의 소독 : 염소소독의 장 · 단점

- 장점
- 잔류 효과가 크다.
- 소독력이 강하다.
- 조작이 간편하다.
- 가격이 싸다.
- 단점 : 냄새가 강하다.
- 염소 소독 시 잔류 염소량은 : 0.2ppm 유지
- 전염병 유행 시 또는 제빙용 : 0.4ppm 유지

⑦ 음용수의 수질기준

- 질산성 질소는 10ppm을 넘지 아니할 것
- 염소이온은 150ppm을 넘지 아니할 것

• 일반세균은 1㎖ 중 100을 넘지 아니할 것
• 대장균은 50cc 중 검출되지 아니할 것
• 불소는 1ppm을 넘지 아니할 것
- 너무 많이 음용 : 반상치
- 너무 적게 음용 : 우식치, 충지
• 수소이온농도 : pH5.8~8.5
• 색도는 5도를 넘지 아니할 것
• 탁도는 2도를 넘지 아니할 것
• 증발 잔유물은 500ppm 넘지 말 것

2) 인위적 환경

(1) 채광 · 조명
• 유리창의 면적 : 바닥면적 1/5~1/7
• 부엌, 조리장 조명도 : 50~100Lux(럭스)
• 부적당한 조명에 의한 피해
- 근시
- 안정피로
- 안구진탕증
- 작업능률 저하
• 인공조명 시 고려할 점
- 조도는 작업상 충분할 것
- 광색은 주광색에 가까울 것
- 광선은 작업상 간접조명이 좋음

(2) 환기
① 자연환기 : 실내 · 외의 온도차, 기체의 확산력, 외기의 풍력에 의해 환기가 이루어짐
• 중성대 : 들어오는 공기와 나가는 공기의 경계면을 말하는 것으로 방의 천정 가까이에 있는 것이 좋다.
② 인공환기 : 기계력(환풍기, 후드장치) 등을 이용한 환기 인공환기 시의 주의점
• 신속한 교환
• 생리적으로 쾌적감
• 신선한 공기로 교환
• 교화된 공기는 실내에 고르게 유지

(3) 냉 · 난방
① 냉방
• 실내온도 26℃ 이상에서 필요
• 실내 · 외의 온도 차이는 5~7℃ 유지
② 난방
• 실내온도 10℃ 이하에서 필요
• 머리와 발의 온도 차이는 2~3℃ 내 · 외

(4) 상 · 하수도
① 상수도 처리과정 : 침사 - 침전 - 여과 - 소독의 순이다. 소독 시 물에 공기를 공급하여 주는 폭기 작업을 겸해서 실시

② 하수도의 구조

• 합류식

〈장점〉

- 시설비가 적게 든다.
- 하수관이 자연 청소된다.
- 수리와 청소가 용이하다.

〈단점〉

- 홍수 시의 범람(넘침)
- 천수 이용이 별도로 불가능

• 분류식

〈장점〉

- 천수 이용이 가능하다.

〈단점〉

- 시설비가 많이 든다.
- 수리와 청소가 어렵다.

• 혼합식 = 합류식 + 분류식

【참고】

- 하수처리 과정 : 예비처리 - 본처리 - 오니처리
- 본처리 호기성 처리 : 살수여과법, 활성오니법
- 혐기성 처리 : 부패조, 임호탱크법

③ 하수의 위생검사

• 생화학적 산소요구량(BOD) : 20ppm 이하(미생물이 유기물을 분해하는데 필요한 산소량)

* BOD↑ 오염↑ * BOD↓ 오염↓

• 용존 산소량(DO) : 4~5ppm 이상(하수 중 존재하는 산소량)

* DO↑ 오염↓ * DO↓ 오염↑

(5) 오물처리

① 분뇨처리

• 가온식 소화처리 : 28~35℃ 1개월

• 무가온식 소화처리 : 2개월

• 퇴비로 사용 시(여름 : 1개월, 겨울 : 3개월)

② 진개처리

• 위생적 매립법 : 매립시의 진개의 두께 2m 이하, 복토의 두께 0.6~1m가 적당

• 소각법 : 가장 위생적임(단점; 대기오탁의 원인)

• 비료화법 : 퇴비로 이용

• 2분법 : 가정에서 권장(주개와 잡개로 구분)

【참고】 진개의 분류

- 제1류 : 주개(동 · 식물성 진개)
- 제2류 : 가연성 진개(종이, 나무 등)
- 제3류 : 불연성 진개(금속, 도자기 등)
- 제4류 : 재활용성 진개(병, 종이, 플라스틱 등)

(6) 위생곤충 및 쥐의 구제(구충 · 구서)
① 일반적인 원칙
- 발생원 및 서식처 제거
- 발생 초기에 구제
- 구충 · 구서는 광범위하게 실시
- 대상해충의 생태나 습성에 맞게 구제
- 바퀴벌레의 습성: 야간활동성, 잡식성, 질주성, 집단서식성

(7) 공해
- 현대공해의 특성은 다양화, 누적화, 다발화, 광역화의 경향이 있다.

① 공해의 종류: 대기오염, 수질오염, 소음, 진동 등
② 대기오염의 피해: 호흡기계 질병유발, 식물의 고사
- 대기오염의 원인물질: 일산화탄소, 아황산가스
- 대기오염의 요인
  - 풍력이 강할수록 확산이 잘되어 오염도가 낮음
  - 기온이 낮을수록 오염도가 높음
  - 지리적 요건에 따라 오염지역이 달라짐

③ 수질오염의 피해
- 수은
  - 중독증: 미나마타병
  - 증상: 뇌와 중추신경계 마비
- 카드뮴
  - 중독증: 이타이이타이병
  - 증상: 칼슘, 인을 오줌으로 배출(골연화증)

④ 소음: 세계에서 진정건수가 가장 높다.

제4장 질병과 전염병

1. 전염병 발생의 요인
1) 병원체 · 환경 · 숙주

2. 전염병의 생성과정
1) 병원체: 박테리아(세균), 바이러스(비루스), 리케차, 기생충
2) 병원소: 사람, 동물, 토양
- 병원소란, 병원체가 생활증식, 생존, 저장장소를 말함

3) 병원소로부터 병원체의 탈출
4) 병원체의 전파
5) 병원체의 침입
6) 숙주의 감수성
- 접촉감염지수 = (감수성지수): 호흡기계 질병 중에서 감수성 보유자에게 병원체의 침입을 받았을 때 실제로 발병하는 비율(홍역 · 두창: 95%, 백일해: 60~80%, 성홍열 40%, 디프테리아: 10%)

3. 질병의 원인별 분류

4. 병원체에 대한 면역력 증강

1) 후천면역
(1) 능동면역
① 자연능동면역 : 질병감염 후 획득된 면역
② 인공능동면역 : 예방접종으로 획득된 면역
(2) 수동면역
① 자연수동면역 : 모체로부터 얻는 면역
② 인공수동면역 : 혈청제제의 접종으로 얻는 면역

5. 전염병의 분류

1) 병원체에 따른 전염병의 분류
(1) 바이러스 : 뇌염, 인플루엔자, 홍역, 천연두, 급성회백수염, 광견병
(2) 리케차 : 발진티푸스, 발진열, 양충병병
(3) 세균 : 장티푸스, 콜레라, 파라티푸스, 이질, 결핵, 파상풍
(4) 스피로헤타 : 와일씨병, 매독, 서교증, 재귀열
2) 예방접종을 하는 전염병의 종류
(1) 디프테리아, 백일해, 파상풍, 결핵, 홍역, 소아마비 등
3) 전염병의 전염경로
(1) 직접접촉 전염 : 매독, 임질, 풍진
(2) 간접접촉 전염
- 비말감염 : 디프테리아, 인플루엔자, 성홍열
- 진애감염 : 결핵, 천연두, 디프테리아
(3) 개달물 전염 : 결핵, 트라코마, 천연두
(4) 수인성 및 음식물 전염 : 이질, 콜레라, 소아마비, 장티푸스
(5) 절족동물 전염
• 모기 : 말라리아, 일본뇌염, 황열, 사상충증
• 이 : 발진티푸스, 재귀열
• 벼룩 : 페스트, 발진열, 재귀열
• 빈대 : 재귀열
• 바퀴 : 이질, 콜레라, 장티푸스, 소아마비
• 파리 : 장티푸스, 파라티푸스, 콜레라, 결핵, 디프테리아
• 진드기 : 재귀열, 유행성출혈열
• 쥐 : 페스트, 재귀열, 유행성출혈열
(6) 토양전염 : 파상풍, 구충증
4) 인체 침입구에 따른 전염병의 분류
(1) 호흡기계 전염병 : 디프테리아, 백일해, 결핵, 폐렴, 홍역, 인플루엔자, 두창
(2) 소화기계 전염병 : 장티푸스, 콜레라, 파라티푸스, 이질, 폴리오, 유행성간염

5) 우리나라의 법정전염병 종류
(1) 제1종 : 콜레라, 발진티푸스, 페스트, 장티푸스, 파라티푸스, 두창, 황열, 디프테리아, 세균성이질
(2) 제2종 : 14종
(3) 제3종 : 결핵, 성병, 나병
6) 우리나라의 검역전염병 종류
(1) 콜레라 : 120시간
(2) 페스트 : 144시간
(3) 황열 : 144시간
(4) 두창 : 336시간
• 전염병 유행의 현상
- 추세변화(장기변화) : 10~15년 주기로 유행(장티푸스, 디프테리아)
- 순환변화(단기변화) : 2~5년 주기로 유행(홍역, 백일해, 일본뇌염)
- 계절적 변화 : 여름(소화기계), 겨울(호흡기계)

6. 전염병의 3대 관리대책
1) 전파예방
2) 면역증강
3) 예방되지 못한 환자의 처치

7. 전염병의 전파예방 대책
1) 전염원(감염원)의 대책
• 환자의 조기발견
• 환자의 격리와 치료
2) 전염경로(감염경로)의 대책
• 수도, 우물의 위생관리와 소독
• 식품취급자 신체 및 손의 청결

제2부 식품위생

제1장 식품위생 개론

1. WHO의 식품위생에 대한 정의(의의)
• 안전성, 보존성, 악화방지를 위해 취해지는 모든 수단이다.

2. 식품위생의 목적
1) 식품으로 인한 위생상의 위해 방지
2) 식품영양의 질적 향상 도모
3) 국민보건의 증진에 이바지

3. 식품위생의 대상

• 식품 · 첨가물 · 기구 · 용기와 포장을 대상으로 하는 음식에 관한 위생을 말한다.

4. 식품위생 행정기구

1) 중앙기구

보건복지부의 위생국에서 식품위생에 관한 업무의 총괄 · 기획 · 조사 등을 주관하며 지방의 위생 행정기구를 지휘 · 감독하고 있다. 다만, 농축산물과 수산물의 품질이나 경제상의 부문은 기획재정부의 소관이고, 주류의 품질과 경제상의 부문은 기획재정부의 소관으로 되어 있다.

* 중앙검사기관 : 국립보건원

2) 지방기구

식품위생 검사는 시 · 도의 환경연구소에서 담당하고 있다.

제2장 식품과 미생물

1) 미생물의 종류

(1) 진균류 : 곰팡이, 효모

(2) 세균 : 세균의 형태 – 구균(공 모양), 간균(막대형), 나선균(스프링형, 나사 모양)

(3) 리케차 : 발진열, 발진티푸스, 양충병

(4) 바이러스 : 여과성 병원체(천연두, 뇌염, 인플루엔자)

(5) 스피로헤타 : 매독균 · 재귀열 · 서교증 · 바일(와일씨)

• 미생물의 크기 : 스피로헤타 – 세균 – 리케차 – 바이러스

2) 미생물 생육에 필요한 조건 : 영양소, 수분, 온도, 수소이온 농도(pH), 산소

(1) 영양소 : 미생물의 발육, 증식에는 탄소원, 질소원, 무기염류, 발육소 등의 영양소를 필요로 한다.

(2) 수분 : 보통 미생물(세균, 효모)의 최적수분은 40~50%이다.

• 미생물의 억제 : 15% 이하

• 곰팡이

– 최적수분 : 80~85%

– 억제 : 13% 이하

(3) 온도 : 0℃ 이하와 80℃ 이상에서 발육을 하지 못한다.

• 저온균 : 15~20℃

• 중온균 : 25~37℃

• 고온균 : 50~60℃

(4) 수소이온농도(pH)

• 곰팡이, 효모 : 약산성(pH4.0~6.0)

– 효모는 당분을 함유하는 산성식품을 주로 변패시킨다.

• 세균 : 중성 또는 약알칼리성(pH6.5~7.5)

(5) 산소

• 호기성균 : 산소를 요구하는 균, 곰팡이, 효모, 식초산균

• 혐기성균 : 편성혐기성균 – 산소를 절대적으로 기피하는 균

• 통성혐기성균 : 산소가 있거나 없거나 관계없이 발육하는 균

제3장 식중독

1. 식중독의 정의
   - 식중독이란, 유독 · 유해한 물질이 음식물과 함께 입을 통해 섭취되어 생리적인 이상을 일으키는 것을 말한다.
   - 원인에 따라 세균성 식중독 · 화학적 식중독 · 자연독 식중독 · 곰팡이 식중독 등이 있으며, 이 중 가장 자주 발생하는 식중독은 세균성 식중독으로서 주로 6~9월에 집중적으로 발생한다.

2. 식중독의 분류

1) 세균성 식중독(병원성 세균)
- 감염형 식중독 : 살모넬라균, 장염비브리오균, 병원성 대장균, 웰치균(클로스트리듐)
- 독소형 식중독 : (황색)포도상구균, 보툴리누스균, 크로스트리듐

2) 자연독 식중독
- 동물성 : 복어, 섭조개, 대합, 모시조개, 굴, 바지락
- 식물성 : 독버섯, 감자, 독미나리, 청매

3) 곰팡이 식중독(미코톡신에 의한 식중독)
- 아플라톡신 중독, 맥각 중독, 황변미 중독

4) 부패성 중독(비병원성 세균)

5) 알레르기성 식중독

【참고】 세균성 식중독과 소화기계 전염병

세균성 식중독	소화기계 전염병
• 많은 양의 균, 독소 • 2차감염이 없다. (예외 : 살모넬라, 장염비브리오) • 잠복기가 짧다. • 면역성이 없다.	• 적은 양의 균 • 2차감염이 된다. • 잠복기가 길다. • 면역이 된다.

1) 세균성 식중독

(1) 감염형 식중독

① 살모넬라 식중독
- 감염경로 : 쥐, 파리, 바퀴, 고양이 등
- 잠복기 : 18시간
- 증상 : 급격한 발열(38~40℃)
- 원인식 : 육류 및 그 가공품(계란, 닭)
- 예방 : 60℃에서 30분이면 사멸
- 2차감염을 일으킨다.

② 장염비브리오 식중독
- 병원성 호염균(식염 3~4% 농도에서 발육)
- 잠복기 : 13~18시간
- 증상 : 콜레라 증상과 비슷(설사)
- 원인식 : 어패류 생식

• 예방 : 60℃에서 5분 정도 가열로 사멸
• 2차감염 방지 : 칼, 도마, 식기, 용기 소독
③ 병원성 대장균 식중독
• 대장균(사람, 동물의 분변을 통해서 나오는 균)
• 분변오염의 지표
• 젖먹이 어린이 주의
• 잠복기 : 10~24시간
• 원인식 : 우유, 채소, 샐러드
④ 웰치균 식중독(클로스트리듐)
• 편성혐기성 = 내열성(열에 강함)
• 원인균 : A형
• 잠복기 : 12시간
• 증상 : 설사
(2) 독소형 식중독
① 포도상구균 식중독
• 원인독소 : 엔테로톡신(장독소)
• 잠복기 : 3시간(가장 짧음)
• 예방 : 균은 80℃에서 30분이면 사멸되지만 독소는 파괴되지 않음(내열성)
• 특징
- 일반조리법으로 예방할 수 없다.
- 봄, 가을 소풍시즌에 많이 발생(도시락, 콩가루, 떡, 김밥 등의 원인)
- 우리나라에서 가장 많이 발생
- 화농성 질환자가 조리 시 발생
② 보툴리누스균 식중독
• 원인독소 : 뉴로톡신(신경독소)
• 잠복기 : 12~36시간(가장 길음)
• 예방 : 균은 열에 강하므로 죽지 않는다(내열성). 독소는 80℃에서 15분 가열로 사멸
• 원인식 : 햄, 소시지, 통조림
• 증상 : 신경마비
2) 자연독에 의한 식중독
(1) 동물성 식중독
① 복어 중독
• 독성물질 : 테트로도톡신(tetrodotoxin)
• 치사량 : 2mg
• 독소함유량 : 난소, 고환 - 간 - 내장 - 피부
• 복어의 독이 가장 높은 시기 : 산란기 직전
② 섭조개, 대합 중독
• 독성물질 : 삭시톡신(saxitoxin)
• 증상 : 신체마비, 호흡곤란

③ 모시조개, 굴, 바지락 중독
• 독성물질 : 베네루핀(venerupin)
(2) 식물성 식중독
① 독버섯 중독
• 독성물질 : 무스카린(muscarine), 무스카리딘(muscaridine), 팔린, 아마니타톡신, 피지오린, 뉴린, 콜린
• 감별법
- 색깔이 짙다.
- 은수저로 문질렀을 때 검게 보인다.
- 세로로 쪼개지지 않는다.
- 쓴맛이 난다.
- 고약한 냄새가 난다.
② 감자중독
• 독성물질 : 솔라닌
• 예방법 : 싹트는 부분과 녹색부분을 제거
③ 독미나리(시큐톡신), 청매(아미그달린), 면실유(고시폴), 독보리(테무린)
(3) 곰팡이 식중독(마이코톡신에 의한 식중독)
① 아플라톡신 중독
• 원인곰팡이 : 아스퍼질러스 플라버스
• 기생 : 재래식된장, 곶감, 두류, 콩에 기생
② 맥각 중독
• 원인물질 : 에르고톡신, 에르고타민, 에르고매트린
• 기생 : 보리, 밀, 호밀
③ 황변미 중독
• 원인곰팡이 : 페니실리움(푸른곰팡이)
• 기생 : 저장미
④ 알레르기성 식중독(비병원성 세균)
• 원인물질 : 히스타민
• 원인식품 : 고등어, 꽁치

제4장 식품위생 대책

1. 식중독 발생 시의 대책
1) 발생 시의 대책
• 의사 - 보건(지소)장 - 시 · 도지사 - 보건복지부장관에게 보고하게 되어 있다.
2) 예방대책
(1) 세균성 식중독의 예방
• 식중독균의 오염방지
• 오염된 균의 증식 억제 : 조리한 식품은 즉시 섭취하고, 보존할 경우에는 냉장고 등 찬 곳에 두어야 한다.
• 식품 중의 균이나 독소의 파괴

(2) 화학적 식중독 예방
- 농약의 사용방법 준수

(3) 자연독에 의한 식중독 예방
- 유독한 동·식물의 감별주의
- 유독부분의 제거에 주의

2. 식품의 오염대책
- 폐수처리시설
- 수확적 농약사용 금지
- 방사성물질 격리
- 연성세제 사용

3. 식품의 감별법 : 경험이 풍부한 사람
- 식품의 감별은 관능검사법과 이화학적 방법으로 크게 나눌 수 있다.
- 관능검사 : 외관, 색깔, 경도, 냄새, 맛

1) 농산식품과 그 가공품

(1) 쌀
- 광택이 강하고 투명도가 높은 것
- 형태는 타원형이고, 굵고 입자가 정리되어 있는 것

2) 수산식품과 그 가공품

(1) 어류
- 껍질의 색이 선명한 광택이 있으며, 윤택이 나는 비늘이 고르게 밀착되어 있어야 한다.
- 고기가 연하고 탄력성이 있어야 한다.
- 눈은 투명하고 튀어나온 듯 긴장되어 있고 싱싱하며, 아가미는 선홍색이고 생선특유의 냄새가 있어야 한다.

3) 축산식품과 그 가공품

(1) 육류
- 투명감이 있고 습기가 있는 것
- 암갈색으로 점차 말라가고 탄력이 없다.
- 피를 많이 함유한 육류

(2) 달걀의 감별법(신선도 판정)
- 외관법 : 표면에 꺼칠꺼칠하고 두껍고 강한 것
- 진음법 : 흔들어 소리가 안 나는 것
- 비중법 : 식염수(6%)
- 난백, 난황계수 측정(지경, 높이)
- 혀를 대보아서 둥근 부분은 따뜻하고 뾰족하게 된 부분은 찬 것이 좋다.

(3) 우유의 감별법
- 물컵에 우유 한 방울 떨어뜨릴 때 구름같이 퍼지는 것
- 직화로 서서히 가열할 때 응고하는 것은 좋지 않다.
- 비중이 1.028 이상 시 신선하다.

제5장 식품첨가물

식품첨가물이란, 식품의 제조, 가공이나 보존할 때에 필요에 의해서 식품에 첨가 또는 혼합하거나 침윤하고, 그 밖의 방법으로 식품에 사용되는 물질이며 천연첨가물과 화학적 합성품으로 크게 구분할 수 있다.

① 천연첨가물 : 후추, 생강, 소금, 효모, 치자색소 등

② 화학적 합성품 : 사카린, 타르색소, 글루탐산나트륨

1. 보존성을 높이는 것

1) 보존료(방부제)

(1) 보존료의 구비조건

- 변질미생물에 대한 증식 억제효과가 클 것
- 미량으로도 효과가 클 것
- 독성이 없거나 극히 적을 것
- 무미 · 무취이고 자극성이 없을 것
- 공기 · 빛 · 열에 안정할 것
- 사용이 간편하고 값이 쌀 것

(2) 보존료의 종류

- 디히드로초산 : 치즈, 버터, 마가린(0.5g/kg 이하)
- 소르빈산(염) : 육제품(2g/kg이하), 절인식품(1g/kg 이하), 케첩
- 안식향산(염) : 청량음료수(0.6g/ℓ 이하), 간장(0.6g/ℓ 이하), 식초
- 프로피온산(염) : 빵, 생과자(2.5g/kg 이하)

2) 살균료

(1) 차아염소산나트륨 : 수돗물, 과일, 야채, 식기

(2) 표백분 : 우물물, 수영장, 야채, 식기

3) 산화방지제(항산화제)

(1) 천연항산화제 : 비타민E, C

(2) 인공항산화제

- 지용성
  - BHA : 부틸리히록시아니졸
  - BHT : 디부틸히드록시톨루엔, 몰식자산프뢸
- 수용성 : 에르소르빈산염

2. 관능을 만족시키는 것

1) 지미료(정미료) : 맛난 맛을 부여하기 위하여 사용되는 첨가물이다.

(1) 글루탐산나트륨

(2) 이노신산

(3) 호박산

2) 감미료(단맛)

(1) 사카린나트륨

- 사용가능 : 건빵, 생과자, 청량 음료수

• 사용불가 : 식빵, 이유식, 백설탕, 포도당

(2) D-소르비톨

(3) 글리실리친산나트륨 : 간장, 된장

• 천연감미료 : 설탕, 당밀, 벌꿀

• 인공감미료 : 물엿, 맥아엿, 감주

3) 산미료(신맛)

• 구연산, 젖산, 초산, 말산, 구아닐산

4) 착색제

(1) 타르색소를 사용할 수 없는 식품의 종류

• 면류, 김치류, 다류, 묵류, 젓갈류, 생과일주스, 천연식품(식육, 어패류, 야채, 과실 등)

(2) 타르색소를 사용할 수 있는 식품

• 소시지, 마가린, 과자류, 엿류 등

• 허용된 타르색소는 모두 산성색소이고 수용성이다.

5) 발색제(색소 고정제)

(1) 육류발색제 : 질산염, 아질산염, 질산칼륨

(2) 과채류 : 황산 제1, 2철, 염화 제1, 2철

3. 품질유지 또는 품질개량에 사용되는 것

1) 소맥분 계량제

(1) 첨가목적 : 표백과 숙성기간 단축, 제빵효과 및 제해물질 파괴, 살균

(2) 종류 : 과산화벤조일, 브롬화칼륨, 과황산암모늄

2) 유화제(혼합시킴)

(1) 종류 : 대두인지질, 지방산 에스테르

3) 피막제 : 선도를 장시간 유지

(1) 종류 : 초산비닐수지, 몰호린지방산

4) 소포제 : 제조공정 시 거품 소멸

(1) 종류 : 규소 수지

5) 팽창제 : 부풀리는 것

(1) 종류

• 천연팽창제 : 이스트(효모)

• 인공팽창제 : 명반, 탄산수소나트륨, 탄산암모늄

6) 이형제 : 빵틀로부터 빵의 형태를 손상시키지 않고 분리해내기 위해 사용한다.

(1) 종류 : 유동파라핀

7) 용제 : 식품첨가물을 넣을 때 잘 녹지 않음 = 용해

(1) 종류 : 글리세린, 플로필렌, 글리콘, 핵상

제3부 식품학

제1장 식품과 영양

1) 영양 : 생물체가 필요한 물질을 외부로부터 섭취해서 건강을 유지하는 모든 현상
2) 영양소 : 영양을 유지하기 위하여 외부로부터 섭취하는 물질
3) 영양소의 종류
(1) 3대 영양소 : 탄수화물(당질), 지질, 단백질
(2) 5대 영양소 : 당질, 지질, 단백질, 무기질, 비타민
(3) 6대 영양소 : 5대 영양소 + 물
4) 식품의 정의 : 모든 음식물을 말한다. 다만, 의약으로 섭취하는 것을 제외한다.
5) 식품의 구비조건
(1) 영양적 가치(영양성)
(2) 기호적 가치(기호성)
(3) 위생적 가치(안전성)
(4) 경제적 가치(경제성)

제2장 식품의 분류

① 식물성 식품 : 곡류, 감자류, 채소류, 두류, 과실류, 버섯류, 해조류, 식용유지류, 조미료
② 동물성 식품 : 육류, 우유, 난류, 어패류
③ 기호식품 : 영양소는 거의 또는 전혀 함유하고 있지 않으나 색깔, 냄새, 맛을 부여하거나 식욕을 증진시키는 물질(주정음료, 청량음료, 다류(커피, 차), 조미료)
④ 유지식품

- 불건성유 : 포화지방산을 많이 가지며 공기 중에 오래 방치하여도 건조하지 않은 기름(땅콩, 올리브유, 동백유) – 요오드가 : 100 이하
- 건성유 : 고도불포화지방산을 많이 가지며 공기 중에 방치하면 산소와 결합하여 단단하게 되는 기름(아마인유, 호두기름, 들깨, 잣) – 요오드가 : 130 이상
- 반건성유 : 중간성질을 가진 기름(보통기름, 콩기름, 면실류) – 요오드가 : 100~130

제3장 식품의 구성성분

【참고】 칼로리(cal, 열량)

- 식품의 성분 중 당질, 지방, 단백질(3대 열량소)이 칼로리(cal)의 급원이 되며, 이들이 체내에서 연소되어 열을 발생하며 체온을 유지한다.
- 식품이 지니고 있는 열량은 단백질과 당질이 1g에 대해 각각 4kcal, 지방은 9kcal를 발생한다.

- 탄수화물
  - 일반성분
    - 수 분
    - 고형물
      - 유기질
        - 단백질
        - 지 방
        - 탄수화물
          - 섬유소
          - 당 질
      - 무기질
    - 비타민
  - 특수성분
    - 색성분
    - 향성분
    - 맛성분
    - 효 소
    - 유독성분

제4장 수분

유리수(자유수)	결합수
용매로 작용함	×
건조 시 쉽게 분리	×
0℃ 이하 시에서 동결	×
미생물의 생육에 관여함	×

- 수분활성도(Aw) = (water activity)
  - 순수한 물 : Aw = 1
- 증식 가능한 최저 수분활성
  - 세균 : 0.91~0.94
  - 효모 : 0.88
  - 곰팡이 : 0.80
- 수분 활성도를 낮추는 방법
  - 건조, 동결, 용질첨가(설탕, 소금)
- 식품의 수분활성
  - 육류, 과일, 채소 : 0.98~0.99
  - 곡류, 두류 : 0.60~0.64

제5장 탄수화물

- 탄소, 수소, 산소로 구성되어 있다.
- 열량을 공급(1g당 4cal)

• 정상인의 혈당은 0.1%로 유지

(1) 당질의 분류

① 단당류 : 더 이상 가수분해해서 간단한 당을 생성하지 않는 당

• 포도당(글루코스 : 당도 74)

• 과당(플락토스 : 당도 173)

• 갈락토오스 : 당도 27~32

② 이당류 : 단당류 + 단당류

• 자당(설탕 : 당도 100) : 포도당과 과당이 화합된 것

• 젖당(유당 : 당도 16~28) : 포도당과 갈락토오스

• 맥아당(엿당 : 당도 33~60) : 포도당 + 포도당

③ 다당류 : 단맛이 없으며, 물에 녹지 않는다.

• 전분

• 글리코겐

• 섬유소

• 펙틴 : 잼의 원료

• 한천 : 양갱제조에 이용

• 전체의 열량 중 65% 정도는 반드시 당질에 취하여야 한다.

(2) 당질의 과잉증과 결핍증

• 과잉증 : 소화불량, 비만증

• 결핍증 : 체중감소, 발육불량

제6장 지질

탄소, 수소, 산소의 화합물로 지방산과 클리세롤의 에스테르이며, 실온에서 고체인 것을 지방이라 하고 액체인 것을 유라 한다.

(1) 지질의 종류

① 단순지질

• 유지(중성지방) : 지방산과 글리세린이 에스트로 결합한 것이다.

• 왁스 : 지방산과 고급 알코올이 에스테르로 결합한 것이다.

② 복합지질

• 인지질 : 지방산, 글리세린, 인산, 염기가 결합한 화합물이다.

• 당지질 : 지방산, 글리세린, 스핑고신, 당이 결합된 화합물이다.

③ 유도지질 : 지방산, 글리세롤, 지방족탄화수소, 스테롤, 카로티노이드 등이 있다.

(2) 지방산

• 포화지방산 : 팔미트산, 스테아린산(동물성 지방, 체내에 합성)

• 불포화지방산 : 올레인산, 리놀렌인산, 리놀레닌산

• 필수지방산(비타민F) : 리놀렌인산, 리놀레닌산, 아라키도닉산

• 경화유 : 불포화지방산에 니켈(Ni)을 촉매로 수소를 첨가시켜 포화지방산으로 만든 고체형의 기름으로 쇼트닝과 마가린이 있다.

【참고】 지방의 경화

- 지방은 염기 존재 하에 분자 중의 에스테르 결합이 가수분해 되어 지방산이 염과 글리세롤을 생성한다. 수산화나트륨에 의하여 지방이 가수분해 될 때 생성되는 지방산은 나트륨염, 즉 비누로 되기 때문에 '검화'라 한다.
- 지방(유지)의 자동산화에 영향을 미치는 인자들 : 산소, 가시광선(빛), 온도(가열), 수분, 중금속(철, 구리), 불포화도, 효소의 분압

제7장 단백질

- 구성 원소 : 탄소, 수소, 산소, 질소(16% 함유)
- 기능 : 몸의 근육, 혈액, 호르몬, 효소, 손톱, 발톱, 머리카락, 질병에 대한 저항력 주체

(1) 단백질의 분류

① 형태에 따른 분류

- 섬유상 단백질 : 용매에 녹지 않음
- 콜라겐 : 피부 및 결합조직 구성물과 함께 끓이면 젤라틴으로 변함
- 엘라스틴 : 혈관 등을 강성 조직 중에 함유
- 케라틴 : 모발, 양모, 각, 깃 등에 함유
- 구상 단백질 : 인체 내 생리작용과 식품으로 섭취소화 이용할 수 있는 단백질
- 알부민 : 난백알부민, 혈청알부민, 우유알부민
- 글로불린 : 혈청글로불린, 유즙글로불린, 미오신, 두류
- 글루테닌 : 밀 - 글루테닌, 쌀 - 오리제닌

② 화학적 분류

- 단순단백질 : 아미노산으로만 만들어진 것
- 알부민(난백, 혈청, 우유)
- 알부미노이드(동물의 결체조직)
- 글리아딘(밀)
- 복합 단백질 : 단순 단백질 + 당, 지질, 인산, 색소
- 인단백질 : 우유 - 카세인, 난황 - 비테린
- 당단백질 : 난백 - 오모뮤코이드
- 색소단백질 : 혈색소 - 헤모글로빈
- 유도 단백질
- 가열, 가수분해해서 부분적으로 분해

③ 영양학적 분류

- 완전단백질 : 모든 필수아미노산이 골고루 함유
- 우유 - 카세인, 달걀 - 알부민, 글로불린, 콩 - 글리신
- 부분적으로 불완전한 단백질 : 생명은 유지되나 성장을 도모하지 못함

예) 밀, 호밀(리신 부족)

- 아미노산의 보강 : 빵 + 우유, 밥 + 육류, 밥 + 콩, 빵 + 프라이

(2) 아미노산의 종류

① 필수아미노산 : 체내에서 생성할 수 없으므로 반드시 음식으로부터 공급해야만 되는 아미노산

② 불필수아미노산 : 체내에서 생성할 수 있는 아미노산
③ 필수아미노산의 종류 : 이소루신, 루신, 리신, 메티오닌, 페닐알라닌, 트리오닌, 트립토판, 발린
• 성장기 어린이 : 알기닌, 히스티딘
【참고】 초대사량 : 무의식적 활동(호흡, 심장박동, 혈액운반, 소화)에 소비되는 열량
• 수면 시 10% 감소
• 성인남자의 기초대사량 : 1,400~1,800cal
• 성인여자의 기초대사량 : 1,200~1,400cal
• 기초대사에 영향을 주는 인자
- 체표면적이 클수록 소요열량이 크다.
- 남자가 여자보다 소요열량이 크다.
- 근육질은 사람이 지방질인 사람에 비해 소요열량이 크다.
- 발열이 있는 사람은 소요열량이 크다.
- 기온이 낮으면 소요열량이 커진다.

제8장 무기질

(1) 무기질의 기능
• 산과 염기의 평형유지
• 생리적 반응을 위한 촉매작용
• 필수적 신체구성분
• 수분의 평형유지
• 신경의 자극전달
• 근육수축성 조절
• 체조직의 성장
(2) 무기질의 종류
① 칼슘(Ca) : 한국인에게 부족하기 쉬운 무기질
• 인체 무기질은 가장 많은 양을 차지한다. 뼈, 이의 구성성분, 근육수축에 관여
② 인(P) : 세포의 분열과 재생, 대사에 중요한 작용을 하고 뼈와 치아의 발육에 관여
③ 철(Fe) : 헤모글로빈의 생성분으로 혈액을 만드는데 중요한 역할을 한다. 신체 각 조직으로 산소운반
• 철의 필요량 : 남자(12㎎), 여자(18㎎)
④ 구리(Cu) : 철의 적혈구 생성 시 촉매작용에 관여
⑤ 요오드(I) : 옥소
• 갑상선호르몬
• 기능 : 신진대사 촉진
• 결핍 중 : 갑상선종
• 식품 : 해조류(미역, 다시마)
【참고】 산성식품과 알칼리성 식품
① 산성식품
• 원소 인(P), 황(S), 염소(Cl)
• 식품 : 육류, 어패류, 알류, 곡류, 설탕류, 지방식품

② 알칼리성 식품

- 원소 : 칼슘(Ca), 칼륨(K), 나트륨(Na), 마그네슘(Ma), 철(F), 구리(Cu)
- 식품 : 야채류, 과일류, 해조류, 우유, 감자류, 과실주

제9장 비타민

- 지용성 비타민 : A, D, E, F, K
- 수용성 비타민 : B_1, B_2, B_6, B_{12}, C, P, 나이아신, 엽산

(1) 지용성 비타민

- 유지류, 유기용매에만 녹음
- 체내에 저장
- 배설되지 않는다.
- 결핍증세가 서서히 나타난다.
- 매일식사에서 공급할 필요가 없다.

(2) 수용성 비타민

- 물에 녹음
- 필요량만 체내에 보유
- 여분은 뇨로 배설된다.
- 결핍증세가 빨리 나타난다.
- 매일식사에서 공급되어야 한다.

(3) 비타민의 기능과 특성

- 조절물질 : 보조효소의 역할
- 미량이 필요하다.
- 에너지, 신체구성 물질로 사용되지 않는다.
- 결핍증 예방, 방지
- 체내합성이 되지 않으므로 음식물을 통해 공급

① 지용성 비타민

- 비타민A(화학명 : 레티놀)
  - 결핍증 : 야맹증, 각막건조증, 결막염
  - 식품 : 동물성 : 뱀장어, 소, 돼지의 간 / 식물성 : 녹황색 채소(시금치, 당근)
  - 비타민A 전구체 : 카로틴, 프로비타민A
  - (지방)과 함께 취하면 체내에 들어와 비타민A의 효력 발생
- 비타민D
  - 결핍증 : 구루병, 곱사이드병
  - 식품 : 일광욕(자외선) / 식품 : 말린버섯, 말린생선
- 비타민E(화학명 : 토코페롤)
  - 결핍증 : 사람 - 노화현상, 동물 - 불임증
  - 식품 : 식물성기름, 곡류의 배아
  - 특징 : 열에 매우 안정함 / 항산화제로 효력이 있음 / 비타민A의 산화를 막고 흡수를 돕는다.
- 비타민F(필수지방산)

- 종류 : 리놀레산, 리놀렌산, 아라키돈산
- 결핍증 : 피부염, 피부건조증
- 식품 : 식물성기름

(2) 수용성 비타민

① 비타민B_1(화학명 : 티아민, 지아민)
- 결핍증 : 각기병
- 식품
  - 동물성 : 돼지고기, 햄, 소시지
  - 식물성 : 맥류, 감자류, 땅콩, 쌀눈
- 특징
  - 당질의 주식으로 하는 사람에게 꼭 필요한 비타민B_1
  - 쌀을 지나치게 으깨어 씻으면 손실
  - 마늘에 들어있는 알리신은 비타민B_1의 흡수를 도움

② 비타민B_2(화학명 : 리보플라빈)
- 결핍증 : 구각염, 설염
- 식품 : 우유, 유제품, 달걀

③ 비타민B_6
- 결핍증 : 동상, 동창, 빈혈, 피부염
- 결핵 치료약을 장기적 복용할 때 일시적인 부족증이 나타남

④ 비타민B_{12}
- 결핍증 : 악성빈혈

⑤ 나이아신
- 결핍증 : 펠라그라
- 나이아신 전구체 : 트립토판
- 옥수수를 주식으로 하는 민족에게 발생

⑥ 비타민C(화학명 : 아스코르빈상)
- 결핍증 : 괴혈병
- 식품 : 과일, 야채
- 필요량 : 55㎎
- 비타민C 파괴효소(아스코르비나제)는 당근, 호박, 오이에 함유
  ※ 예 : 무 + 당근 = 비타민C 파괴(60℃ 이상이면 효소는 불활성화)

⑦ 비타민P
- 모세혈관을 튼튼하게 하는 작용이 있음
- 식품 : 레몬, 메밀

제10장 소화와 흡수

(1) 소화
- 침에 있는 효소
  - 프티알린 : 전분 - 맥아당

- 말타아제 : 맥아당 - 포도당
- 아밀라아제 : 전분 - 포도당
• 위액에 있는 효소
- 레닌 : 우유 - 응고
- 리파아제, 스테압신 : 지방 - 지방산, 글리세롤

(2) 흡수
• 탄수화물은 단당류로 분해 흡수
• 지방은 지방산과 글리세롤로 분해되어 위와 장에 흡수
• 단백질은 아미노산으로 분해되어 장에 흡수
• 물은 대장에서 흡수

【참고】 담즙의 기능
- 산의 중화작용
- 지방의 유화작용
- 약물 및 독소물질 배설작용

제11장 식품의 맛

* 4원미 : 단맛, 쓴맛, 신맛, 짠맛

(1) 짠맛 : 짠맛에 신맛이 더해지면 짠맛이 세어지고, 단맛이 더해지면 짠맛이 약하게 된다.
(2) 단맛 : 소량의 소금은 단맛을 증가시키며, 쓴맛, 신맛은 감소시킨다.
(3) 신맛 : 신맛은 수소이온의 맛으로 그 강도는 수소이온 농도에 비례한다.
(4) 쓴맛 : 소량의 쓴맛과 적량의 매운맛은 식욕을 촉진시키고 소화를 돕는다.
• 쓴맛 물질 : 귤껍질의 헤스피리딘, 맥주원료의 호프, 코피, 차의 카페인, 코코아의 데오브로마인

(5) 기타의 맛
• 떫은맛 : 혀의 점막단백질을 응고시킴으로써 일어난다.(차나 감의 탄닌성분)
• 매운맛 : 고추의 캡사이신
• 아린맛 : 죽순, 고사리, 고비, 우엉, 토란, 가지

(6) 혀에서 맛을 느끼는 부분
• 단맛(혀끝)
• 신맛(혀와 이의 양쪽)
• 쓴맛(혀 안쪽)
• 짠맛(혀의 전체)

(7) 식품의 특수성분
• 생선비린내 성분 : 트리메틸아민(trimethylamine)
• 참기름 : 세사몰(sesamol)
• 마늘 : 알리신(allicin)
• 고추 : 캡사이신(capsaicine)
• 생강 : 진저론(zinggerone)
• 후추 : 캬비신(chavicine)
• 겨자 : 시니그린(sinigrine)

제12장 식품의 색

(1) 식물성 색소
• 클로로필 색소(염록소 : 금속) : 일반 녹색채소의 색깔
- 성질 : 열과 산에 불안정
• 안토시안 색소 : 사과, 딸기, 포도, 가지
- 성질(특징) : 산성 - 중성 - 알칼리성으로 변화함에 따라 (적색 - 자색 - 청색)으로 변색됨
• 플라보노이드 색소 : 백색야채, 황색(옥수수)
- 산에 안정 : 우엉 · 연근 + (식촛물)
- 알칼리에 불안정
- 밀가루(흰색) → 진빵(누런색)
• 카로티노이드색소 : 주황색, 적색
- 식품 : 당근, 늙은호박, 토마토
- 동물성 색소
• 미오글로빈(육색소) : 육류의 근육
• 헤모글로빈(혈색소) : 육류의 혈액
• 일부 카로티노이드 : 연어, 송어
• 갑각류(새우, 게, 가재)
- (회청색)아스타산틴 → 가열 → (붉은색)아스타신

제13장 식품의 냄새

① 식물성 식품의 냄새 성분 : 에스테르류, 알코올류, 알데히드류, 테르핀류 및 유황화합물 등
② 동물성 식품의 냄새 성분 : 암모니아, 아민류, 카아보닐화합물 및 지방산류 등

제14장 식품의 효소

제15장 식품의 변질과 보존법

1) 식품의 변질원인
• 미생물, 물리적 작용(광선, 온도, 수분) 화학작용으로 인한 변질
2) 변질의 종류
(1) 부패 : 단백질 식품이 혐기성 세균에 의해 분해되어 유해물질을 생성하는 현상
(2) 후란 : 단백질 식품이 호기성 세균에 의해 분해되어 유해물질을 생성하는 현상
(3) 변패 : 당질, 지방질이 미생물의 작용으로 변질되는 현상
(4) 산패 : 지방의 산화. 산소에 의해 변질
(5) 발효 : 탄수화물이 변질. (예) 술, 식혜, 식초

[참고]
• 대장균 검사의 목적 : 음식물, 물의 병원성 미생물 오염여부 판정
- 장구균 : 냉동식품의 오염지표균

• 생균수 검사의 목적 : 식품의 신선도(초기변질) 판정에 있으며, 변질초기의 생균수(1g당 107~108)

3) 보존법의 종류

(1) 물리적 처리에 의한 보전법

① 건조탈수법 : 수분을 15% 이하로 하면 미생물이 번식을 못하고, 식품 자체의 무게, 부피가 줄어들어 수송, 보관이 편리함

• 일광건조법 : 어류, 패류, 김, 오징어
• 직화건조법(배건법) : 보리차, 찻잎
• 동결건조법 : 한천, 당면
• 분무건조법
- 액상(액체) → 고체(가루)
- 식품(분유 분말주스류)
• 진공 동결건조법 : 건조채소

② 냉장 · 냉동법

• 움저장 : 10℃의 움 속에서 저장, 고구마, 감자, 무, 배추, 레몬
• 냉장 : 0~10℃로 보존
• 냉동 : 0℃ 이하에서 동결시켜 저장하는 방법

【참고】 가스저장법 : 과일 · 야채류는 냉장과 병행하여 호흡억제를 위한 가스저장법의 실시(산소제고, 질소, CO_2 탄산가스 주입)

③ 가열살균법

• 저온살균법 : 61~65℃에서 30분간 가열(우유, 술, 주스, 소스)
• 초고온순간살균법 : 130~140℃에서 2초간 가열(우유, 과즙)
• 고온단시간살균법 : 70~-75℃에서 15~20초간 가열(우유, 과즙)
• 고온장시간살균법 : 95~121℃에서 30~60분간 가열(통조림)

(2) 화학적 처리에 의한 보존방법

① 염장법 : 10~15%의 소금물(직접 뿌리거나 하는 방법으로 삼투압의 원리를 이용한 것)

② 당장법 : 50%의 설탕에 저장하는 방법(잼, 젤리, 가당연유)

③ 산저장 : 3~4%의 산(pH4.5 이하)에 저장(피클)

(3) 발효처리에 의한 보존방법

• 세균, 효모 : 김치, 치즈, 요구르트, 청국장, 식초, 주류, 빵
• 곰팡이 : 간장, 된장

(4) 종합적 처리에 의한 방법

① 훈연법 : 수지가 적은 나무(참나무, 벚나무, 떡갈나무)를 불완전 연소시켜 이것으로 그슬려 저장하는 방법

• 연기 : 포름알데히드, 크레오소트, 메틸알코올, 페놀 등이 살균작용
• 염장 : 방부효과, 특이한 향
• 대표식품 : 햄, 소시지, 베이컨

【참고】

① 소건법(날 것을 말린 것) : 미역, 김, 오징어
② 자건법(쪄서 말린 것) : 멸치, 마른전복
③ 염건법(염적한 후 말린 것) : 굴비, 대구포
④ 동건법(얼렸다가 녹인 후 말린 것) : 북어

【참고】 식품의 규격과 기준
① 우유의 일반 세균수 : 20,000/mℓ 이하
② 우유의 대장균수 : 2/mℓ 이하
③ 일반식품의 중금속 허용치 : (10ppm 이하) 단, 두부는 3ppm 이하
④ 주류의 메탄올 허용치 : 0.5mg/mℓ 이하, 단 과실주는 1.0mg/mℓ 이하
⑤ 유산균 음료의 유산균수 : 106/mℓ 이상
⑥ 유산균 발효유 유산균수 : 107/mℓ 이상

제4부 식품의 가공 및 저장

제1장 식품의 가공

1. 식품 가공 및 저장의 의의

2. 식품 가공 및 저장의 목적

제2장 농산물 가공학

1) 곡류의 가공

(1) 쌀

- 도정도가 높을수록 영양소는 적어지나 소화율은 높아진다.
- 벼를 탈곡한 것을 현미, 제거한 껍질을 왕겨이며 그 비율은 80 : 20이다.
- 현미를 도정한 것을 백미라고 하고, 제거물을 쌀겨라 한다.
- 분도의 수가 많아질수록 많이 깎여지는 것을 알 수 있다.

도정도	도정률(%)	도감률(%)
현미	100	0
5분도미	96	4
7분도미	94	6
10분도미	92	8

(2) 정맥(보리)

- 맥아
  - 단맥아 : 고온에서 발아시켜 싹이 짧은 것(맥주, 양조용에서 사용)
  - 장맥아 : 비교적 저온에서 발아시킨 것(식혜나 물엿제조에 사용)

(3) 소맥(밀)

- 밀의 단백질은 글루테닌, 글리아딘인데, '글루텐'이라 함
- 글루텐 함량에 따른 밀가루의 성질과 용도
  - 강력분(글루텐 함량 13% 이상) : 식빵, 마카로니
  - 중력분(10~13%) : 국수, 우동, 면류
  - 박력분(10% 이하) : 과자류, 케이크, 튀김류, 건빵

(4) 제빵

① 빵의 제조에 있어서의 분류

• 발효빵 : 이스트(효모)의 발효로 생긴 탄산가스 이용

• 무발효빵 : 팽창제에 의해서 생긴 암모니아 및 탄산가스를 이용하여 만든 빵(팽창제 : 베이킹파우더)

• 이스트발효 : 양양(설탕), 수분, 온도(25~30℃)

• 반죽 시 가스빼기 목적

- 빵의 풍미를 좋게 한다.

- 밀가루 글루텐의 탄력을 증대시킨다.

- 반죽의 온도와 발효를 고르게 하기 위한 것이다.

- 효모의 발육을 증대시킨다.

(5) 제면

① 원료 : 글루텐의 함량이 중간인(중력분) 것을 선택

② 제법 : 당면제법 - 고구마전분, 동결건조법

(6) 전분

• 멥쌀 : 아밀로즈(80%) : 아밀로펙틴(20%)

• 찹쌀 : 아밀로즈(0%) : 아밀로펙틴(100%)

(7) 두류의 가공과 저장

① 두부의 원리 : 글리시닌 + 무기염류(응고제)

• 두부의 응고제 : 염화칼슘, 염화마그네슘, 황산칼슘, 황산마그네슘

② 유부 : 두부의 수분을 뺀 뒤 기름에 튀긴 것

③ 콩나물 : 비타민C가 풍부하지만, 발아되는 동안 영양성분이 감소

【참고】 장류의 제조방법

- 간장의 목적 : 농축, 살균

- 청국장의 제조 : 납두균 : 40~45℃

제3장 유지의 가공

(1) 유지의 채취법

• 압착법

• 추출법

• 용출법

(2) 유지의 정제

• 물리적 정제, 화학적 정제

(3) 가공유지(경화유) 제조원리

불포화지방산에 수소를 첨가하고 촉매제로 니켈, 백금 등을 사용하여 만든 유지이다. 쇼트닝, 마가린 등이 있다.

제4장 과채류와 가공

(1) 과일의 일반성분

(2) 잼, 젤리, 마말레이드
- 잼의 3대요소 : 유기산(3.46), 펙틴(1.0~1.5%), 당분(60~65%)
- 젤리 완성점을 결정하는 방법
  - 컵테스트
  - 스푼테스트
  - 온도계법 : 104~105℃가 적당
  - 당도계법 : 65% 당도가 적당

(3) 과일의 저장
- 과일, 채소는 수확한 후에도 호흡작용을 하며, 성분의 변화를 일으킴
- 가스저장법 : 산소제거, 탄산가스 주입, 질소 주입
- 채소, 과일의 저장온도

종류	저장온도	종류	저장온도
바나나 고구마 파인애플 토마토 밀감	13~15℃ 10~13℃ 5~7℃ 4~10℃ 4~7℃	복숭아 사과 당근 양파	4℃ -1 ℃ ~ 1 1℃ 0℃ 0℃

제5장 서류의 가공

제6장 축산물 가공학

(1) 우유의 가공과 저장
우유의 가공품 : 크림, 버터(지방), 치즈(단백질), 가당연유(우유 + 설탕 = 1/3농축), 분유, 아이스크림, 요구르트
(2) 육류의 가공과 저장
- 육류 : 닭고기 = 6~12시간, 소, 말 = 12~24시간, 돼지고기 = 3일
- 도살 - 사후강직(경직) - 자기소화 - 부패
- 자기소화 : 근육자체 내 효소에 의해 가수분해
- 햄 : 돼지고기 뒷다리(후육, 엉덩이살)
- 베이컨 : 돼지고기 복부(삼겹살)
- 소시지 : 암퇘지

(3) 난가공과 저장
① 알의 가공
- 건조란 : 달걀을 분말상태로 한 것
- 피단 : 알칼리에 침지하여 방치하면 풍미 있는 제품이 됨
- 마요네즈 : 난황에 기름, 식초 등을 넣어 유화시킨 것

② 알의 저장
- 냉장법, 냉동법, 가스저장법, 방습법, 침지법

제7장 수산물 가공학

(1) 연제품
생선단백질(미오신) + 소금(2%) = 어묵 형성
(2) 젓갈
오징어젓, 새우젓, 멸치젓 = 소금(20~30%)
(3) 해조류
- 녹조류(청태, 청각)
- 갈조류(미역, 다시마)
- 홍조류(김, 우뭇가사리)

제8장 통조림 가공학

(1) 통조림의 역사
니콜라스 아페르가 경험으로 얻은 결론에 의해, 어떠한 식품이라도 가열 후 밀봉하면 오랫동안 저장할 수 있다는 것을 고안해 냈다.
(2) 통조림관의 마크
① 통조림은 품종에 따라 다르며 고유의 기호가 정해져 있다.
예) BL(수산 Boiled), W(농산물 Boiled), FD(가미), S(훈제기름 절임)
② 상단의 처음 두 문자는 품종을 표시하고, 셋째 문자는 가공·조리의 방법을 표시하며, 넷째 문자는 내부 상태를 표시한다.
(3) 통조림의 검사
① 외관검사 : 외상, 녹을 본다.
② 타관감사 : 타 건봉으로 두드려 본다.(맑은 소리가 좋다.)
③ 가온검사 : 세균의 증식과 화학변화를 본다.
④ 진공검사, 개관검사 순서로 검사한다.
(4) 통조림의 변질
① 외관상 변질
- swell
- hard swell : 통조림 실관의 양면이 강하게 팽창되어 손가락으로 눌러도 전혀 들어가지 않는 현상
- soft swell : 부푼 상태의 실관을 힘으로 누르면 다소 원상에 복귀되기는 하나, 정상적인 상태를 유지할 수 없는 상태
- 스프링거 : 과다한 양일 때
- 플립퍼 : 탈기부족 시

【참고】 통조림제조의 4대 공정(탈기 - 밀봉 - 살균 - 냉각)

제5부 조리이론 및 원가계산

제1장 조리과학

1. 조리의 개념 및 목적

1) 조리의 개념
2) 조리의 목적
3) 조리의 의의 : 영양성, 기호성, 안전성, 저장성

2. 조리의 성격

1) 서양요리 : 향신료 사용
2) 중국요리 : 강한 불로 이용, 모든 재료를 신속히 조리
3) 일본요리 : 어패류, 채소 주재료가 많음

3. 조리의 방법

1) 습열조리 : 삶기, 끓이기, 찌기
2) 건열조리 : 굽기, 석쇠구이, 볶기, 튀기기
3) 전자레인지 : 초단파에 의하여

- 조리방법 중 영양손실이 가장 적은 것 : 튀기기 / 영양손실이 가장 많은 것 : 끓이기

4. 조리조작

1) 계량

- 계량컵을 사용할 경우 가루류의 것은 계량컵에 고봉으로 해서 헤라로 긁어낸다.

【참고】 1C = 200cc / 1Ts = 15ml / 1ts = 5ml / 1국자 = 100ml / 1쿼터 = 4c / 1온스 = 30ml

- 육온도계 : 고기의 익은 정도(고기 내부 온도측정)

2) 조리의 온도

- 음식의 온도는 체온을 중심으로 해서 25~30℃의 범위가 좋다.
- 튀김의 온도 : 160~190℃
  - 160~170℃ : 육류
  - 170~180℃ : 생선류
  - 180~190℃ : 야채류
- 맛있게 먹을 수 있는 온도
  - 술, 식혜 발효온도 : 55~60℃
  - 겨자 개는 온도 : 40~45℃
  - 이스트(효모) 발효온도 : 25~30℃
  - 밥, 우유 : 40℃
  - 국, 차(홍차, 커피) : 80℃ 전 · 후
  - 전골, 찌개 : 95℃ 전 · 후
  - 맥주 : 10℃

3) 폐기량과 정미량
- 폐기량 : 보통 식습관 상 버리는 부분의 중량
- 정미량 : 식품에서 폐기량을 제한함(먹을 수 있는 부분의 중량)
- 폐기량이 가장 높은 식품 : 게, 가재, 새우, 조개(갑각류)
- 폐기부의 이용 : 생선의 내장 등은 고기부분보다 비타민A, B_1, B_2, 단백질이 많음

5. 조리의 기본기술

1) 가열조리
- 밥을 지을 때의 평균 열효율
  - 전력 50~65%, 가스 45~55%
  - 장작 25~45%, 연탄 30~40%

2) 생식품의 조리

3) 조리방법

(1) 튀김
- 기름의 비열은 0.47
- 식품을 고온의 기름 속에서 단시간 처리하면 영양소나 단맛의 손실이 적다.
- 튀김용 기름은 식물성 기름이 좋다.
- 박력분이 없으면 중력분에 전분을 넣어 10~30% 정도 혼합하여 사용한다.

(2) 찜
- 찜의 잠열 : 1g당 539cal
- 찜의 장점
  - 모양이 흩어지지 않는다.
  - 수용성 물질의 용출이 끓이는 조작보다 적다.
  - 식품이 탈 염려가 없다.
- 찜의 단점 : 시간이 오래 걸린다.
- 찜할 때의 주의사항
  - 식품을 찔 때는 도중에 조미를 할 수 없으므로 미리 가미하여야 한다.

(3) 조미의 순서
- 설탕 - 소금 - 간장 - 식초

(4) 맛의 상승성
- 신맛 + 소량의 짠맛 = 신맛 감소
- 쓴맛 + 소량의 단맛 = 쓴맛 감소
- 신맛 + 소량의 단맛 = 신맛 감소
- 짠맛 + 소량의 신맛 = 짠맛 강화
- 단맛 + 소량의 짠맛 = 단맛 강화

【참고】 식품의 구입기술 및 관리
- 식품구입 계획 시 특히 고려할 점 : 식품의 가격과 출회표
- 소고기 구입 시 주의할 점 : 중량, 부위
- 과일(사과, 배) 구입 시 주의할 점 : 산지, 상자 당 개수, 품종
- 곡류, 건어물, 부패성이 적은 식품 : 1개월분 구입

- 생선, 과채류 등은 수시 구입
- 소고기는 냉장고 시설이 갖추어져 있으면 1주일분을 한꺼번에 구입

제2장 식품의 조리법

1. 쌀의 조리

1) 밥짓기

(1) 밥을 지을 때 쌀의 전분이 빨리 α화 하려면,

- 쌀의 정백도(도정률)가 높을수록
- 수침시간이 길수록
- 가열온도가 높을수록
- 수소이온이 높을수록(알칼리성)

(2) 밥맛을 좌우하는 요소

- 0.3%의 소금 첨가로 밥맛이 좋아진다.
- 쌀은 수확 후 오래되면 밥맛이 나빠진다.
- 쌀의 일반성분은 밥맛과 거의 관계가 없다.
- 밥을 짓는 물의 pH7~8(알칼리성)일 때 밥의 외관이나 맛이 좋아진다.
- 쌀로 밥을 지었을 경우의 중량 증가는 2.5배이다.

2) 전분의 알파(α)화

- 전분을 물속에서 가열하면 물을 흡수하여 내부구조가 헐거워지며 팽창하여 걸쭉한 상태가 되는 것을 말함(즉 α 전분이 되는 것)

$$\text{날전분}(\beta\text{전분}) + \text{물} \xrightarrow[70\sim75℃]{\text{가열}} \text{익은 전분}(\alpha\text{전분})$$

- α전분은 맛이 좋고 소화가 잘됨
- 가열온도, 쌀의 도정도, 수침시간이 길어짐에 따라 호화시간이 빨라짐

3) 전분의 노화

- 전분의 노화는 수분이 30~70%, 온도가 0℃ 근처에서 노화되기 쉽다.(겨울철에 밥, 떡, 빵 등이 빨리 굳는다.)
- 찹쌀보다 아밀로오스가 많은 녹말이 녹화가 빨리 일어난다.
- 노화를 방지하려면 녹말을 80℃ 이상에서 수분 15% 이하로 급속히 건조시키거나 0℃ 이하에서 탈수해야 한다.

【참고】 쌀의 종류에 따른 물의 분량

쌀의 종류	쌀의 중량	쌀의 부피
백미(보통)	쌀의 중량 1.5배	쌀의 용량의 1.2배
햅 쌀	쌀의 중량 1.4배	" 1.1배
찹 쌀	" 1.1~1.2배	" 0.9~1배
불린쌀(침수)	" 1.2배	" 동량(1.0배)

4) 전분의 호정화

전분에 물을 가하지 않고 160℃ 이상으로 가열하면 여러 단계의 가용성 성분을 거쳐 덱스트린(호정)으로 분해된다.

2. 소맥분의 조리

1) 소맥분 단백질의 특성

(1) 글루텐, 글리아딘 + 물 = 반죽(점, 탄성) = 글루텐 형성

(2) 소맥분의 종류 : 글루텐의 함량

- 강력분 : 13% 이상 = 식빵, 마카로니
- 중력분 : 10~13% = 국수류(면류)
- 박력분 : 10% 미만 = 튀김, 과자, 카스텔라

3. 두류 및 두제품의 조리

1) 두류의 성분

2) 두류의 가열에 의한 변화

- 날콩은 소화가 되지 않는 이유 : 독성(사포닌)
- 단백질의 소화액인 트립신의 분비를 억제하는 물질 : 안티트립신
- 가열에 의한 변화 : 불활성화

- 독성물질의 파괴
- 단백질의 이용률 증가

3) 두부의 제조

- 두부를 부드럽게 끓이는 방법 : 물에 소금과 소량의 전분을 넣고 끓이다가 두부를 넣고 끓임
- 두부제조 시 응고제로 사용하는 것 : 황산칼슘, 염화칼슘
- 건조된 콩을 삶으면 약 3배로 불어남

4. 야채의 조리

1) 야채의 분류

- 엽채류 : 상치, 배추, 시금치, 쑥갓, 갓, 아욱, 근대, 양배추
- 과채류 : 가지, 오이, 고추, 호박, 토마토, 수박, 참외
- 근채류 : 감자, 고구마, 당근, 우엉, 연근, 무
- 종실류 : 콩, 수수, 옥수수

2) 가열조리

- 물의 양 : 삶는 물의 양은 재료의 5배 정도가 좋다.
- 녹색야채(시금치, 근대, 아욱)를 데칠 때 불미성분인 수산을 제거하기 위해 뚜껑을 열고 단시간 데쳐 헹군다.
- 녹색야채에다 중조, 소금을 넣어서 알칼리성으로 하여 삶으면, 녹색이 선명해진다.
- 흰색채소를 데치는 방법 : 우엉, 연근 + 식촛물 = 색소 고정
- 고온처리의 조리법으로 조리시간이 짧을수록 영양손실이 적다.

[참고] 야채를 조리하는 목적

- 섬유소를 유연하게 한다.
- 맛을 내게 하고 좋지 못한 맛을 제거한다.
- 색깔을 보존하기 위해서 한다.

3) 생식품 조리

- 효소에 의한 갈변방지법(생식품) : 사과, 배, 감자

- 레몬즙에 담근다.
- 설탕물에 담근다.
- 소금물에 담근다.
- 열탕처리(60℃ 파괴효소) : 배숙

【참고】 감자는 야채이면서도 곡류처럼 전분을 주성분으로 한 열량식품이며, 비타민C가 많다.

5. 유지의 조리

1) 열의 매체

150~200℃가 튀김하는데 적온이고, 튀김용 기름으로서는 식물성기름이 적합하며, 특히 발연점이 높은 기름일수록 좋다. 발연점에 도달한 경우에는 청백색 연기와 함께 자극성 취기가 발생하는데, 이는 기름의 분해에 의해 아크로레인이 생성된 때문이다.

2) 유화성의 이용

- 수주유적형 : 물속에서 기름이 분산(우유, 아이스크림, 마요네즈)
- 유중수적형 : 기름에 물이 분산(버터, 마가린)

6. 고기의 조리

7. 알의 조리

1) 조리온도

- 난백의 응고온도 : 60~65℃
- 난황의 응고온도 : 65~70℃
- 달걀을 삶을 때는 3~5분 정도 되면 반숙이 되고, 10~15분 정도 되면 완숙이 된다.
- 녹변현상이 잘 일어나는 조건
  - 가열온도가 높을수록 잘 일어난다.
  - 가열시간이 길수록 잘 일어난다.
  - 오래된 계란일수록 잘 일어난다.
  - 삶은 직후 찬물에 헹구지 않았을 경우
- 녹변현상 : 난백(황화수소), 난황(철분)의 결합으로 황화제일철로 만들기 때문
- 달걀의 소화시간 : 반숙 - 완숙 - 생란 - 프라이

2) 난백의 기포성

- 난백의 기포성에 영향을 미치는 요인
  - 달걀의 선도 : 달걀은 새것일수록 농후난백이 많다.
  - 온도의 영향 : 적온 30℃
  - 첨가물의 영향
    - · 기포성 형성 ↑ : 식초, 레몬즙
    - · 기포성 형성 ↓ : 설탕, 소금, 지방
- 머랭(메링거) : 난백을 거품 내어 만든 것으로, 여러 가지 음식에 이용함으로써 질감을 높인다.
- 난백의 기포성(거품)을 이용한 식품 : 스펀지케이크, 엔젤푸드케이크, 머랭

8. 어류의 조리

1) 생선의 근육
- 도살 - 사후경직 - 자기소화, 부패
- 백색어류 : 도미, 민어, 광어, 조기, 동태 = 전유어(생선전)
- 적색어류 : 고등어, 꽁치, 정어리
- 생선은 산란기 직전이 가장 맛이 있음

2) 어육의 성분
- 단백질 : 미오신 + 소금(2%) = 어묵, 액틴, 액토미오신
- 지방 : 불포화지방산(80%), 포화지방산(20%)
- 탄수화물 : 글리코겐
- 어취 : 트리메칠아민(TMA)

3) 생선의 조리
- 생선의 비린내 제거(어취해소)
  - 물로 씻기(수용성)
  - 식초, 과즙 또는 산 첨가
  - 된장, 간장, 고추장
  - 파, 마늘, 생강, 무, 고추, 고추냉이, 겨자
  - 우유(카제인)
- 생선튀김 : 박력분, 온도 170~180℃

9. 냉동 식품류

1) 냉동식품의 해동

(1) 어류, 육류
- 해동법
  - 냉장고에서 서서히 해동 = 가장 좋다.
  - 밀봉 후(비닐봉지) 흐르는 찬물에 해동
  - 전자레인지 이용

10. 우유의 조리

1) 우유와 조리

생선을 익히기 전에 우유에 담가놓으면 생선의 비린내가 가신다.

2) 우유의 가열에 의한 변화
- 이중냄비를 사용하며 가끔씩 잘 저어가며 데운다.

【참고】

① 각 식품의 맛있는 성분표
- 호박산 : 조개류의 독특한 맛, 패류
- 글루타민산 : 화학조미료, 간장, 된장, 다시마

② 튀김의 적온과 시간
- 어패류 : 170~180℃
- 크로켓 : 180~190℃

• 도넛 : 160℃

11. 한천 및 젤라틴

1) 한천(식물성)

• 주성분 : 탄수화물
• 용도 : 양갱
• 우뭇가사리 : 가열 → 끈끈한 액, 우무 : 냉동(동결건조) = 한천

2) 젤라틴(동물성)

• 주성분 : 단백질
• 용도 : 족편, 아이스크림, 전시회(피복용), 캡슐
• 뼈, 근육, 가죽 (콜라겐) → 젤라틴 형성
(물, 장시간 가열)↑

제3장 집단급식

1. 집단급식의 정의

공장, 사업장, 학교, 병원, 기숙사 등의 곳에서 집단으로 생활하는 특정의 여러 사람들을 대상으로 계속적으로 식사를 공급하는 것

2. 집단급식의 목적

3. 집단급식의 고려사항

• 집단급식에서 가장 우선적으로 공급되어야 할 영양소 : 단백질
• 단백질 전체 공급량의 1/3은 양질의 단백질에서 취한다.

4. 집단급식의 조리기술

• 국 : 국물과 건더기의 비율을 2/3 : 1/3 되게 한다.
• 찌개 : 건더기와 국물의 비율을 2/3 : 1/3 되게 한다.

제4장 식단 작성

1. 식단 작성의 의의와 목적

1) 의의

(1) 필요한 영양을 균형적으로 보급
(2) 먹는 사람의 영양 필요량에 알맞은 음식 준비
(3) 합리적인 식습관 형성

2) 목적

(1) 시간과 노력의 절약
(2) 식품비의 조절 또는 절약
(3) 영양과 기호의 충족

(4) 좋은 식습관의 형성

2. 식단 작성의 기초지식

1) 다섯 가지 기초식품군

• 구성소

- 1군 : 단백질 = 어류, 알류, 육류, 치즈, 두유, 두부, 된장
- 2군 : 칼슘 = 뼈째 먹는 생선, 우유, 사골, 멸치, 분유

• 조절소

- 3군 : 무기질, 비타민 = 과일, 야채

• 열량소

- 4군 : 당질 = 곡류, 감자류, 밀가루, 라면, 마카로니, 식빵
- 5군 : 지방 = 유지류, 깨소금, 실백, 호두, 버터, 마가린

2) 한국인 표준기준의 식품구성량

한국인 영양권장량의 성인남자 20~49세의 체중 64kg인 1일분에 따른 식품구성량을 기준으로 한다.

3) 급식구성원의 섭취식품량 계산법

* 문예 1 : 민씨댁의 성인 환산치는 다음 표와 같다. 표준 성인의 1일 단백질 필요량이 70g이면 이 댁이 하루의 필요한 단백질량은 모두 얼마인가?

가족	연령	성인 환산치
민씨	40세	1.0
부인	37세	0.88
딸	12세	0.94
아들	9세	0.75

* 해설 : 3.57 × 70 = 249.9g
* 문예 2 : 열량에 대한 성인 환산치 합계가 2.86인 가족이 1일에 필요한 열량은?(단, 표준성인 1인 1일의 열량은 2,500cal이다.)
* 해설 : 2.86 × 2,500 = 7,150kcal

4) 대치식품 계산식

• 원래 필요한 양 × 원래 필요한 해당성분의 수치 / 대치하고자 하는 해당성분의 수치

$$\frac{\text{원래 필요한 양} \times \text{원래 필요한 해당성분의 수치}}{\text{대치하고자 하는 해당성분의 수치}}$$

* 문예 1 : 고등어 50g을 소고기로 대치할 때 필요한 소고기 양은?(단, 식품분석표상의 고등어 단백질 함량은 18g이고, 소고기 단백질 함량은 20.1g이다.)
* 해설 : 50 × 18 / 20.1 = 44.7g

【참고】

• 복수식단 : 동일한 영양을 섭취하면서도 식품과 조리법을 선택할 수 있도록 계획된 식단

• 대치식품 : 영양면에서 주된 영양소가 공통으로 함유된 것을 의미하며 식단작성 시 필요하다.
예) 버터 : 마가린, 소고기 : 돼지고기, 감자 : 고구마

5) 표준식단 작성의 순서

(1) 영양기준량의 산출

(2) 섭취식품량의 산출

(3) 3식 배분의 결정 : 부식의 단위 1 : 1 : 1 또는 1 : 1 : 2

(4) 음식수 및 요리명 결정
(5) 식단작성 주기결정 : 학교급식 = 5일분
(6) 식량배분 계획
(7) 식단표 작성 : 요리명, 식품명, 중량, 대치식품, 단가
6) 식이요법(제한식)
(1) 당뇨병 : 당질, 열량을 제한
(2) 고혈압 : 동물성지방, 열량, 염분제한
(3) 신장병 : 단백질, 염분, 수분제한
(4) 심장병 : 지방, 염분, 알코올제한
7) 상차림
(1) 반상 : 밥을 주식으로 한 식단, 반찬의 수에 따라 구분
〈첩수에 따른 반찬의 종류〉

	밥	탕	김치	종지	조치	숙채	생채	구이	조림	전류	마른반찬	회
3첩반상	o	o	o	1(간장)	×	1	1	1	×	×	×	×
5첩반상	o	o	o	2(간장) (초간장)	찌개 1	1	1	1	×	1	1	×
7첩반상	o	o	o	3(간장) (초간장) (초고추장)	찌개 1 찜 1	1	1	1	1	1	1	1
9첩반상	o	o	o	3(″)	2	1	2	2	1	1	1	1
12첩반상	o	o	o	3(′)	2	2	2	2	1	2	1	2

(2) 면상 : 면을 주식(온면, 냉면, 칼국수, 떡국, 수제비, 만둣국)으로 하는 상
- 면상에 올리지 못하는 것 : 깍두기, 장아찌, 밑반찬, 젓갈

【참고】 에너지(열량)
- 가벼운 활동 : 남자의 열량 : 2,200cal /여자의 열량 : 1,800cal
- 중등 활동 : 남자의 열량 : 2,500cal 여자의 열량 : 2,000cal
- 단백질 권장량 : 남자 : 70g, 여자 : 60g

제5장 조리설비

1. 조리장의 기본 위치, 넓이, 모양

1) 조리장의 기본
(1) 조리장을 신축할 때 고려해야 할 사항
- 위생
- 능률
- 경제

(2) 조리실 설비 중 가장 필요한 것 : 기본설비
2) 조리장의 구조
(1) 충분한 내구력이 있는 구조일 것
(2) 객실 및 객석과는 구분이 분명할 것
(3) 바닥과 바닥으로부터 1m까지 내수성 자재의 구조일 것

(4) 배수 및 청소가 쉬운 구조일 것

3) 조리장의 면적 : 식당 넓이의 1/3

2. 조리장의 설비

1) 급수설비

2) 급탕설비

3) 작업대

4) 냉장고, 냉동고, 창고

• 냉장고는 5℃ 내·외의 내부 온도를 유지하는 것이 표준

• 냉장의 목적

- 신선도 유지

- 미생물 발육 억제

- 자기소화 및 효소작용 억제

5) 사입기기

• 필러(박피기) : 당근, 감자 등의 구근류나 야채의 껍질을 벗기는 데 사용한다.

• 슬라이서 : 고기, 햄 등을 얇게 자르는 기계

【참고】

- 일반급식소에서 급식수 1식당 주방면적 : $0.1m^2$ 정도

- 일반급식소 급수설비 용량환산 시 1식당 사용물량 : 6.0~10.0ℓ

제6장 원가계산

1. 원가의 의의

1) 원가의 개념

원가란, 제품을 생산하는데 소비한 경제가치

2) 원가계산의 목적

(1) 가격결정의 목적

(2) 원가관리의 목적

(3) 예산편성의 목적

(4) 재무제표의 작성목적

• 원가계산 기간

- 원가계산은 1개월에 한 번씩 실시하는 것을 원칙으로 하고 있으나, 경우에 따라서 3개월 또는 1년에 한 번 씩 실시하기도 한다.

3) 원가의 종류

(1) 재료비, 노무비, 경비, 이것을 원가의 3요소라 한다.

(2) 직접원가, 제조원가, 총원가

• 직접원가 = 직접재료비 + 직접노무비 + 직접경비

• 제조원가 = 직접원가 + 제조간접비

• 총원가 = 제조원가 + 판매관리비

• 판매원가 = 총원가 + 이익

(3) 직접비, 간접비
- 원가요소를 제품에 배분하는 절차로 모아서 분류한 것

(4) 실제원가, 예정원가, 표준원가
- 실제원가 = 확정원가, 보통원가, 현실원가
- 예정원가 = 사전원가, 견적원가, 추정원가
- 표준원가 = 실제원가를 통제하는 기능

2. 원가계산의 원칙

1) 진실성의 원칙
2) 정상의 원칙
3) 발생기준의 원칙
4) 비교성의 원칙
5) 계산경제성의 원칙
6) 상호관리의 원칙
7) 확실성의 원칙

3. 원가계산의 구조

원가계산은 보통 다음과 같은 단계를 거쳐 실시하게 된다.

1) 제1단계 : 요소별 원가계산
2) 제2단계 : 부문별 원가계산
3) 제3단계 : 제품별 원가계산

4. 재료비의 계산

1) 재료비의 개념

재료비는 재료의 실제 소비량에 재료의 소비단가를 곱하여 산출한다.

2) 재료소비량의 계산

(1) 계속기록법

(2) 재고조사법 : (전기이월량 + 당기구입량) − 기말재고량 = 당기소비량

(3) 역계산법

3) 재료 소비가격의 계산

(1) 개별법

(2) 선입선출법 : 재료의 구입 순서에 따라 먼저 구입한 재료를 먼저 소비한다는 가정 아래 재료의 소비가격을 계산하는 방법이다.

(3) 후입선출법 : 선입선출법과 정반대로 최근(나중)에 구입된 재료부터 먼저 사용한다는 가정 아래 재료의 소비가격을 계산하는 방법이다.

(4) 단순평균법 : 일정기간 동안의 구입단가를 구입 회수로 나눈, 구입단가의 평균을 재료 소비단가로 하는 방법이다.

(5) 이동평균법

5. 표준원가 계산

과학적 및 통계적 방법에 의하여 미리 표준이 되는 원가를 설정, 실제원가와 비교, 분석하기 위해 실시한다.

6. 감가상각

1) 감가상각의 개념
- 조정자산(토지, 건물, 기계 등)
- 유동자산(현금, 예금, 원재료 등)

2) 감가상각의 계산요소
- 감가상각을 하는 데는 기초가격, 내용년수, 잔존가격의 3대요소를 결정해야 한다.

3) 감가상각의 계산방법
- 정액법

$$\text{매년의 감가상각액} = \frac{\text{기초가격} - \text{잔존가격}}{\text{내용년수}}$$

참고 영양학

영양에 대한 기초지식

1. 영양소 : 영양소란 영양의 원천이 되는 물질

1) 열량영양소
2) 구성영양소
3) 조절영양소

2. 탄수화물(당질)

1) 탄수화물의 종류와 영양학적 특성

(1) 단당류

① 포도당
- 포유동물의 혈액 중 0.1% 가량 포함
- 동물 체내의 간장, 근육에 글리코겐 형태로 저장
- 두뇌와 신경, 적혈구의 열량소로 이용

② 과당
- 당류 중 가장 빨리 소화 · 흡수
- 당뇨병 환자에게 감미료로서 사용

③ 갈락토오스
- 지방과 결합 뇌, 신경조직의 성분

(2) 이당류

① 자당(설탕)
- 포도당과 과당이 결합

② 젖당(유당)
• 칼슘의 흡수를 도움
• 유즙에 함유, 감미는 적으나 유아에게 중요한 열량원
③ 맥아당(엿당)
• 포도당 2분자가 결합
(3) 다당류
① 전분
• 음식물로서 섭취되는 당질은 주로 곡류에 함유
② 글리코겐
• 동물이 사용하고 남은 에너지를 간장이나 근육에 저장해 두는 탄수화물
③ 섬유(셀룰로오스)
• 체내에서 소화되지 않으나, 장의 연동작용을 자극 배설작용을 촉진
2) 탄수화물의 기능
(1) 1g당 4kcal의 에너지 공급원
(2) 피로회복
(3) 체내단백질 소모방지
(4) 단백질 절약작용
(5) 지방완전 연소 시 필요

3. 지질(지방)
1) 지질의 종류와 영양학적 특성
(1) 지질의 구조상 분류
• 단순지질(중성지방)
• 복합지질
(2) 지질의 화학적 분류
• 글리세린(1)
• 지방산(3)
- 지방산 = 포화지방산 : 팔미틴산, 스테아린산
= 불포화지방산 : 리놀산, 리놀레인산, 올레인산
- 불포화지방산 중 리놀산, 리놀레인산, 아라키돈산은 필수지방산 또는 비타민F라 불림
2) 지질의 기능
(1) 1g당 9kcal의 에너지 공급원
(2) 지용성 비타민의 흡수를 촉진
(3) 요리 시 영양분의 손실을 막음

4. 단백질
1) 단백질의 종류와 영양학적 특성
(1) 화학적 분류
① 단순단백질 : 아미노산에서만 만들어진 것. 난백, 혈청, 우유 중의 알부민, 밀의 글루테닌, 알부미노이드(동물의 결체조직)

② 복합단백질 : 단백질 이외의 물질과 단백질이 결합한 것(우유(카제인) + 난황(비테린) = 인단백질)
③ 유도단백질 : 단백질을 열 혹은 가수분해에 의해 부분적으로 만들어진 것
(2) 아미노산에 따른 분류
① 완전단백질 : 생명유지, 성장발육, 생식에 필요한 필수아미노산을 고루 갖춘 단백질
• 카세인, 락토알부민(우유), 오보비텔린(계란), 미오신(육류), 미오겐(생선), 글리시닌(콩)
② 부분적 완전단백질 : 생명유지는 시켜도 성장발육은 못시키는 단백질
• 글라아딘(밀), 호르데인(보리), 오리제닌(쌀)
③ 불완전 단백질 : 생명유지나 성장 모두에 관계없는 단백질
• 제인(옥수수), 젤라틴(육류)
2) 단백질의 기능
(1) 호르몬, 효소와 항체의 형성
(2) 1g당 4kcal의 에너지 공급원
(3) 체액의 균형(삼투압 조절)

5. 무기질

1) 무기질의 종류와 영양학적 특성
(1) 칼슘(Ca) : 체내 함유량이 가장 많은 성분 99%가 뼈와 치아에 들어있음
• 급원식품 : 멸치, 치즈, 우유, 뱅어포, 사골, 상추, 배추
• 결핍증 : 구루병, 골다공증
(2) 인(P) : 80%가 뼈, 치아에 함유. 칼슘 다음으로 체내에 많은 성분
• 급원식품 : 우유, 치즈
• 결핍증 : 골다공증
(3) 칼륨(K) : 세포 내에 존재. 삼투압 조절, 신경근육 조절
• 급원식품 : 녹황색채소, 과일, 곡식
(4) 황(S) : 세포에 존재하고 모발, 손톱, 피부에도 있음
(5) 나트륨(Na) : 세포외액, 골격에 존재, 소금에 의해 섭취, 삼투압 조절, 신경조절, 부족 시 피로나 정신불안, 과잉 시 심장 · 신장에 나쁨
• 급원식품 : 소금, 육류, 우유
(6) 염소(Cl) : 세포외액, 혈장에 존재, 나트륨과 마찬가지로 소금에 의해 섭취
(7) 마그네슘(MG) : 70%가 골격에 존재
• 급원식품 : 곡류, 푸른채소, 견과류, 콩류
(8) 철(Fe) : 적혈구, 헤모글로빈과 관련
• 급원식품 : 동물의간, 난황, 살코기, 녹색채소
• 결핍증 : 빈혈
(9) 구리(Cu) : 적혈구 성숙과정에 필요
• 급원식품 : 간, 조개, 견과류
• 결핍증 : 악성빈혈
(10) 코발트(Co) : V_{12}(Vitamin 12)구성요소
• 급원식품 : 간, 이자, 콩, 해조류

⑾ 요오드(I) : 기형아, 불임증과 관련
- 급원식품 : 미역, 다시마
- 결핍증 : 갑상선종, 부종, 성장부진, 피로
- 과잉증 : 바세도우씨병

⑿ 아연(Zn) : 적혈구, 인슐린 구성성분
- 급원식품 : 해산물, 달걀, 두류

2) 무기질의 기능
(1) 산과 염기의 평형유지
(2) 생리적 반응을 위한 촉매
(3) 필수적 신체구성원
(4) 수분의 평형유지
(5) 신경의 자극전달
(6) 근육수축성의 조절
(7) 체조직의 성장

6. 비타민

1) 비타민의 종류와 영양학적 특성
(1) 지용성비타민
① 비타민A(레티놀) : 카로틴성분. 열에 안정, 산 또는 빛에 약함
- 급원식품 : 시금치, 당근 등 녹황색 채소(채소 섭취 시 체내에서 1/3 이상이 비타민A로 변환), 뱀장어, 소나 돼지의 간, 난황, 버터
- 결핍증 : 눈에 관련된 질병, 야맹증

② 비타민D(칼시페놀) : 섭취하지 않아도 일광(자외선)을 받으면 생성
- 급원식품 : 청어, 말린 버섯 등
- 결핍증 : 구루병, 골연화증, 골다공증

③ 비타민E(토코페롤 - 항산화물질) : 노화방지 물질, 열이나 산에 강하고 알칼리에 파괴
- 급원식품 : 곡류나 채소(특히 상치), 콩, 밀, 배아유
- 결핍증 : 쥐의 불임증, 근육위축증

④ 비타민K(필로퀴논) : 혈액의 응고작용
- 급원식품 : 양배추, 시금치 등에 함유
- 결핍증 : 혈액응고 지연

(2) 수용성 비타민
① 비타민B_1(티아민) : 열에 강, 자외선으로 분해, 알칼리에 분해, 산에 강함, 물에 약함
- 급원식품 : 곡류에 많이 함유. 맥류, 감자류, 낙화생, 어육, 소시지, 양배추, 당근, 돼지고기에 많이 함유. 돼지고기는 마늘과 같이 먹으면 비타민B_1의 흡수를 도와줌
- 결핍증 : 각기병, 근육통, 식욕부진, 부종

② 비타민B_2(리보플라빈) : 성장촉진의 작용
- 급원식품 : 우유, 달걀, 유제품, 기타 동물성식품, 콩류
- 결핍증 : 구각염, 설염(구순구강염), 피부염, 발육장애

③ 나이아신(Niacin) : 펠라그라 예방, 동물과 미생물에서 필수아미노산 트립토판 생성
- 급원식품 : 간, 육류, 콩, 효모, 생선
- 결핍증 : 펠라그라병, 피부염

【참고】 옥수수를 주식 시 펠라그라병이 생김

④ 비타민C(아스코르브산) : 알칼리에 약함, 산화되기 쉽고, 열에 불안정
- 급원식품 : 신선한 채소(시금치, 무청), 과일류(딸기, 감)

REFERENCES

21세기 영양학원리, 최혜미 외, 교문사, 2000.
공중보건학, 김종오 외, 청구문화사, 1991.
공중보건학, 이상조 외, 수학사, 1995.
기초영양학, 김숙희 외, 신광출판사, 2004.
꼭 알아야 할 식품위생 및 HACCP 실무, 백산출판사, 2009.
뉴밀레니엄 공중보건학, 이영근 외, 청구문화사, 2003.
식품미생물학, 백병학 외, 도서출판 효일, 2003.
식품식생활사, 강인희, 삼영사, 1978.
식품안전관리지침, 식품의약품안전청, 2003.
식품위생과 HACCP, 백병학 외, 광문각, 2003.
식품위생법, 보건복지부, 2010.
식품위생법의 이해, 최성락, 도서출판 영, 2002.
식품위생학, 이정훈 외, 백산출판사, 2010.
식품위해요소중점관리기준, 식품의약품안전청, 2002.
식품조리과학, 장수경 외, 문운당, 1991.
식품학 및 조리원리, 문수재, 수학사, 1980 · 1994.
식품학개론, 유태종 외, 문운당, 1974.
식품학개론, 장현기 외, 유림문화사, 1992.
영양과 건강, 김대진 외, 유한문화사, 2000.
전염병관리, 권이혁, 동명사, 1986.
조리과학, 이혜수, 교문사, 1992.
조리학, 모수미 외, 교문사, 1976.
최신 영양학, 이혜성 외, 도서출판 효일, 2004.
한국식품사연구, 윤서석, 신광출판사, 1974.
한국음식, 윤서석, 수학사, 1992.
현대인의 생활영양, 박태선 외, 교문사, 2000.
호텔 · 외식산업에 필요한 기초 식품학, 서재원 외 한올출판사, 2004.

Profile

김옥란

한국관광대학교 외식경영과 교수

학력사항

경기대학교 대학원 외식조리관리학 박사
경기대학교 대학원 외식경영학 석사

자격사항

대한민국 국가공인 조리기능장

대외활동

한국조리학회 이사
한국외식경영학회 이사
한국식공간학회 이사
서울기능경기대회 심사위원
한국산업인력공단 심사위원
서울시교육청 특성화고 선정 자문위원
인천국제공항공사 외식업체 선정 평가위원
한국직업능력개발원 심사 평가위원
한국외식창업연구소 전문연구위원

연구활동

외식업체 내부마케팅 전략이 갈등지각 수준과 서비스품질에 미치는 영향(2006) 외 다수

저서

최신 서양요리, 백산출판사
서양요리실무, 도서출판 효일
한식조리론(공저)
건강 밑반찬, 동아일보(공저)
호텔 · 레스토랑 메뉴관리론, 백산출판사

연수활동

미국 UNLV 네바다주립대 조리연수
미국 CIA 조리학교 연수
캐나다 Dubrulle International Culinary Hotel Institute of Canada 외 다수

이진하

백석문화대학교 외식산업학부 교수

학력사항

경기대학교 관광대학원 관광학 박사(식공간 연출 전공)
경기대학교 관광대학원 관광학 석사(식공간 연출 전공)

대외활동

사)한국푸드코디네이터 협회이사
한국식공간학회 정회원
한국조리학회 정회원
한국푸드코디네이터 경연대회 심사위원
한국창업연구소 전문연구원(레스토랑 디자인)

논문

식공간 디자인에 나타난 오브제의 표현 수법과 특성이 식공간의 가치창출에 미치는 영향 외 다수